건 축 가 , 그 들 은 누 구 인 가

WHO IS THE ARCHITECT

초판 발행	2014년 3월 24일
엮은이	담디
펴낸이	서경원
인터뷰어 & 편집	추연경, 이현지
디자인	정준기
번역	이지은, 서경완
펴낸곳	도서출판 담디
등록일	2002년 9월 16일
등록번호	제9-00102호
주소	서울시 강북구 삼각산로 79, 2층
전화	02-900-0652
팩스	02-900-0657
이메일	dd@damdi.co.kr
홈페이지	www.damdi.co.kr

First Edition Published	March 2014
Compiler	DAMDI Publishing Co.
Publisher	Kyongwon Suh
Interviewer & Editor	Yeonkyeong Choo, Hyunji Lee
Designer	Junki Jeong
Translator	Eisa J. Lee, Kristina Seo
Publishing Office	DAMDI Publishing Co.
Address	2F , Samgaksan-ro, Gangbuk-gu, Seoul, 142-070, Korea
Tel	+82-2-900-0652
Fax	+82-2-900-0657
E-mail	dd@damdi.co.kr
Homepage	www.damdi.co.kr

정가 22,000원

Printed in Korea

ISBN 978-89-6801-023-1 93610

이 도서의 국립중앙도서관 출판시도서목록(CIP)은 서지정보유통지원시스템 홈페이지(http://seoji.nl.go.kr)와 국가자료공동목록시스템(http://www.nl.go.kr/kolisnet)에서 이용하실 수 있습니다.(CIP제어번호: CIP2014009271)

studio GAON_Korea **Miha Volgemut architect**_Slovenija **b4 architects**_Italy **SOLISCOLOMER**_Guatemala **MSB Architects**_Portugal **MAG ARQUITECTOS**_Spain **Architekten Martenson und Nagel Theissen**_Germany **Luca Galofaro**_Italy

건 축 가, 그 들 은 누 구 인 가
WHO IS THE ARCHITECT

casanova+hernandez architects_Netherlands **H&P Architects**_Vietnam **LANZ + MUTSCHLECHNER**_Switzerland **i29 interior architects**_Netherlands **NL Architects**_Netherlands **BETILLON DORVAL BORY architects**_France **RICARDO BOFILL TALLER DE ARQUITECTURA**_Spain **OPARCH**_USA **Katsuhiro Miyamoto & Associates**_Japan **Miro Rivera Architects**_USA **Moussafir Architectes**_France

에디터의 글

"건축학과에 가고 싶은데, 아무것도 몰라서 막막해요."
"무작정 건축이 하고 싶어서 건축학과에 왔다만, 건축학과 나와서 뭐 하지?"
"그래서, 건축이 뭐야? 건축가가 뭐 하는 사람이야?"

건축을 시작하려는 학생도, 건축을 막 시작한 건축학도도, 실제로 건축에 발을 담그고 있는 건축가들에게도 건축의 이름을 다시 곱씹어 보자면 생소하기 그지없습니다. 아니, 사실은 막막할 것입니다. 묵직하고도 무거운 건축을 등에 짊어지고 살아가려는, 살아가고 있는, 살아가야만 하는 이들에게 건축은 생각할수록 무겁고도 무겁기 때문이지요.

이 책은 그러한 무게를 안고 살아가는 예비 건축인뿐 아니라 건축인의 소소하고도 본질적인 궁금증을 함께 끌어안고, 고민하는 기회를 마련하고자 기획되었습니다. OPARCH는 인터뷰 중, "이제 막 시작하는 디자이너들에게 하고 싶은 말은 모든 상황에 항상 디자인으로부터 나오는 해결책이 있을 것이라는 착각에 빠지지 말라는 것이다. 정확하게 말하자면 디자인은 처음부터 문제를 만드는 것이다."라며 디자이너들에게 작은 조언을 해주었고, CHA는 "끝나지 않는 자신의 초상화를 그리는 예술가처럼, 매일 자신이 어떠한 사람인지를 조금씩 정의해가야 진정한 건축을 만들 수 있다."고 말했습니다.

이처럼, 저는 이 책을 통해 이 시대를 살아가는 평범한 19명의 건축가들의 말을 빌려, 건축인의 모습을 조금씩 정의하고자 합니다. 물론, 이 19명의 건축가들은 건축이라는 큰 이름을 만들어가는 데에 있어, 하나의 조각에 불과할 수도 있겠지요. 하지만 그럼에도 불구하고, 그 조각에 함께 서있는 우리들의 모습을 다시금 조명하고, 우리들 스스로 건축의 또 다른 조각을 만들어가는 데에 의미가 있을 것입니다.

에디터, 추연경

Words from the Editor

"I would like to study architecture, but I don't know anything about it. I feel lost."
"I came to architecture simply because I wanted to study it. But what do I do with an architectural degree exactly?"
"So, what is architecture? What does an architect do?"

Architecture seems to be a foreign and distant displine the more one ponders upon it, to students who are about to begin their studies, those who have already begun, and even for those who are practising. Actually, it must seem daunting. Because as time goes on, the great impact and significance of architecture only gets deeper not only to those who are willing to immerse their lives in it, but also for those who currently are living with it and for those must live with the meaning of it all.

This book is for those prospective architects as well as for current architects, to serve as an opportunity to ponder and explore both their fundamental and trivial questions about architecture. During their interview, OPARCH advised, "for the designers who are just starting out, don't fall into the illusion of thinking there is always a design solution in every situation. To be exact, design actually creates problems from the beginning." CHA said, "Like an artist who paints a never finishing self-portrait, every day you must define a little bit more who you are in order to be capable of creating authentic architecture."

I would like to borrow the words of the 19 current, ordinary architects to define who and what an architect is. Of course, these architects may only be a piece of the whole in painting the big picture of architecture. However, it is still meaningful to revisit where we stand in this piece of the puzzle and create more pieces ourselves.

Editor, Yeon Kyeong Choo

Contents

CASE 01

오랜 시간 동안
나는 건축가가 될 생각이 없었다.

For a long time I didn't really consider being an architect.

BETILLON DORVAL BORY architects

4

Who is

studio GAON

www.studio-gaon.com

서울 을지로 3가 안에 있는 입정동이라는 곳에서 태어나서 십 년을 살았다. 그리고 계속 서울 안에서 옮겨 다니며 살고 있다. 어릴 적, 서울의 골목을 뒤지고 다녔던 기억이 가장 인상적이었고 지금 내 일에서도 가장 많은 도움을 주는 경험이다. _임형남

I was born at a place called Ipjeong-dong within Euljiro 3ga in Seoul and lived there for ten years. I've been moving around Seoul ever since. The most memorable part of my childhood was running around the backstreets of Seoul and it's an experience that still helps me the most to this day. _HyungNam Lim

본적은 서울이지만 어린 시절 아버님의 부임지가 강원도라서 8살때까지 강원도에 살았고 그 이후는 줄곧 서울에서 살았다. 당시만 해도 서울에 차가 별로 없을 때라 나에게는 골목이 놀이터였다. 해질 때까지 골목에서 아이들과 놀이를 했던 기억이 난다. _노은주

My place of family register is Seoul, but with my father being posted in the Gangwon Province, I lived there until I was eight. After that, I've been living in Seoul. There were not that many cars in Seoul in those days, so the alleyways and backstreets were the playground. I remember playing with my friends in the streets until dusk. _EunJoo ROH

나는 건축가가 되려고 생각해 본 적이 한 번도 없고
건축가라는 직업에 대한 정보도 전무했는데
친구의 권유로 건축과에 지망하게 되었고 그 이후
한번도 건축가 외의 다른 직업을 생각해 본 적이 없다.
_임형남

많은 건축학도들이 그렇듯
나도 학창시절, 이과생 이었지만
그림 그리는 것을 좋아해서 창조적인
직업이라는 생각에 택하게 되었다.
_노은주

두 분이 제일 좋아하는 공간이 있나?

임: 잎이 무성한 느티나무 그늘과 일요일 오후에 책을 보며 낮잠을 자는 나의 침대… 그런 건축을 하고 싶다는 생각을 일주일에 한 번씩 한다.

노: 수평선 혹은 도시의 스카이라인 너머로 해가 막 뜨거나 지기 시작하는 시간, 푸르스름하게 물드는 하늘을 바라볼 수 있는 공간, 예를 들면 발코니나 큰 창이 있는 방.

그렇다면, 두 분이 지금 살고 계신 집은 어떤 집인가?

지금 살고 있는 집은 오래 된 아파트이다. 늘 우리는 회사 사무실과 가까운 곳에 주거를 마련하는데, 현재 사무실 주변에는 아파트밖에 없기 때문에 어쩔 수 없는 선택이었다. 이전에 직접 설계하지는 않았지만 40년 된 2층 주택을 개보수 해서 사무실과 집을 합쳐 살았던 적도 있다. 또 서울의 여러 동네에 퍼져있는 주상복합이나 다세대주택 등에도 살아본 적이 있어서 대한민국에 존재하는 거의 모든 주거양식을 거쳐온 셈이다.

롤 모델로 삼는 건축가가 있나?

예전에 〈이집트 구르나마을 이야기〉에 나오는 화산 하티라는 이집트 건축가와 박경리의 소설 〈토지〉에 나오는 윤보 목수를 늘 이야기한다. **단순한 기능인에 머물지 않는 사회적인 책임감과 애정을 가진 건축가 상이 나의 롤 모델이다.**

I never considered becoming an architect and had absolutely no information about the profession. I ended up applying to architectural studies only by a recommendation from a friend. I've never thought of any other profession other than architect ever since.
_HyungNam Lim

Like many architects, I was a student of natural sciences, but also liked to draw. I chose to become an architect since it seemed like a creative profession.
_EunJoo Roh

Do you have a favourite place? (For example, it could even be the bathroom in the morning)

Lim: Shade of thick Zelkova tree and napping on my bed while reading a book on a Sunday afternoon… I think to myself at least once a week that's the kind of architecture I want to do.

Roh: The horizon or a space where you can watch dawn or dusk, which is a time when the sky gets tinged with varying shades of blue over the skyline of the city, like a balcony or a room with a big window.

What kind of a house do you live in? (Apartment, a house you designed yourself, etc)

The house we live in now is an old apartment. We always live quite near our studio and there are only apartments around our current location, so we really had no other choice. Before this we lived at a 40 year old, two storey house, which we didn't design but renovated to combine our house and office together. We also have lived in mix-use buildings or multiplex houses that are abundant throughout many neighbourhoods in Seoul, so we pretty much have lived in almost all housing types that exist in Korea.

Do you have a role model in architecture?

We always talk about the Egyptian architect Hassan Fathy from the book <Story of New Gourna Village> and speak highly of carpenter YoonBo from KyungLi Park's famous novel <Toji>. **Our role model is an architect who doesn't stop at being a mere wright and works with affection and responsibility for the society they live in.**

단순한 기능인에 머물지 않는 사회적인 책임감과 애정을 가진 건축가 상이 우리의 롤 모델이다.

Our role model is an architect who doesn't stop at being a mere wright and works with affection and responsibility for the society they live in.

프로젝트 중 가장 인상 깊었던 것은 무엇인가?

나의 프로젝트 중에서는 금산주택이라고 9개월 설계하고 6주만에 지은 집을 이야기하고 싶다.

6주 공사하는 동안 건축주가 한 번도 오지 않았고 우리는 차로 두 시간 30분 거리의 서울과 금산을 25번이나 오르내렸다.

우리는 건축을 하면서 '과연 한국건축의 본질은 무엇인가' 끊임없이 고민해 왔다. 일본이나 중국의 건축과 다른 한국 건축의 가장 큰 특징은 공간이 움직인다는 사실이다. 한국의 건축은 이를테면 정지된 화면이 아니라 영상처럼 공간과 공간 사이에 끊임없는 흐름이 있다. 그리고 내외부의 방들은 그 흐름들을 자연스럽게 따라가며 빛과 바람 같은 자연의 요소들이 지나가는 흔적을 담는다.

우리는 집의 주인에게 진악산을 바라보는 동서로 긴 집을 권했다. 집의 여러 가지 조건이 육백 년 전의 위대한 철학자 이황의 집 〈도산서당〉을 떠올리게 했기 때문이다. 〈도산서당〉은 일자형의 단순하고 작은 집이지만, 아주 큰 생각을 담고 있다. 그는 자신을 낮추고 남을 존중한다는 '경(敬)'의 사상을 바닥에 깔고 단순함과 실용성과 합리성을 추구했다. 즉 그 집은 이황 자신이라는 현실과, 자신을 만들어주고 지탱하게 해주는 책이라는 과거와, 그에게 학문을 배우는 학생들이라는 미래를 담는 집이다. 그리고 참 아름다운 집이다.

작고 소박한 집에 우주가 담긴다는…. 그 말만 들어도 마음이 두근거린다. 우리가 원하는 것은 달에서도 보일 정도로 큰 신전과 같은 거대한 집이 아니다. 생각이 담긴 집이다. 게다가 그 생각이 높고도 향기롭다면 더 할 나위가 없겠다. 〈도산서당〉은 우리가 건축가로서 늘 꿈꾸던 그런 집이었다.

우리는 대부분 집에 집착하고, 집의 크기에 집착한다. 그래서 현대의 집들은 점점 커졌다. 그리고 그 안에 사는 사람들 또한 비대해져서 집은 점점 좁아지고, 사람들은 끊임없이 집 늘리기에 골몰하고 있다.

'보통의 인간'은 아주 작게 태어나서 아주 작은 집(땅)으로 돌아간다. 그런데도 그 삶의 중간에서 자신을 필요 이상으로 키우고, 결국 그 무게에 눌려서 버둥거린다. 왜 우리는 우리의 몸에 맞지 않는 집을 원하는 것일까? 사람들은 라이프 사이클에 따라 집도 커져야 하고, 그래야만 사회적 성공을 이룬 것이라고들 믿는다. 그러나 화려한 집에 담기는 건 빈곤한 삶이다. 어느 날 물밀듯이 밀려오는 존재에 대한 회의처럼, 집에 대한 근원적인 질문에 봉착하게 될 것이다.

안방과 손님방과 최소한의 부엌과 화장실, 그리고 서재가 되는 다락방을 담은 금산주택은 〈도산서당〉의 구성을 그대로 닮았다. 금산주택의 건축주는 노후를 아내와 함께 지낼 작고 소박한 집을 원했다. 공교롭게도 이황과 같이 교육자이자 학자이고, 그가 도산서당을 짓기 시작한 나이와 같았다. 금산주택 또한 과거와 현재와 미래가 담기는, 그리고 자연과 조화롭게 마주보며 학생들과 공존하는 그런 집으로 만들고자 했다.

Geumsan House Sketch

What was the most memorable moment during your projects?

Out of our work, I would say the Geumsan House. It was a project we designed for nine months and built in six weeks. During the six weeks of construction, the client never came once. It takes two and a half hours between Seoul and Geumsan, which we went back and forth 25 times.

Geumsan House is a simple house with a site area of about 70 m2, out of which 43m2 is liveable area and 27m2 is covered hardwood deck. It applies western wooden structure, but has spaces of Korean architecture.

As we practise architecture, we have relentlessly asked ourselves what the essence and nature of Korean architecture is. Unlike the architecture of China or Japan, the most prominent feature of Korean architecture is that the spaces are moveable and constantly in motion. It is less like a paused scene, but more like a live video where there is a continuous flow between spaces. And the exterior and interior rooms of the house naturally follows this flow and takes in the traces of natural elements like light and wind. We recommended to the client a long house that spans from east to west, facing the Jinack Mountain, because many conditions of the house clearly resembled the house of the great philosopher Yi Hwang's <Dosanseodang> from six hundred years ago. <Dosanseodang> is a small, simple house in a shape of a bar, but embodies a great thought. It is based on the concept of 'Kyung(敬),' which encourages humbleness of oneself and respect for others, seeking simplicity, practicality, and rationality. Hence, the house embodied the present of Yi Hwang himself, the past of books that shaped and supported him, and the future of his students. It is such a beautiful house.

The entire universe embodied in a small,

simple house... Just the phrase makes my heart race with excitement. What we want is not an enormous, palace-like house that could be seen from the moon. We want a house that has great ideas and thought. And if the ideas are deep and fragrant, there is nothing more we want.
<Dosanseodang> is a house we always dreamed of as architects.
Nowadays, most of us are obsessed with the house and its size. The modern houses keep getting larger. The people living in them also grow in size, subsequently making the houses seem smaller. And this leaves people relentlessly wanting to expand their homes. 'An average human being' is born small and goes back to a very small home (the land), but we expand ourselves beyond need during our lives and consequently squirm underneath our own weight. Why do we want a house that does not fit us? People believe the size of a house needs to grow as we enter and leave varying stages in life and such is a measure of success in society. However, what the big, elaborate house contains is a life of spiritual poverty. Then one day, people will be faced with a fundamental question about what a house ought to be, along with the tsunami-like doubt about their own existence and meaning of life.
The layout of the Geumsan House is like that of the <Dosanseodang> where there is a master bedroom, guest bedroom, minimal kitchen and washroom, and a library. Its owner wanted a simple, small house to spend the latter days of life with his wife. Coincidentally, he is also an educator and a scholar like Yi Hwang and the same age as the philosopher when he began building <Dosanseodang>.
It was our goal to make the Geumsan House where the past, present, and future are embodied while in coexistence with students and in harmony with the nature.

Geumsan House ©Park Young-chae

©Park Young-chae

N
MASTER PLAN
0 3 6 9 12 15

©Park Young-chae

©Park Young-chae

©Park Young-chae

©Park Young-chae

임형남 · 노은주 부부가 들려주는

루치아의 뜰

오래된 도시 공주의 구도심에 위치한 〈루치아의 뜰〉은 1964년에 지어진, 나이가 50살 된 뜰이다. 그리고 뜰 옆에 방 두 칸, 부엌 한 칸, 다락 한 칸, 다 합해 열 평정도 되는 집이 한 채 놓여있다.

50년 전 어떤 선량하고 가난한 가장이 아내와 아이들과 함께 평생 살아볼 생각으로 집을 짓기 시작했다. 그런데 준비해 놓은 재목이 부족해서 짓다가 멈추고, 재료가 모이면 다시 집을 짓다가 떨어지면 또 멈추며, 무려 삼년동안 집을 지었다. 그리고 그 가장은 허무하게도 집을 짓고 고작 삼년 살고 세상을 떠났다. 집에 남겨진 아내와 아이들은 집을 가꾸며 살았다. 아이들은 다 커서 큰 도시로 나갔지만, 아내는 작은 마당과 담 옆으로 길게 만들어진 화단을 가꾸며 오래도록 살았다. 부인은 집 근처에 있는 성당을 열심히 다녔는데, 성당에서는 그녀를 스텔라라고 불렀다. 혼자 집을 지키던 스텔라마저 몇 년 전 세상을 떠나자, 오랜 세월 가족을 지켜보던 집만 혼자 남게 되었다. 그리고 몇 년 동안 집은 주인 없이 지내고 있었다.

스텔라와 같은 성당에 다니던 루치아라는 중년 부인이 있었다. 그녀는 시내에 집을 한 채 마련하려고 찾아다니던 중, 어느 날 차도 들어가지 못하는 한적한 골목에 있는 마음에 드는 집을 한 채 발견했다. 몇 년 동안 방치되어, 파란 철 대문은 녹이 슨 채 기울어지고 너덜거렸다. 마당 한쪽에는 담장이 넘어지며 장독대를 덮쳐, 깨진 장독조각과 깨진 블록조각이 같이 나뒹굴고 있었다. 남쪽 벽에는 망가져서 내놓은 냉장고와 이런저런 살림살이 부스러기들이 모여 있었다.

그 부인은 집의 크기나 위치가 적당하고, 무엇보다도 담 옆으로 가꾸어놓은 얇고 긴 화단이 맘에 들어 "더 생각할 것도 없다" 하며 덜컥 그 집을 사기로 마음먹는다. 그런데 사고 나서야, 이 집의 원래 주인이 자신과 같은 성당을 다니며 자주 만났던 스텔라였다는 것을 알게 되었다.

스텔라의 뜰이 루치아의 뜰로 이어진 것이다. 얼핏 폐허처럼 보여서 사람들에게 오랫동안 외면당했던 그 집이, 사실은 가장 마음에 드는 새 주인을 고른 것인지도 모른다.

우리는 33㎡에 불과한, 너무 오래 입어 소매가 너덜거리는 겨울 스웨터처럼 낡은 집을

Lucia's earth
©Park Young-chae

©Park Young-chae

되살리는 계획을 했다. 우선 철거를 시작했다. 집을 덮고 있던 시간과, 때와, 한때의 사랑과, 한때의 슬픔과, 한때의 기억들을 적당히 걷어내기도 하고 적당히 남기기도 했다. 스텔라가 남겨놓은 살림의 흔적들을 하나도 버리지 말자는 루치아의 바람대로, 뜯어낸 재료는 다듬어서 새롭게 썼다. 부분부분 삭아서 내려앉았던 툇마루는 작은 탁자와 선반으로 다시 태어났다. 방과 방 사이에 놓여 칸막이벽 역할을 했었던 옷장은 마루로 옮겨져서 그릇을 담는 장식장으로, 깨진 항아리는 마당 여기저기에 흙을 담아 작은 꽃을 피우는 화분으로 거듭났다. 녹슨 대문과 거친 질감의 시멘트 기와는 그대로 놓아두었다. 차양은 같은 모양의 새 것으로 바꿔 달았다.

남북으로 긴 땅의 모양을 그대로 따라 지어져서, 집은 남쪽이 막혀 있고 동쪽을 보며 앉아있다. 그래서 들어갈 때 집의 정면이 아니라 옆구리가 보이게 되어 있는데, 그 '옆면'을 '정면'으로 만들기 위해 벽들을 뜯어내고 유리창을 달아 집 안으로 햇볕이 많이 들게 했다. 좁고 어두운 다락은 천장을 뜯어내어 서까래를 노출시켜 높게 만들고, 원래부터 달려 있던 두 개의 창문은 틀을 그대로 살려 창호지만 새로 발랐다. 부엌으로 들어가는 문도 한국 전통 문양의 유리문으로 바꾸어 달았다. 옛 흔적들을 살리되, 새로 끼어드는 요소들은 굳이 옛 모습을 그대로 재현하기 보다는 현대의 장점들을 활용한 재료와 형태가 자연스럽게 공존하도록 했다.

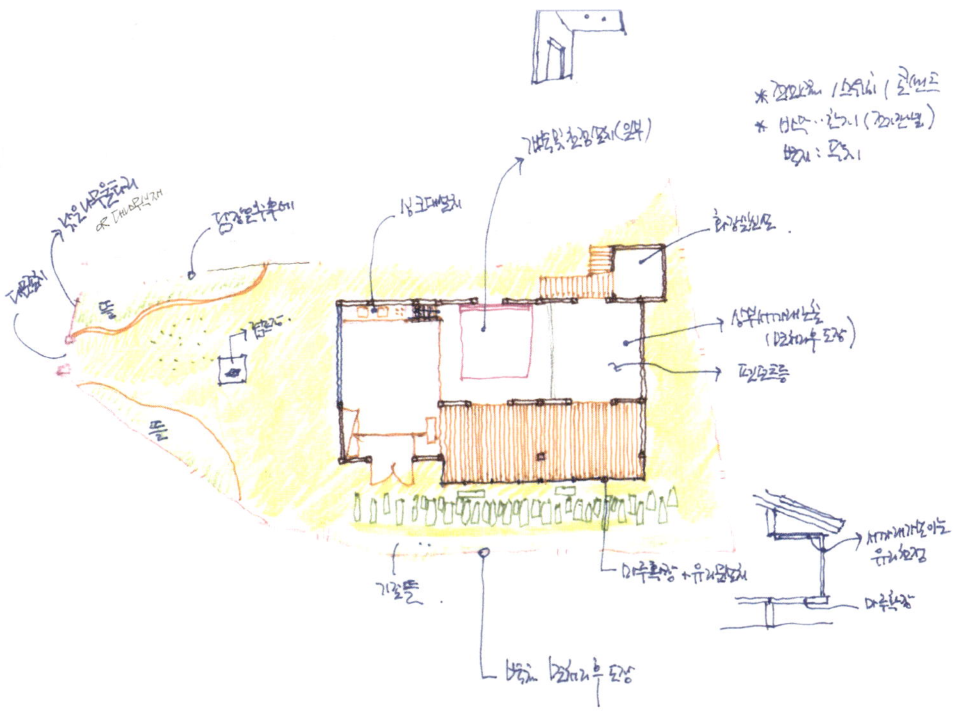

The story of Lucia's earth

by studio GAON

Lucia's earth is located in the old downtown of Gong-Ju city. (Gong-Ju is one of the oldest historical city in Korea.) The house was originally built in 1964.: the first house was mainly built on the soil of unmade yard, and has two small rooms , a tiny kitchen, and a narrow attic.

However, when it comes to the story how the first house of Lucia's earth was built it gave us different look of the ruined old house.

50 years ago, there was a family man he was poor but always try to be a good husband and a father to his five loving children. He was very determined to own a house for his family but it was not easy for him. So, he decided to build a small house by himself. However, the small house was not just little for him, it was too big for him alone. It took over 3 years to complete a basic house of 33 square meter size. : He had to earn and save for a single nail. He had to stop the construction when it ran out its stocks. And then back again when he earned the stocks , and stop again…….After all he completed his dream house, not much longer he lived there. Because of his sudden death. He lived there for only 3 years.

Since he died, his wife and children never left there and look after the small house. After children had grown up and left home to a big city for working, yet his wife were still living in there. She loved a small flower garden where planted long way beside of the house wall. For her, the house was not just an empty nest but a house for love and belief. She was very faithful to go to the Cathedral nearby the house. People called her Stella which is her baptismal name. She lived in the house until she died. Since that there was no one left in the house. The house was abandoned for years. No one interested in a ruined empty house until an unexpected visitor walking through the house.

She seemed a middle aged women. Her name is Lucia. She was seeking to buy a house but hard to find what she really liked one. Meanwhile she found an alleyway that was too narrow to drive down. Almost instinctively she got off the car walking trough the narrow alleyway ,and saw the abandoned house. The steel house gate that rusted and broken was hanging on the tilt. The pieces of the broken earthen pots and fallen bricks and blocks were everywhere. (in Korea, Traditionally, the home made soy sauce , soybean paste and red pepper paste have been naturally fermented over years in large earthen pots outdoors. It is not just a condiment but represents the history of a family.) At the south part of house wall , there were a broken refrigerator and worn out household goods dumped at the courtyard.

However, she really liked the house. In terms of its location she thought it is very quiet. Particularly, when she saw the small flower garden where planted long way beside of the house wall, she made up her mind to buy it. 'No need to think it over anymore!'

©Park Young-chae

Not until that she did not know the house was Stella's. Actually she knew Stella , not a close friend but they went to the same Cathedral. Now the small flower garden Stella loved has led to Lucia's hands. The ruined house might have chosen the best landlady because she was the only one who saw the house ,not a ruined, as a treasure.

After hearing all the stories, we planned to mend the house like reknitting a thick sweater worn to a thread. First, we began to demolish it as a normal procedure for renovation but we speculated what to remove and what to remain, like saying remain is main, sadness become happiness and memories become histories , each meaning of the place regarded as a means of remodeling. As Lucia's wish that remain all breathing of Stella's trace, we replaced and reused torn down the old part of the house like the ship of Theseus. The wooden veranda that collapsed by corrosion has become an antique table and a vintage shelf. The closet that placed at the space in between two room as a partition has moved to the floor and become a dish cabinet. The broken earthen pots has become flower pots with the soil of unmade yard. The rusted steel house gate and the rough cement roof tiles have been remained at the original position. The transparent plastic awning

has become the same shape of bright iron plate shading.
The house was situated on the long site ,south to north, faced to east, when you enter the house you can not see the front of the house ,only possible to see the side of the house. Hence we have torn down the wall and put a window bring the sun light into the house. And also it makes that looks like it as a main facade.
Furthermore, we had to do something about the narrow and dark attic. : we removed the ceiling and exposed the structure of rafter, in order to make it more specious and to bring more sun light. While we removed them we remained something old traces like window frames and patterns of glass kitchen door. Likewise we have attempted to remain the old traces as much as we could but exploited the modern convenience applied as a material component. While the power of nature can be forever the human life can not be. I think it is not a matter of eternity but the acceptance of constant changings and movings.
Thus, although the changing of Stella to Lucia it will be continued as long as the power of nature exist. That is why we named the house as Lucia' s earth.: In Korean, soil, land, yard, garden and earth means all the same and represented as Mother Nature. We just looked into the small flower garden as the will of the house and it has led us to a way how architecture can be sustained over time.

5대 신문 보도
KBS 무한지대 큐
SBS 맛대맛 방영
KBS SBS 방영
모듬전
고추전
굴전
파전

당신만의 특별한 건축 언어가 있나? 그 언어가 프로젝트에 어떻게 반영되는지 구체적으로 설명해줄 수 있나?

나는 학교를 마치고 사회에 나와서 건축에 대한 굉장한 갈증을 느꼈고 그때 옛집 답사를 시작했다. 그리고 그 안에서 막연하나마 좋은 건축과 건축의 아름다움을 배운 것 같다. 그 집들은 땅과의 조화를 염두에 두고 존경과 두려움을 가지고 있다. 굳이 나의 건축의 언어를 이야기하라면 나는 땅의 이야기에 맞춰 건축을 한다고 이야기한다. 그래서 늘 유동적이고 고정된 어떤 상이 없다.

당신의 건축물 외에 인상 깊었던 건물은 무엇인가?

임: 내가 고등학교 때 정독도서관에 갔다가 나와서 늘 가곤 했던 경복궁 안에 있는 자경전과 현대 건축으로 들자면 낙원상가 2층이다.

그 당시에 경복궁에는 건물이 몇 동 없었는데 자경전은 적당한 스케일과 늘 호젓한 분위기가 있어서 좋았고 낙원상가는 그 이름이 주는 느낌과 세상의 모든 악기가 가득 들어찬 모습이 왠지 이상향에 온 것 같은 착각을 준다. 그리고 좁고 활기찬 느낌이 좋다.

노: 건축가 이희태의 절두산 순교기념박물관이다. 마치 날개를 접고 착륙한 비행선처럼 잠두봉에 앉아 한강을 내려다보는 그 건물이 당시 흔히 주변에서 보던 박스 형태의 건물과 달라서 어릴 때 무척 인상 깊게 보았다.

프로젝트는 어떻게 수주 하나? 특별히 수주 확률이 높은 방법이 있나?

개업한 초기에 일이 많지 않을 때부터 꾸준히 우리의 생각과 작업을 정리해 책으로 써온 것이 벌써 7권째다. 우리를 찾는 건축주의 8할 이상은 우리의 책을 보고 온다. 시간이 오래 걸리긴 했지만 책만큼 나를 보여주기 좋은 매체가 없고 책만큼 공신력이 있는 매체가 없다고 생각한다.

Do you have a special architectural language of your own? And if so, could you describe in detail how that is reflected in your project?

When I finished school, I had a tremendous thirst for architecture and started visiting all the old houses in Korea. I think I unconsciously learned, perhaps only vaguely, what a good architecture was and the beauty of it. Those houses were built in harmony with the land and have both fear and respect for it. If I must speak of my architectural language, I say I build in accordance with the language of the land. Hence it is always fluid and has no fixed form.

What was the most memorable building other than your own?

Lim: The Jagyeongjeon of Gyeongbok Palace where I used to always visit after going to Jeongdok Library in high school and second floor of Nakwon Commercial Complex for modern building. There weren't that many building at the Palace back then and the Jagyeongjeon always had a quiet atmosphere and an appropriate scale which I enjoyed. I really liked the feeling you get from the name Nakwon Complex(Nakwon mean paradise in Korean). It gives an illusion of paradise because it seems to have all the instruments in the world packed into the place. I also liked the cramped, lively atmosphere.

Roh: Jeoldu Mountain Martyr's Memorial Museum by architect Hee Tae Lee. It left a deep impression on my young self because it was different from the usual box shaped buildings of the day - it looked like a flying object landed with its wings folded on top of Jamdoo Peak, looking over the Han River.

How do you bring in new projects? Is there a special method to increase your chances?

Even in the beginning when we didn't have many projects, we have organized and compiled our thoughts and works into a book. We are already on our seventh one, actually. More than eighty percent of our clients finds us through our books. It has taken a long time, but there is no better medium out there to showcase ourselves. I also don't think there is any medium that holds such level of public confidence like a book does.

난곡

특별한 클라이언트가 있나?

모든 클라이언트가 다 특별하다. 가장 인상에 남았던 클라이언트는 작년에 거창에 지었던 집 주인이신데 평생 노동운동을 하시다가 환갑이 되어 처음 집을 지으셨는데 어린아이처럼 기뻐하시던 모습이 감동적이었다.

작업을 하면서 재미있었던 에피소드가 있었다면 무엇인가?

건물이나 집을 지을 때 다양한 '약방의 감초'같은 참견자들이 끼어들어 조언을 빙자한 방해를 많이 한다. 대부분 건축주의 지인, 집을 지어본 혹은 건물을 지어본 경험이 있는 사람들인데 여러 가지 다양한 방식으로 방해가 되는 아주 귀찮은 존재들이다.

간혹 꼭 그렇지 않은 사람들이 있기도 하다. 경남 함양에 있는 마천이라는 곳에, 지리산 천왕봉과 마주보고 있는 아주 경치가 좋은, 그러나 아주 깊은 산 속에 집을 지을 때 이야기이다. 그 집을 의뢰한 건축주의 친척이 근처에 있는 절에 계시는 무척 공력이 있어 보이는 스님이었는데, 그 분의 소개로 그곳에 집을 짓게 되었다는 이야기를 들었다. 긴 시간 설계를 하고 공사를 시작하는 날, 그곳에 마침 그 친척 되시는 스님과 그 분 동료 스님이 오셨

다. 그 스님들은 꽤 많은 공사를 해서 건축에 대해 무척 조예가 깊은 분이라고 했다. 서로 인사를 나누고 이런 저런 이야기를 하다가 집을 지을 자리를 잡는 시간이 왔다. 그런데 그 스님이 성큼 성큼 걸어 다니며 이리 저리 재 보시더니 "집 자리는 여기고 안대는 요렇게 잡아야 하고 안산은 저기 보이는 저 산이다"하며 자리를 잡는 것 아닌가… 물론 우리도 많은 고민과 현장 방문과 여러 가지 고려 끝에 배치를 완성하고 좌향, 안대, 안산 등을 설정했지만, 그분의 판단과는 약간의 차이가 있었다. 그러나 평생 지리산을 모시고 살았던 노 스님의 의견을 어떻게 거부할 수 있겠는가. 바로 꼬리를 내렸지만 전혀 기분이 나쁘다거나 진로 방해를 받았다거나 하는 생각이 들지 않았다.

Are there any special clients?

All clients are special. The most memorable client was a man who built a house in Geochang County last year who has been involved in labour movement all his life. He built his first house at almost age sixty and he was exulted like a child, which was quite heartwarming.

Is there any interesting episode that happened during any of your work?

When designing a building or a house, there are so many obstacles proposed by those "jack of all trades" people who are eager to offer their "advice." They are mostly acquaintances of the client, who had experience building a house or other types of buildings, and they pose great hindrance in so many creative and varying ways. They are really quite troublesome.

There are occasionally those who are not, though. There was one such person when we were building a house at an amazingly beautiful, but extremely remote location up in the mountain that face Cheonwang Peak of Jiri Mountain in a place called Macheon in Hamyang County of South Gyeongsang Province. The relative of the client, who seemed to be a wise Buddhist monk at a nearby temple, has recommended the place. On the day of construction after a long design phase, the relative and his fellow monk dropped by. Apparently they were well versed in architecture after doing quite a bit of construction themselves. We introduced ourselves and talked a while when it was time for us to permanently settle on the exact location of the house on the site. Suddenly, the monk walked around the site and measured from here and there and took the matters into his own hands, saying "the house should be set here and the Ahndae* should be settled like this with that mountain over there being the Ahnsan**." Of course, we went through hours of discussion, multiple site visits, and consideration of numerous elements to set the orientation of the house and decided the Jwahyang***, Ahndae*, Ahnsan** and other factors. Whatever we have decided differed a little bit from the monk, but how can you possibly go against the words of an old monk who had spent his entire life at the mountain and must have known about it so much more than we did? We immediately modified the orientation of the house a bit, but it didn't feel like he was rude or intrusive at all.

Translator's note

These are terms from traditional Korean geomancy (or more commonly known in the Chinese term, Feng Shui): the Oxford English Dictionary defines goemancy as "the art of placing or arranging buildings or other sites auspiciously."

*Ahndae: a formation where Ahnsan is surrounding the house like a folding screen

**Ahnsan: a mountain that lies in front of the house - this protects the household from the wind blowing from the front. Without Ahnsan, the harsh wind will blow into the house, bringing poverty.

***Jwahyang: this term is used to describe the orientation of a house. Jwa means the location where the main building will stand and the orientation the Jwa faces directly is Hyang. Hence Jwahyang is always in line with each other.

입정동은 개가 울기 위해 나무로 기어올라갈 때 벗어놓고 간 껍질 같은 곳이다 지명을 아는 사람은 거 많지 않다 그러나 서울에 사는 누구나 서울 시내 한복판에 지하철 2호선 을지로3가역이 근처 사는 거리 뒤로 철공소 공구상이나 일거가게니 하는 가게들이 모여 보글보글 끓고 있는 곳이라는 이름이 어색한 그곳은 알 것이다 거기가 **입정동**이다 듣자하니 동네 이름은 예전에 갓 만드는 집들이 있는 데서 유래했다고 하더라 지금은 그렇게 보글거리는 곳이지만 예전에는 살림집들이 빼곡했고 참기름집도 있었고 솜틀집도 있었고 연탄집과 목욕탕도 있었던 서울의 여느 동네와 별반 다르지 않은 마을이었다 1980년대가 끝나갈 무렵부터 도시화라는 폭식가가 끼들을 하나씩 지워나가고 사람들이 줄어들고 내가 다니던 초등학교의 학급수가 점점 줄어들더니 급기야 학교가 문을 닫는 지경에 이르러 나와 내 친구들은 각기 다른 동네의 다른 학교로 전학하게 되었다 이후 그곳은 낮엔 사람들이 살고 밤엔 텅 비는 동네가 되어버렸다. 그 뒤로 세월이 많이 흘렀다 요즘도 간혹 하루 종일 기계 돌아가는 소리를 듣고 바닥에 흥건히 기름이 둥둥 떠다니는 내 고향으로 간다 그곳에 가면 시끄러운 소음 속에서 가슴은 짜하기만 편안해진다 그런 생명이 있는 모든 종의 보편적 행동양식일 것이다 그런데 하마터면 나에게 안식을 주던 골목이 쑥 변에 살리고 거대한 양은 도시락 같은 건물로 치환될 뻔한 적이 있었다 서울시가 세운상가 주변 간을 재개발해 커다란 건물을 세우고 거대한 녹지축을 만든다는 말도 되지 않는 명분을 내세우며 주변의 여러 블록을 쓸어버리는 야심찬 계획을 발표하던 때였다 휘황찬 그 시절의 서울시장이 얼굴에 해맑은 미소를 가득 담고 비둘기 날리고 꽃가루 흩뿌리며 개발을 선언하는 의식까지 거행했다 입정동의 옛이 재개발될 위험 앞에서 낡은 가게 대이 세우게 고향이 숲에 잠긴 골목민의 비애에 깊게 공감하며 신문에 실린 그들의 의식을 애처롭게 바라볼 수 밖에 없었다 다행히도 그들의 간지는 한없이 바람을 불어넣기만 하던 욕망의 풍선이 요란하게 터지며 막을 내렸다 서울시장이 자리를 박차고 나가며 나의 고향은 살아남게 되었다 정말 우스꽝스런 촌극이고 나깔한 우화였다 나는 요즘도 가끔 꾸무렵에서 건진 내 고향을 보러 간다 요란하게 돌아가는 기계 괴음과 사람들 밀치며 골목골목을 누비는 오토바이와 어느 구석 쭈그리고 앉을 곳도 없는 팍팍한 골목으로 나와 안식을 구하러

이천십삼년 십이월 삼십일일

국희네식당
2275-0233

어떻게 사무실을 시작하게 되었나? 시작하는데 힘든 점이 있었다면 무엇이었나?

개업은 건축사 자격을 취득하고 바로… 학교 다닐 때 오로지 목적은 설계사무소를 개업하고 나의 작업을 하는 것이었기 때문에 조금도 망설일 필요가 없었다. 시작하면서 힘든 점은 당장 생계를 무엇으로 해결해야 하는가 하는 막막함과 어떤 경로로 프로젝트를 수주할 것인가 하는 막연함이었다.

사무실 이름엔 어떤 의미가 있나?

가온이라는 이름은 '가운데'라는 의미를 가진 순수한 우리말이며 한자로는 집 家와 평온할 穩을 쓴다. 그때 어디서 듣기로는 평온할 온 자는 일년 농사를 다 짓고 추수한 곡식을 마당에 부려놓고 느긋하고 흐뭇하게 바라보는 모습이라고 한다. 그 글자의 의미가 너무 맘에 들어서 선택했다. 중의적인 의미이며 모든 사람의 꿈 아닌가?(웃음)

건축이 아닌 다른 것을 해보고 싶었거나 아직도 해보고 싶다는 것이 있나?

임: 누구나 그렇듯 무수한 꿈이 있었다. 그 중 특별히 골라본다면, 어릴 때 해보고 싶었던 것은 여행가가 되거나 역사학자가 되고 싶은, 그런 꿈이 있었다. 지금은 별다른 것은 없고 건축과 글쓰기를 꾸준히 계속하는 것 외에는 없다.

노: 글 쓰고 책 읽는 것을 좋아해서 막연히 작가가 되고 싶다고 생각했었는데 건축을 통해 글을 쓰고 있기 때문에 충분히 만족스럽다.

보통 하나의 프로젝트를 팀으로 작업할 때는 의견 조율이 힘들 때가 있는데, 두 분은 충돌이 일어날 때가 없나? 있다면 어떤 식으로 조율하는 편인가?

사실 믿을지 모르겠지만 충돌이 거의 없다. 간혹 있더라도 별다른 방법은 없고 대부분 봉합이 될 때까지 부딪치지 않고 눈치껏 피해 준다.

건축을 꿈꾸는 학생들에게 해주고 싶은 말은 무엇인가?

우리는 건축을 시작하는 학생들에게 늘 하는 말이 있다. **건축은 '농부의 마음'으로 해야 한다**고.

그 말은 어떤 자연재해나 그 밖의 시련이 와도 농사를 팽개치거나 하늘을 원망하지 않고 스스로를 다시 잡고 묵묵히 다시 일을 한다. 대단한 건축을 하는 것도 중요하고 멋있는 작품을 남기는 것도 중요하지만 그 무엇보다도 중요한 것은 항심(恒心)을 가지고 흔들리지 말고, 천천히 그러나 꾸준히 걸어가야 한다고 생각한다.

'농부의 마음'을 강조하셨는데, 건축가님들은 작업을 하다 크고 작은 시련이 왔을 때 어떻게 극복하나?

인내와 대화가 중요하다. 일이 어려워지는 경우는 대부분 관련된 사람들의 의견이나 입장이 달라 부딪히면서 생기기 마련인데, 되도록 상대방의 상황을 이해하려고 노력하고, 차분하게 기다리면서 설득해나간다.

How did you start your office? What was most difficult about the start-up?

We started right after getting our license… Our only goal during school was to open a studio and start our own work, so there was absolutely no hesitation. It was difficult to deal with the uncertainty of immediate livelihood and not knowing how to win projects.

What is the meaning behind the office name?

Gaon is a pure Korean word meaning the 'middle.' In Chinese character, it is Ga 家 (House) and On 穩 (Tranquil). Back when I was deciding on the name of the studio, I heard from somewhere that the character On 穩 was a visualization of a farmer watching his crops in content and joy in his front yard after completing the whole year of farming. I really fell in love with the meaning of the character. It is sort of ambiguous, yet is something everyone dreams of.

Was there anything you wanted to pursue other than architecture? Or are there still other things you would like to try?

Lim: I had numerous dreams just like everyone else. To mention a few… when I was young, I wanted to become a traveller or a historian…or something like that. I don't have any other special urges now other than to continue to practise architecture and write.

Roh: I really enjoy reading and writing, so I vaguely imagined myself becoming a writer. Now that I write about architecture, I'm pretty satisfied.

When working on a project as team, there is usually some difficulty in collaborating your ideas together. Do you have any conflicts during your work process? If so, how do you resolve them?

It might be hard to believe, but we rarely have any conflict. Even when we do have an issue, there is no special solution, really. We usually just tread lightly until things get resolved.

Based on your experience and work, what advice would you give young students of architecture?

There is something we always tell students starting out in architecture. **You must start with a mind of a farmer.** That means not abandoning your work nor blaming others when there is a natural disaster or any other hardships, and just pulling yourself together and moving on. Doing impressive architecture and leaving great legacy is all important, but the most important thing is to have consistency and not be swayed. Just move forward slowly, but continuously.

You emphasized 'the mind of a farmer.' How do you overcome the various difficulties during your work, both big and small?

Patience and conversation is the key. When the project becomes difficult to deal with, it is usually because the people involved have different opinions and positions that collide. We try to understand others' situations and try to persuade them as we wait patiently.

건축은 '농부의 마음'으로 해야 한다

You must start with a mind of a farmer.

studio GAON office

건축이란 땅과 사람이
같이 꾸는 꿈이라고 생각한다.
모든 건축은 땅에서 이루어지며
땅의 의지가 반영된다.
따라서 건축가는 땅과 사람 사이에서
이야기를 들어주고
통역을 해주고 그것을 형태와 공간으로
풀어주는 역할을 한다.

I think architecture is a shared dream
between the land and the people.
All architecture exists on land
and will of the land is reflected upon it.
And, Architect is a person who listens to
the stories between the land and
the people and translate them,
morphing that into form and space.

Lucia's earth
©Park Young-chae

Who is

Miha Volgemut architect

www.volgemut.com

어렸을 적 레고를 가지고 놀면서
박스에 그려져 있던 집을 지어보려고
했는데 항상 실패했던 기억이 있다.
시시한 고민일지도 모르겠지만
아직까지도 그 집을 만들어보려고
하고 있는 것 같다.

When I was playing with LEGO
as a child, there was a particular image
of the house on the LEGO box that
I was constantly trying to finish
but always failed. However banal
this frustration may seem I think
I still try to finish that house.

나는 음악과 함께 자랐다. 처음에는 피아노를 배우고 나중에는 록 밴드에서 활동했었다. 우리 밴드는 록, 펑크 그리고 재즈 연주를 하며 전국 곳곳을 돌아다니기도 하고, 스케이트보드도 탔는데, 이런 것들이 결국 내 인생에 많은 영향을 끼친 것 같다. 그래서 나의 문화적 배경은 주로 음악이랑 스케이트보드로 이루어져 있다.

I grew up with music, I was learning piano and later playing in the rock band. We were performing all over the country playing mostly rock, funk and jazz. I was also a skateboarder, which influenced also my overall lifestyle. So, I think music and skateboarding are dominant parts of my cultural background.

건축가가 아니었다면 어떤 일을 하고 있을 것 같은가?

나는 한때 음악가였고, 함께 밴드를 했던 친구들은 지금 모두 전국적으로 알려진 음악가들이다. 당시에는 둘 다 할 수 없어서, 애정이 좀 더 있었던 건축을 선택하게 되었다. 나는 또 심리학이나 철학을 공부해보고 싶기도 했는데, 이것은 요즘도 좋아한다. 하지만 이 모든 것들은 건축적 상상력을 위한 바탕들이 된다.

취미가 무엇인가?

나는 취미가 없다. 아니 정확히 말해서는 많은 취미를 가지고 있지만 결국 모두 건축과 연관되어 있다. 기계적인 사회에서 나는 자유 시간에 대해 전반적으로 부정적인 생각이다. 나는 세상이 좀 더 유하고 서로 연결되어 있다고 보기 때문에 특정한 관심사나 활동에 나를 넣는 것은 좀 지루하다고 생각한다.

미혼인가, 기혼인가?

결혼을 하고, 한 살과 세 살 된 아이가 둘 있다. 현재 나에겐 이 아이들의 아빠인 것이 가장 중요하고 즐거운 직업이다.

건축가는 매우 바쁜 직업이라고 다들 알고 있는데, 어떻게 결혼 생활을 유지할 수 있나?

모든 것은 항상 움직이고 있다. 새로운 것들이 생겨나고, 사라지기도 하며 우선 순위들이 바뀌기도 한다. 그러니 가정을 잘 꾸려가는 데에 특별한 비법은 없다. 그저 삶의 밸런스를 맞추려고 노력한다. 이는 자신의 활력을 위해서도 좋다.

스트레스를 많이 받는 편인가?

스트레스를 피하고 있지는 않다. 건축에서 색다르고 급진적인 해결책을 찾기 위해 항상 노력하기 때문에 구체화 시키는 과정이 항상 편한 것만은 아니다. 그러므로, **스트레스를 많이 받을수록, 더 좋은 건축이 나온다.**

Did you, or do you have anything else that you wanted to pursue other than architecture? If yes, why?

I was a musician and all my colleagues from the band are now the best musicians in my country. For me, love for architecture was greater… at the time I couldn't do both. I also wanted to study psychology or philosophy, which I still enjoy very much. But as I said, all those interests are also sources for architectural imagination.

What are your hobbies? What do you do during your free time?

I don't have hobbies, or better I have a lot of hobbies, that implicitly all serve architecture eventually. I have pretty cynical attitude in general about the free time in our mechanical society. I see the world more fluid and interconnected and it is just boring to determine myself in some specific, isolated interest or activity.

Are you married, or dating?

I am married and we have two children; 1 and 3 years old. At the moment my children are the most important and joyful occupation.

Architects are one of the busiest occupations; how do you maintain your married or dating life? Any methods on keeping them well?

Everything is always in movement, a lot of new stuff is coming in, some are dying out, priorities are changing… there is no recipe, just try best to keep the balance; it is good for your vitality.

Does your work stress you a lot? If so, how do you relieve it?

I am not avoiding stress, since I am still looking for unconventional or even radical solutions in architecture, so the process of materialization is not always the most comfortable. **So, more stress – better architecture.**

건축 공부를 하면서 영감 받은 건축이나 건축가가 있나?

슬로베니아 건축가인 Jože Plečnik과 Coop Himmelb(l)au는 아직까지도 나의 가장 큰 롤 모델이다. 둘의 스타일이 매우 다르지만 같은 본질을 가지고 작업한다: 장난기, 상상력의 자유, 자기 결정 그리고 구체화 시키는 능력. 비엔나 응용예술대학에서 운영하는 울프 프릭스(Wolf Prix) 프로그램에서 공부 할 수 있는 기회가 있었다. 나는 학교에서 많은 지혜와 기술 그리고 창조성을 얻었다.

제일 좋아하는 공간이 있나?

아직 찾지 못했다. 음악만큼 진동을 주는 공간을 찾거나 만들고 싶다. 하지만, 객관적이고 주관적인 모든 환경들이 제 시간에 그리고 정확한 방법으로 만나야 하기 때문에 건축에서 이것을 이루는 것은 매우 힘든 일이다.

Research project – Emergent density

Office tower – competition entry, 3 Prize

자신만의 특별한 건축 언어가 있나?

나는 나만의 건축적 언어보다는 독창적인 건축적 전략을 찾고 있다. 새로운 공간적 경험을 만들고 공간을 통과하는 에너지의 흐름을 조정하는 것이다. **언어는 하나의 현상을 표현해주는 것일 뿐, 전략이 없다면 그저 데코에 불과하다.** 만약 진정성 있는 전략이라면 언어는 유기적으로 생겨날 것이다. 건축미는 동적이다. 공간과 그 속의 움직임을 모두 표현하는 것이다. 지금 우리가 살고 있는 시대는 매우 특별하다. **사회에 많은 소음과 독단적인 움직임들이 있는 동시에 점점 더 자신만의 문화, 자신만의 인생을 즐기는 방법을 만들 수 있도록 세상이 열리고 있다.**

자기 프로젝트 중 가장 인상 깊었던 것은 무엇인가?

모두 내가 아끼는 프로젝트들이다. 내 모든 프로젝트들은 각각 특별한 이야기를 담고 있다. 건축가는 자신의 프로젝트를 구체화하는 과정에서 나타나는 적대적인 요소들로부터 본질을 지켜내야 한다. 그래서 나는 그 과정을 지나며 작품이 얼마나 훼손되었든지 간에 나의 모든 프로젝트들을 사랑한다.

작업을 하면서 재미있었던 에피소드가 있다면 무엇인가?

아파트 130채의 아름다운 주거 프로젝트가 있었는데, 투자자의 파산으로 인해 공사 중에 중단된 적이 있었다. 다섯 블록은 완공되어 모두 팔렸고, 나머지 여덟 블록은 콘크리트 뼈만 남은 채 해체되었다. 원래 이 프로젝트는 매우 다채롭고, 이질적이고, 즐거운 공간으로 가득한 동네로 디자인 되었다. 하지만 절망적인 모습밖에 보이지 않는 이 동네의 미래는 이제, 아무도 모를 일이다. 그럼에도 우리는 계속 이 동네에 꽃필 날을 기다리고 있다.

스트레스를 많이 받을수록, 더 좋은 건축이 나온다.

So, more stress – better architecture.

Any architect or architecture that inspired you during your studies? Any episodes related to them?

The late Slovenian architect Jože Plečnik and Coop Himmelb(l)au are still my biggest role models. Even though very different languages, they have the same essentials; playfulness and freedom of imagination, self-determination and ability to materialize. I had an opportunity to study at Wolf Prix's program at "die Angewandte" – the school, which is important source of knowledge, skills and creativity.

Housing of 130 apartments

Where or what is your favorite space?

I haven't found it yet. I hope in my lifetime I will find or create a space that will vibrate as powerfully as music. In architecture this is really hard to achieve, because all objective and subjective circumstances must meet in the right way, on the right time, on the right place.

Any unique architectural language of your own?

I am looking for an original architectural strategies rather than a personal language. It is more about constructing new spatial experiences, organizing flows of energy through space. **Language is just a medium of manifestation, so without a strategy it is just a decoration.** If the strategy is honest, the language than organically emerges. Aesthetics of architecture is kinematic; it is the celebration of the whole space and movement. The times we are living in are really special; on one hand there is so much noise and arbitrariness in society, on the other hand **the world is opening for everybody to start creating he's own culture, he's own way of celebrating life.**

What is your favorite project that you worked on? Any reason?

They are all my babies; every one of them has a special story. Architect must protect his babies the best he can against the hostile forces of materialization process, so I love all of them no matter how mutilated they came out of that process.

Any project with many episodes? What were they?

Beautiful housing project with 13 blocks of 130 apartments was stopped during the construction because of the bankruptcy of the investor; five blocks were completed and sold, concrete skeletons of the other eight were left to dissolution, the neighborhood now looks very sad and nobody knows what the future will be. But it was designed to be very colorful neighborhood, very heterogeneous and joyful space with a lot of architectural scenography. We still hope for the best.

Kindergarten Zarja

사무실을 시작하게 된 경위는 무엇인가?

건축과 깊은 관계를 맺어 나의 꿈을 실현시키기 위해 드는 모든 책임과 자유를 누리고 싶어서 사무실을 차리게 되었다. 처음에 힘들었던 것은 사무실 운영을 하는 것, 시장에서 나를 알리는 것, 그리고 살아남는 것이었다.

프로젝트는 어떻게 수주하나?

불경기가 시작된 이후 프로젝트를 수주 받는 것이 매우 어려워졌다. 갑자기 시장에 너무 많은 건축가들이 생겨났고, 여기저기 부정한 일이 일어났으며, 사회 네트워크가 무너졌다. 한 시스템만 가지고 갈 수가 없다. 프로젝트를 잃을 때도 있지만, 절대로 내려놓지 않는 원칙이 하나 있다. '품질을 절대 낮추지 말라.'가 그것인데, 이는 장기적으로 봤을 때 가장 좋은 원칙이라고 생각한다.

특별한 클라이언트가 있나?

대부분의 클라이언트들은 생각이 짧다. 건축의 심리적인 에너지에서 나오는 장기적인 경제 이득, 즉 부가 가치의 가능성을 보지 못한다. 하지만 건축은 대중 문화를 만들어야 한다. 어둠 속에서 나와 대중이란 빛을 받아야 한다. 그래야 모두 그 가능성에 참여할 수 있다.

당신이나 당신 사무실의 직원들은 야근을 많이 하나?

머리로는 밤낮으로 건축을 생각하지만 필요하지 않는 이상 야근은 최대한 하지 않으려고 한다. 건축을 즐기고 사랑한다면 야근하는 것이 고통으로 다가오진 않을 것이다. 컨셉을 잡을 때에는 마치 즐겁게 노는 것과 같고, 도면을 그릴 때에는 명상을 하는 것과도 같다.

건축주와 어떻게 소통하는 편인가? 특별한 노하우가 있나?

나는 계급을 믿지 않고 개개인의 책임감을 믿는다. 누구 아이디어가 더 강렬한지, 누가 클라이언트를 데려왔는지에 따라 프로젝트마다 네트워크가 만들어져야 한다. 나는 사무실에서 서로 책임감과 솔직함을 가지고 일을 하려고 한다.

미래의 건축 변화에 대한 생각을 말해달라.

노예의 길을 걸어가면서 자신의 빛을 잃지 않을 수 있다면 당신은 건축가가 되기에 적합하다. 건축가는 다양하고 깊은 지식과 기술을 가지고 있다. 학교, 포부, 프로젝트 수주, 실질적인 작업에 많은 에너지를 투자하고 소비하지만 정작 돌아오는 것은 매우 적다. 건축을 향한 사랑과 투지가 영원해야 한다.

건축을 하고 싶어하는 학생들에게 조언 한마디 해달라.

건축은 락앤롤이다. 설교하는 사람들의 말을 듣지 말아라. 당신만의 노래를 세상에 알리는 것이 바로 당신이 해야 할 일이다.

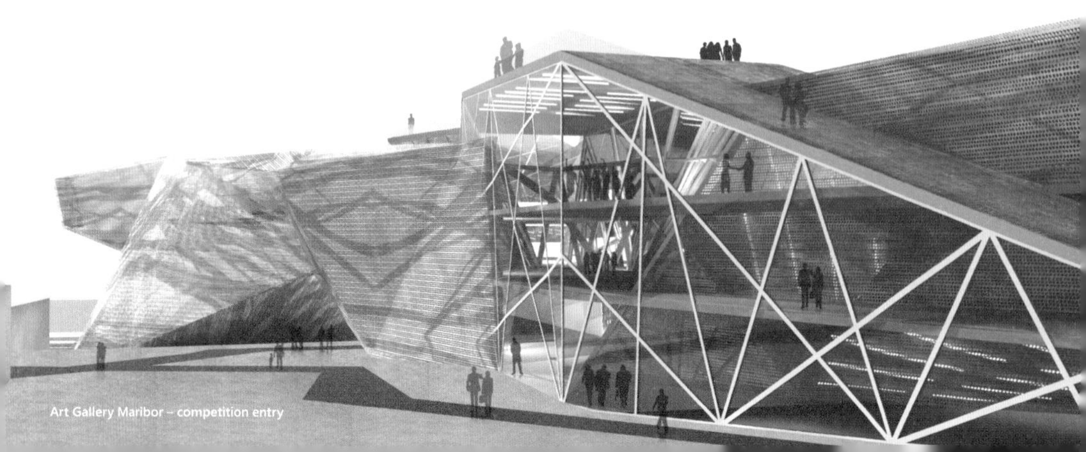
Art Gallery Maribor – competition entry

What made you decide to start your own office? What was the biggest challenge during the start up?

I started my own office because I wanted to have full relationship with architecture, to take full responsibility and freedom for realizing my vision. First challenges are to survive, to run administration and to become visible on the market.

How do you win projects? Any special methods on increasing the chances of winning?

Since the beginning of recession it is really hard to win projects; suddenly it is too many architects on the market, a lot of dirty games everywhere, social networks are falling apart etc. It is hard to stick on any system. Even though I sometimes loose the project I still hold to the principle: "Never let your quality down!" –it is the best principle on long run.

Any memorable clients? What happened?

Majority of clients are short-sighted, they just can't recognize the potential for long-term economic profit in psychological energy of architecture – in so called added value. Architecture must co-create Pop-culture. It must escape from the hands of intellectual vampirism and gallery tombs and come to the daylight of public, so that all can participate in its potentials.

Do you or your employees work overtime a lot?

I avoid working overtime unless necessary, although my mind is working architecture 24/7. If you enjoy and love architecture, it is not a suffering to work overtime; conceptual phase is a play, drawing process is a meditation.

How do you communicate with your employees? Any special methods?

I don't believe in a closed hierarchy, just in personal responsibility. Hierarchy or more like a meshwork must establish itself organically along every project, depending whose idea is stronger, who brought a client etc. I try to keep my office open and fluid, based on responsibility and honesty.

Words of wisdom for those wishing to become architects.

If you can preserve the light in you while walking the path of a slave, than you are the right one for this profession.
The widest spectrum of knowledge and skills is combined in the architect.
So much energy is invested in schooling, aspirations, in winning the projects, in physical work etc., but so little you receive back. Your love and determination for architecture must be infinite.

For most people who are about to beginning with designing architecture(s), please advise them.

Architecture is rock'n'roll; don't listen to anybody who moralizes. It is your duty to transmit your own song into the world.

건축 언어는 하나의 현상을
표현해주는 것일 뿐, 전략이 없다면
그저 장식에 불과하다.

Architectual language is just a medium of manifestation, so without a strategy it is just a decoration.

건축은 생물학적이고 문화적인 표명이다:
생물학적으로 보자면 우리 몸의 연장이고 사회 과정들을 최적화하는 것이다.
문화적인 건축은 우리가 어떠한 뜻을 찾고자 하는 것을 나타낸다.
우리의 포부, 이상적인 관념, 그리고 가능성들을 보여준다.

또한, 건축가는 시공 산업에서 연결 고리 같은 것이다. 사회의 문화적 요소들을 보다 풍부하게 만들고, 사람들을 연합시키고, 모두에게 보이는 뜻과 희망을 만들어낸다.

Architecture is biological and cultural manifestation:
Biologically it is extension of our body and it optimizes social processes,
Culturally architecture is our search for meaning; it is manifestation of our aspirations, ideals and potentials.
Also, Architect is a random link of a chain in building industry, who has the opportunity to enrich the cultural substance of society, to unite people and to create meaning and hope visible to all.

Who is

b4 architects

www.b4architects.com

Gianluca Evels: 나는 시골에서 허름한 농업 건물들을 보면서 자랐다. 하지만 매우 빨리 개발되는 과정에서 그것을 이뤄낸 사람들과 재료의 구성이 나의 어릴 적 기억 속에 강하게 남아있다. 아버지 창고에 있던 도구들을 모두 사용해 장난감을 만들고 친구들과 가지고 놀기도 했다. 그러면서 점점 자연과 사람 사이의 교감에 관심이 가기 시작했다. 그러던 어느 날, 학교에서 유명한 건축물에 대한 다큐멘터리를 통해 Falling Water를 보고는 건축에 확신이 섰다. 이 길을 가야겠다고 선택한 것은 겨우 12살 때였던 것이다.

Stefania Papitto: 어렸을 때 주변에 있던 사람들과 사물들을 그리는데 많은 시간을 소비했던 기억이 있다. 집에 있던 물건들을 할아버지께서 다양한 도구들을 사용해 고치시거나 새로 만드시는 것이 흥미로워 보였다. 그리고 중학교 때 처음으로 내가 직접 무언가를 디자인 했다. 학교 숙제로 작은 방을 만드는 프로젝트였는데 매우 만족스럽게 해냈다. 그리고 그때부터 시작되었다. 자란 후에는 로마를 돌아다니며 그 안에 있는 예술작품들과 역사적인 건축물들을 보면서 매혹되었다. 이태리 반도를 여행했던 것 또한 나에게 중요한 경험이었다. 특히 시칠리아 섬의 유적지들이 깊은 인상을 남겼다.

Gianluca Evels: I grew up in a countryside context and when I was child I observed the poor agricultural timbering buildings that were necessary for the agricultural seasonal activities. The fast process of the construction fascinated me with the organization of people and materials and probably this was a strong imprinting in my child experience. Often I could use all the tools in the warehouse of my father to build some toys that I was pride to present and use with my schoolmates. The communion between Nature and human will interested me soon. A confirm came when I saw at school a documentary on some famous architectures and I saw for the first time an house on a falling water... So I decided that I could try to investigate this course. I was twelve.

Stefania Papitto: I have a memory when I was child I spent a lot of time drawing people and objects that were around me. I used to observe my Grandfather when he made by hand or repaired many objects in my home using different tools that intrigued me. When I was in junior high school for the first time I designed something by my own: it was the 'project' of a little room and the schoolwork got me great satisfaction. So the way was traced. Grew up I was fascinated by the artworks and historical architectures in a city as Rome where I walked around in its parts. In the same time I started to study my own the architectural monuments of the city. Other important experiences where the different journeys along Italian peninsula, in particular the Sicilian archaeological sites that impressed me.

Stefania Papitto(Left) and Gianluca Evels(Right)

어느 날, 학교에서 유명한 건축물에 대한
다큐멘터리에서 나오는'Falling Water'를
보고는 건축에 확신이 섰다.
이 길을 가야겠다고 선택한 것은
겨우 12살 때였던 것이다. _Gianluca Evels

A confirm came when I saw at school
a documentary on some famous
architectures and I saw for the first time
an house on a falling water...
So I decided that I could try to
investigate this course.
I was twelve. _Gianluca Evels

여가 시간에 무엇을 하나?

Gianluca Evels: 나는 다양한 책을, 특히 현재 직종과는 먼 공상 과학 소설을 좋아한다. 어떤 때에는 자유로운 주제로 다양한 기술 (펜 잉크, 연필, 등등)을 사용해 스케치 하기도 한다. 1주일에 한번씩 친구들과 함께 배구도 한다.

Stefania Papitto: 나는 사진, 야외 스포츠, 그리고 수영에 내 인생 일부를 보낸다.

미혼인가, 기혼인가?

우리는 사무실에서뿐만 아니라 일상 생활 속에서도 파트너다. 결혼을 해 딸이 한 명 있다.

건축가는 매우 바쁜 직업이라고 다들 알고 있는데, 어떻게 결혼 생활을 유지할 수 있나? 가정을 잘 꾸려나가는 자신만의 특별한 방법이 있나?

일과 사생활을 구분하기 위해서는 시간 계획을 정말 잘 짜야한다. 주로 일과 관련된 것들은 저녁 7시 이후부터는 하지 않는 편이고, 집에서는 일에 대한 얘기를 하지 않는 것이 우리의 규칙이다. 일에 시간이 더 필요할 때도 있는데, 그럴 때에는 최대한 집에서의 일상 생활이 방해 받지 않도록 하려고 노력한다.

스트레스를 많이 받는 편인가?
그렇다면 스트레스는 무엇으로 푸나?

최근까지 일에 스트레스를 받았다. 특히 마감이 서로 겹쳤을 때 심했지만 스트레스를 최소화 하기위해 체계적으로 미리미리 일을 하는 법을 배워 이제는 일을 하면서 삶의 질이 높아졌다.

건축 공부를 하면서 영감 받은 건축이나 건축가가 있나?

GE: 1학년 때 프랭크 로이드 라이트의 건축을 처음 접한 후 나는 그의 모든 것을 알아야겠다는 뜨거운 집착이 생겼고, 나의 작품에도 그의 건축을 많이 참고했다. 이 시기가 지난 후, 근대주의의 다른 '영웅'들도 알게 되었고, 건축을 좀 더 안정되게 알아갈 수 있게 되었다. 근대주의를 모두 알고나니 지중해의 '공동(Collective)' 접근법과는 너무 다른 스칸디나비아 건축가들과 그들의 문화인 숲과 단수(Singular) 접근법으로 랜드스케입의 관계를 이어가는 '원 투 원'에 호기심이 생기기 시작했다. 노르웨이 건축가 Sverre Fehn의 컨셉이 나를 놀라게 했다. "건축가로서 당신은 지평선을 만든다". 수평의 포디엄으로 노르웨이의 복잡한 산악지대를 풀어나가는 것은 그만의 컨셉이었다.

SP: 대학을 다니면서 건축을 해야겠다는 것에 대해 더 확고해졌고 다른 곳, 특피 파리에서도 공부를 하게 되면서 그 시대에 돌았던 유럽 스타일을 접하게 되었다. 덴마크 코펜하겐으로 여행을 갔을 때, 주택뿐만 아니라 공공 광장과 건물들 사이의 친밀함을 보면서 매우 놀랐던 적이 있다. 이 경험은 전반적으로 북유럽 분위기를 처음 느껴본 것이었고, 내가 자라온 지중해의 분위기와는 너무 달랐다. 지금까지도 난 그 분위기에 매혹되곤 한다. 그 후 런던과 로마에서 일하면서 다양한 경험을 한 후에 나의 사무실을 차려야겠다는 생각을 했다.

What are your hobbies? What do you do during your free time?

Gianluca Evels: I love to read different books, also apparently very far from my job as the science fiction novels; in other moments I use to draw with free themes and different technique (pen ink, pencil etc.); one day a week on evening I play volley with a group of friends.

Stefania Papitto: I dedicate a part of my time to photography, outdoor sport activity and free swimming.

Are you married, or dating?

We are partners in the work but also in the everyday life, we are a common-law marriage and we have a baby-daughter

Architects are one of the busiest occupations; how do you maintain your married or dating life? Any methods on keeping them well?

We need a strong organization of our life to separate the everyday job from the private life. Normally we close any activity regarding work about 7.00 p.m., and the rule is to don't speak about work at home after that time. Sometime the job need more extra-time and we try to front it without upset the normal everyday life at home.

Does your work stress you a lot? If so, how do you relieve it?

Until recently the work could stress us, especially when different dead-lines were near to each other, but we learnt by experience to arrange in advance to organize the work without so much stress, and now the quality of life regarding the work is improved.

Any architect or architecture that inspired you during your studies? Any episodes related to them?

GE: After my meeting in the first year of university with the architecture of F. L. Wright it started for me a real enthusiastic obsession to know everything of him and his work and often in my student work I put a lot of references of his architecture. After this first period I met all the rest of the 'heroes' of the Modern and I was able to move in the world of the Architecture in a more balanced way. Absorbed the modern lesson I became curious of the work of Scandinavian architects and their cultural reference, the forest, the relationship with the landscape in a singular approach, 'one to one', so different from the 'collective' Mediterranean approach.
A concept from the Norwegian architect SverreFehn much impressed me: "you as the architect create the horizon", concept related to his way to solve the complicated orography of his country with a horizontal podium covered with a roof.

SP: "The University confirmed me the interest in architecture and I started to have also some study experiences abroad, in particular in Paris, where I knew some European themes that go round in that years. Once I made a student travel in Copenhagen, Denmark, and I was very impressed by the intimacy of certain type of architecture, not only in the houses, but also in the public squares and buildings. In general it was the first time I met the Nordic atmosphere, so different by the Mediterranean spirit where I grew up, and this fascinates me until today.
Then I decided to work in some office in London and Rome to have different experiences before to start as designer by own.

제일 좋아하는 공간이 있나?

GE: 내가 '가장 좋아하는' 공간이라고 할 수 있는 곳은 모두 같은 특징을 가지고 있다. 일시적인 중단의 시간을 가질 수 있는 조용한 공간들로, 미니멀리스트는 아니지만 자연광과 오로라를 풍기는 재료들을 사용해 다양한 감각 효과들을 만들어 낸다. 재료는 직접적이거나 암시적일 수 있다고 생각한다.

SP: 나는 로마에 있는 빌라 팜필리를 매우 좋아한다. 300년 전에 설계되었지만 자연적인 요소들로 오픈 스페이스 공원을 디자인하는 오늘날의 접근법과도 완벽하게 어우러진다. 또한 자연의 대 황무지의 느낌과 조용한 정원 느낌의 감정적인 균형을 잘 맞춘다.

자신만의 특별한 건축 언어가 있나?

우리는 코드화된 언어보다는 우리가 일하는 기본적인 방법들의 가이드라인을 따라간다. 매 프로젝트의 시작점을 강하게 강조하고, 지형적 차원에서의 랜드스케입과 연계하며 프로젝트 자료로서 맥락의 영사와 기억들을 사용하고, 시각적인 참고자료들과 정렬을 적절히 사용하는 것이다. 가끔 자기 자신을 특별한 패턴이나 재료의 재해석으로 구체화하는 공간적인 관계가 건축적 공간 내에 겹쳐진다. 교차류의 컨셉으로 일반적인 공간을 친입하는 라인들과 작은 건축적인 이벤트들로 가득한 길을 만드는 것이다.

자기 프로젝트 중 가장 인상 깊었던 것은 무엇인가?

다른 건축가들도 많이 이야기하지만, 우리도 마찬가지다. 우리에게 가장 인상적이었던 프로젝트는 '다음 프로젝트'다.

작업을 하면서 재미있었던 에피소드가 있었다면 무엇인가?

노르웨이 키르케네스를 위한 프로젝트이다. 공모전 수상부터 시청과 지역 계획 당국의 자문 위원으로 일하는 것까지, 우리 사무실의 기초가 된 프로젝트라고 할 수 있다. 이 프로젝트를 진행하는 동안 많은 일들이 일어났고, 그로 인해 도시계획과 건축에 대한 우리의 생각과 비전이 바뀌었으며, 지금 우리가 추구하는 것의 시작점이 되었다. 우리는 경험이 그리 많지는 않은 젊은 건축가들이었지만 새로운 아이디어와 새로운 관점으로 바라보는 능력을 가지고 있었다. 그리고 이 능력이 시청에게는 큰 장점으로 다가갈 수 있었다. 그래서 우리는 우리의 아이디어와 프로젝트를 사람들과 현지 전문가들에게 보여줄 수 있도록 꾸준히 초청받았고, 미래 도시 계획 과정에도 참여할 수 있게 되었다. 이러한 젊은 외국 건축가들을 믿어주고 아이디어를 함께 생각해주어 우리는 우리 작품에 자부심을 갖게 되었고 우리만의 연구 및 작업 방법을 꾸준히 지켜왔다.

Where or what is your favorite space?

GE: I have seen many spaces that I can indicate as 'favorite', all of them have some common characteristics: they are all quiet spaces, where time off is possible, they are linear that not means minimalist, with natural light and made of materials with an aura, a variation of sensory effects that contribute to create such space. We think that the materials can be vocatives and evocative.

SP: I love a great park in Rome, Villa Pamphilj: it has been designed more than three centuries ago, but it is a perfect still present approach to design an open park space with natural elements with balanced sensibility between the sense of wilderness of the great spaces of the Nature and the quiet of a domestic garden.

Any unique architectural language of your own? How is it reflected on the projects?

More than a codified language, we follow some guiding lines that are the base of our way of working such as: the strong intention of starting point of every project; the topographic dimension to link to the landscape; the traces, the memory and the history of the context as resources for the project; a complex interplay of visual references and alignment: on the architectural space is superimposed a watermark of spatial relations that sometimes materialize itself in special pattern or treatment of the materials;the concept of crossing flows, generating lines that innervate the general space, pathways normally filled with little architectural events. These are some examples.

What is your favorite project that you worked on? Any reason?

As someone else before us has already said, we can ironically answer:'the next one'...

Any project with many episodes? What were they?

All the adventure for the projects for Kirkenes, Norway. Starting from the winning of the competition until the works as consultants for the Municipality and the Planning Regional Authority, it can be considered the project of the foundation of our office. Many events around this projects happened and they changed our vision of mind about planning, architecture and it marked a starting point for a trip that still now we take. We were young architects without not so much experience in real work, but we had fresh eyes and fresh ideas and these were considered as a real value from the administration of the city. So they invited us in their city more times to show our ideas and projects to the people, to the local experts and to involve us in the planning process for the future of the city. This faith in a young group of foreign architects and their ideas made us pride of our work, and help us to continue to research a way of work by own that still today we develop.

Norway Kirkenes Sketch

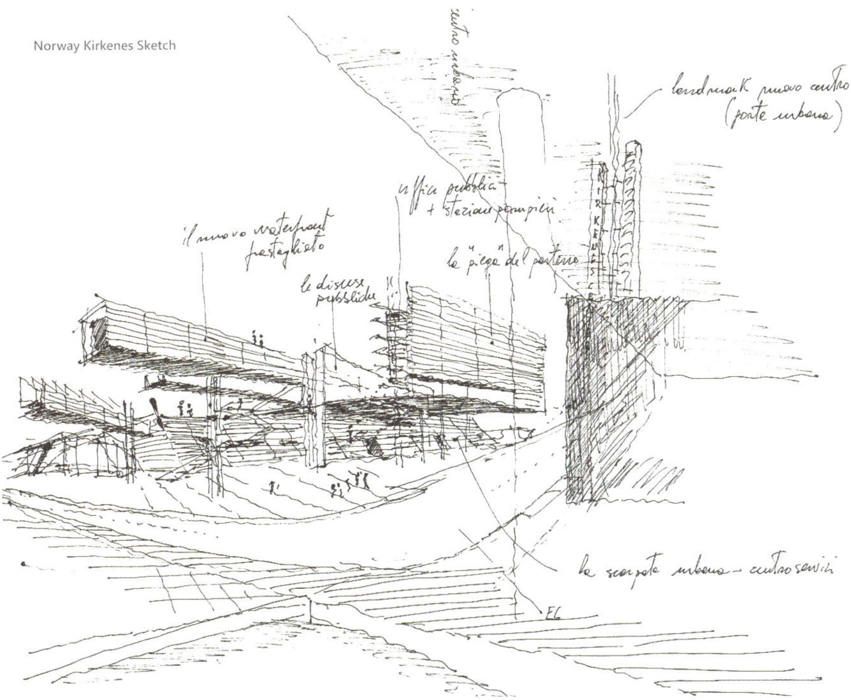

A101 Urban block

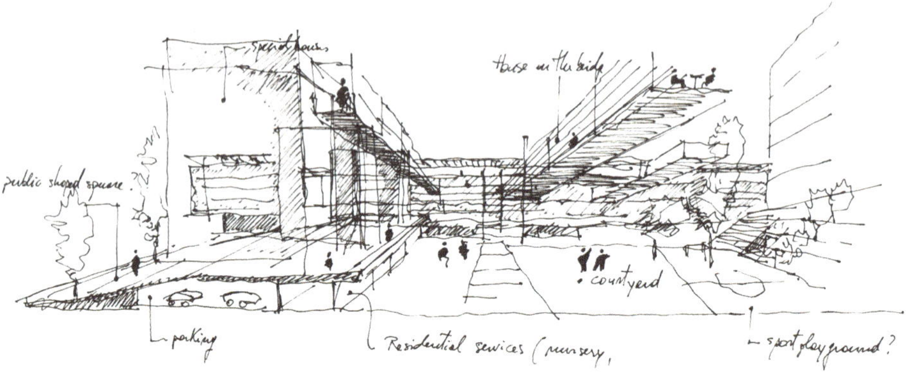

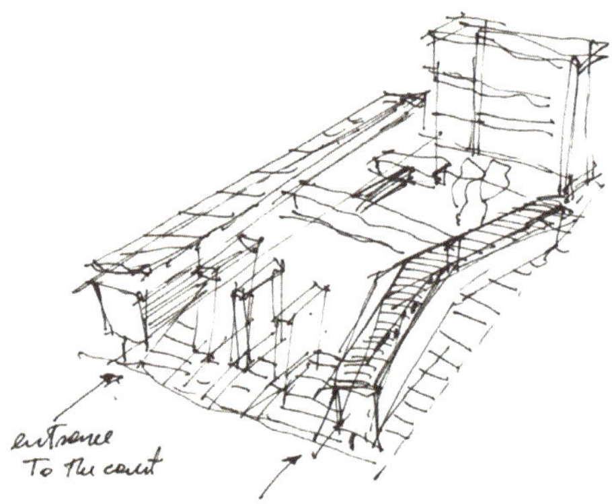

사무실을 시작하게 된 경위는 무엇인가?

이전 질문에서 얘기하지 않은 것이 있다. 우리는 이론이나 학술 발표가 아닌 현장에서 우리의 건축을 증명해보이겠다고 성급하게 얘기한 적이 있다. 로마나 파리, 그리고 런던에서 일했던 경험들은 중요했지만 완전한 것은 아니었다. 시간이 지날 때마다 문화적 발전이나 경력을 쌓아갈 수 있는 가능성이 점점 낮아진다는 느낌을 받았다. 또 어떤 때에는 프로젝트 책임자와 의견 차이가 심한 채로 일을 해 갈등으로 가득한 공간에서 일하는 것 같았다.
사무실을 처음 시작하면서 가장 힘들었던 점은 바로 경제적인 상황과 프로젝트를 의뢰받는 것이었다. 우리 모두 직접 투자할 돈이 넉넉치 않았고, 처음부터 자급자족할 수 있는 사무실이 될 것이라고 보장할 수 없었다. 그래서 우리는 힘든 상황 속에서 기본적인 장비들로만 작업하며 직원들과는 카페나 집에서 만나 미팅을 하곤 했다. 점차 규칙적으로 일을 하기 시작하면서 국제 공모전 수상을 하고 우리의 연구 및 작업 방식을 시험해볼 수 있었다. 우리가 맞는 길로 가고 있다는 확인을 받은 것이었다.

프로젝트는 어떻게 수주하나?

수상을 할 수 있게 해주는 특별한 방법은 없다고 생각한다. 우리가 지키는 기본은 이것이다. 각 프로젝트마다 그 계획 과정 속에서 일관성 있게 나아갈 수 있는 강한 목적을 가지고 시작하는 것이다. **우리는 특히 그 주변과 맥락, 기존에 있는 것들과 프로그램으로 주어진 것들의 상태에 집중한다.** 프로그램이 하고자 하는 것을 우리가 이해했는지도 확인해야하고, 정확하고 강력한 비판에도 대비해야 하기 때문이다.

우리는 특히 그 주변과 맥락, 기존에 있는 것들과 프로그램으로 주어진 것들의 상태에 집중한다.

Particular attention we pay to the context, if exist, and the conditions posed by the program.

What made you decide to start your own office? What was the biggest challenge during the start up?

A part what we have toldin the previous point, we were impatient to say something by own on architecture and prove it on the real field, not only in theory or in some academic publication. The previous experience working in different offices in Rome and abroad in Paris, London, were fundamental but not exhaustive. Often we had the sensation that after certain time passed, the possible cultural evolution and the career in these offices was blocked. Some other time deep difference of opinion about the work appeared with the chief in charge, making the working space a place of unsolved conflicts.
The biggest challenge at the beginning was surely the economic starting condition to establish an office by own and the lack of commissions: none of us had enough money to invest and to guarantee immediately a self-sufficient equipped office, so we worked in very hard conditions and with basic equipment, work meetings and brain storming with colleagues in some coffee-bar or at home during the nights became normal. Step by step we started to work regularly and in the same time we made and won some international competitions to test our research and modus operandi. And this was a great confirm for us that we were on the right way.

How do you win projects? Any special methods on increasing the chances of winning?

We think that there isn't a special solution to be sure to win anything. For us the base, the starting point of each projectis to recognize a strong intention to guide with coherence all the phases of the planning process. Particular attention we pay to the context, if exist, and the conditions posed by the program: we have to be sure to have understood what the program consider also eventually for a strong critic if it is necessary.

특별한 클라이언트가 있나?

노르웨이 키르케네스 시청이 우리같은 젊은 이태리 건축가들에게 긍정적으로 강한 믿음을 주었던 것은 이태리에서는 매우 '이국적인' 느낌이다. 반대로 한번은 우리 웹사이트를 보고 연락한 매우 부유하고 특이한 클라이언트가 있었다. 그는 로마 근처 고고학적인 지역에 있던 크고 아름다운 펜트하우스를 완전히 개조하고 싶어했다. 10개의 버전들을 디자인 했지만 모두 클라이언트를 만족시키지 못했다. 그리고 나중에 가서 그가 그의 가족과 심리적인 상황에 휘말려 있다는 것을 알게 되었고, 나에게 그는 더 이상 신뢰할 수 없는 사람이 되었다.

사무실 이름엔 어떤 의미가 있나?

b4architects라는 이름은 국제 문화 사회 안에 들어가고자 했던 열망을 가진 네 건축가의 초기 마음을 나타내는 것이다. 또한 영어로는 'before'라는 단어를 뜻하기도 한다.

당신이나 당신 사무실의 직원들은 야근을 많이 하나?

초창기에는 뜨거운 열정을 가지고 야근을 많이 했지만 그때는 스트레스도 많이 받았다. 하지만 지금은 우리가 일하기 좋은 방법을 찾았다. 이런 노하우를 얻기까지 시간이 걸렸고, 종종 야근을 해야만 했다.

건축주와 어떻게 소통하는 편인가? 특별한 노하우가 있나?

커피타임이나 점심, 또는 행사를 같이 가는 것 같은 비공식적인 소통 방법을 선호한다. 서로 대화하고 브레인스토밍하기 좋으며, 가장 강력하고 최상의 아이디어들은 오히려 이런 곳에서 나오기 때문이다. 팀원들이 모두 한 곳에 있지 않을 때에, 빠르고 쉽게 소통할 수 있는 방법은 무엇이든지 사용한다. 공식적인 브리핑이나 워크샵같은 관례적인 소통 방법은 거의 필요가 없다.

동료들과 작업 중에 의견이 안 맞을 경우, 이 갈등은 어떻게 해결하나?

각자 일한 후 합하는 것보다 팀으로 일해 나온 결과가 주로 더 좋다고 생각한다. 그래서 일이나 구성, 그리고 전략에 대해 토론하는 것을 좋아하지만, 결국에는 종합적인 결과가 있어야 나아갈 수 있다. 그래서 한 의견으로 모으기 위해 시간 투자하는 것을 선호한다. 다른 때에는 팀 안에서 갈등이 있을 경우 결정을 할 수 있는 팀리더를 뽑는다.

인테리어와 건축, 조경, 도시에 대한 생각을 말해달라.

우리는 건축, 인테리어 디자인, 도시, 그리고 조경 사이에 경계가 없다고 생각한다. '내부 공간'의 경계는 무엇인가? 광장은 내부 공간이 되어 친밀함과 가족간의 스케일을 떠오르게 할 수도 있다. 또 인테리어는 도시 랜드스케입의 일부가 되어 공공공간을 형성할 수도 있는 것이다. 자연은 도시 속에 '포획'되어 자연적인 황야와 그의 역동성을 보여줄 수도 있다.

건축은 내부와 외부, 작고 큰 스케일을 서로 침입하는 이야기들이 많다. 도시 스케일에서 사용되는 도시 패턴을 인테리어 프로젝트의 건축적인 물체에 사용할 때가 많다. 각 개인이 자신을 발견하는 공간인 도시는 유동적인 세상이다. 부정확하고 그 한계를 알 수 없지만, 그렇다고 무한하지는 않다. 세상에 대한 생각을 하는 사람들이 살고 있는 집과 집 사이의 관계들에서 나오는 것이 도시이기 때문이다. 그리스어 'temenos'느낌으로 봤을 때 울타리는 처음으로 외부와 내부를 구분했고, 그 후 건축의 첫 목적은 삶의 감각, 즉 주거공간을 만드는 것이 되었다. 이 개념에서 봤을 때 세상에 있는 다양한 문화들은 주거 공간에 대한 기본적인 해석을 다양하게 하고 있다. 예를 들면 이에는 한계치, 경계, 한도, 인식, 그리고 지향이 있다.

유럽 지역에서는 지난 몇 백 년 동안 땅과 하늘의 관계가 건축과 인간의 생각이 끊임없이 도는 중심 축이었다. 이렇게 된 데에는 건축도 영향을 끼쳤다. 지어진 공간을 통해 하늘과 그 빛이 땅에서는 어떻게 인지되는지를 보는 것이 유럽 건축 문화의 기본적인 개념 중 하나다.

건축가를 꿈꾸는 학생에게 해주고 싶은 말은 무엇인가?

자신의 열망을 자유롭게 펼쳐라. 하지만 건축이 진정한 자신의 열망일 때만이다. 이 직업의 위대함이나 클라이언트의 부유함이 아니라 건축가의 감정적인 숨에 대한 것이다. 그 숨은 예술과 기술, 형태와 재료, 그리고 클라이언트의 기대와 결과물 사이의 합의점이 될 수도 있다. 하지만 그 무엇보다도 그저 형태를 만들어내는 것이나 문제에 대한 기능적인 해결책이 아닌, 시와 같은 숨이다. 그리고 이것은 작품에 대한 자부심을 갖게 해줄 것이다.

바로 알려진다거나 돈이 되는 프로젝트를 빨리 시작할 수 없다고 걱정하지 말아라. 일관성있게 일을 한다면 만족감과 경제적인 것 또한 곧 따라올 것이다.

그러니, 자신의 열망을 따라갈 수 있기를 바란다. 건축가의 길은 기억 속에 담긴 주제, 생각, 그리고 해결책들을 다시금 꺼내면서 새로운 아이디어와 함께 밸런스를 맞추는 것이기 때문에 현재 갖고 있는 모든 경험을 소중히 간직해라. 건축가로서 우리는 서로 다른 장소와 다른 경험, 그리고 다른 기회들을 가지고 있다. 우리는 이것들을 사용해 다른 영감들로부터 얻은 개인적인 문화와 지난 경험들로 이루어진 주관적인 그림을 그린다. 이는 건축을 디자인 하는 데에 있어 강력한 창조 엔진이라고 생각한다.

프로젝트가 끝나고 사람들이 공간을 차지했을 때 '공간의 이야기'가 읽힌다면 그 공간의 질을 알 수 있다. 우리가 예상한 것과 다른 이야기여도 상관없다. 예상한 공간은 물리적인 측면 말고도 다른 무언가와 연결 되어 있어야 한다.

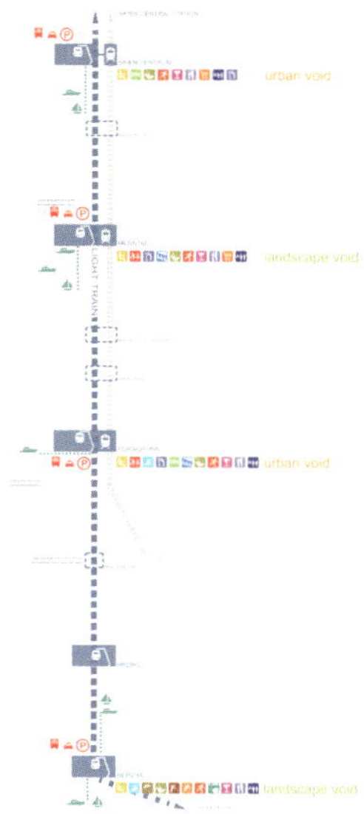

Landscaping Connnection

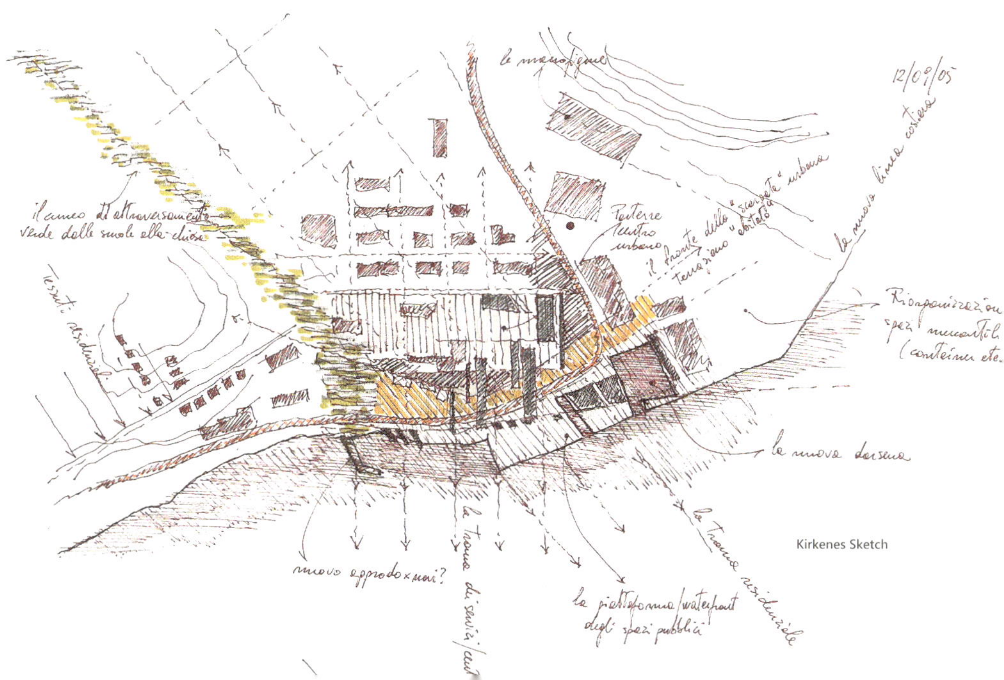

Kirkenes Sketch

바로 알려진다거나
돈이 되는 프로젝트를
빨리 시작할 수 없다고
걱정하지 말아라.
일관성있게 일을 한다면
만족감과 경제적인 것 또한
곧 따라올 것이다.

Don't worry to have immediately
a recognizable way to work to front projects
or quickly a great profitable job, find
a coherent method and the satisfactions,
also economic, will be arrive soon.

자신의 열망을 자유롭게 펼쳐라.
하지만 건축이 진정한 자신의 열망일 때만이다.
이 직업의 위대함이나 클라이언트의 부유함이 아니라
건축가의 감정적인 숨에 대한 것이다.

**Let be free to follow your aspiration,
but only if architecture is really
a great passion for your soul.
Does not matter so much the greatness
of the job or the richness of the client,
but the architect emotional breath.**

Any memorable clients? What happened?

In positive the Municipality of the city of Kirkenes, Norway, as we already said, and their strong faith granted in a young Italian group as we were, a sensation so 'exotic' in Italy. In the opposite sense one time we met a wealthy and bizarre client that got through to us after visiting our web site. He wanted to change completely his house, a beautiful and large penthouse in an archaeological site in a city near Rome: we made ten versions of the project and each one didn't satisfy the client, at the end we understood that in some way we were involved in some psychological drama of his family and Mr B. revealed himself completely unreliable.

Any stories behind the name of your studio/office?

The name b4architects alludes to the initial constitution of four architects with the aspiration to belong to an international cultural circuit, but it also refers to the word 'before' and his multiple use in the English language…

Do you or your employees work overtime a lot?

In the first years of the office we worked a lot overtime with a great enthusiasm but also with great stress sometime: we were searching a method to apply to our activity. We needed time to build our know-how, so the overtime working often happened.

How do you communicate with your employees? Any special methods?

Normally we prefer unofficial way to communicate: often situations like a coffee break, a lunch, or the visiting an event are the best places to have some discussion or for a brainstorm. The best and stronger ideas come from this kind of situations.
When the team group is not in the same physical place, frequently it happens, we use all the media that make the communication easy and fast. More rarely it is necessary a conventional way of communication: official briefing, workshop etc.

If you have some conflicts of opinion among co-workers, how do you deal with conflicts opinion?

We think that the result of an équipe work normally is better than the simple sum of the work of singular and separate members. So we appreciate the discussion about the work, the organization and the strategies, but at the end we need a synthesis to go on. We prefer to invest a part of the useful time dedicated to the job to reach a common opinion. Some other time we nominate a team leader with the role at the end to deal the eventually conflicts inside the work-group.

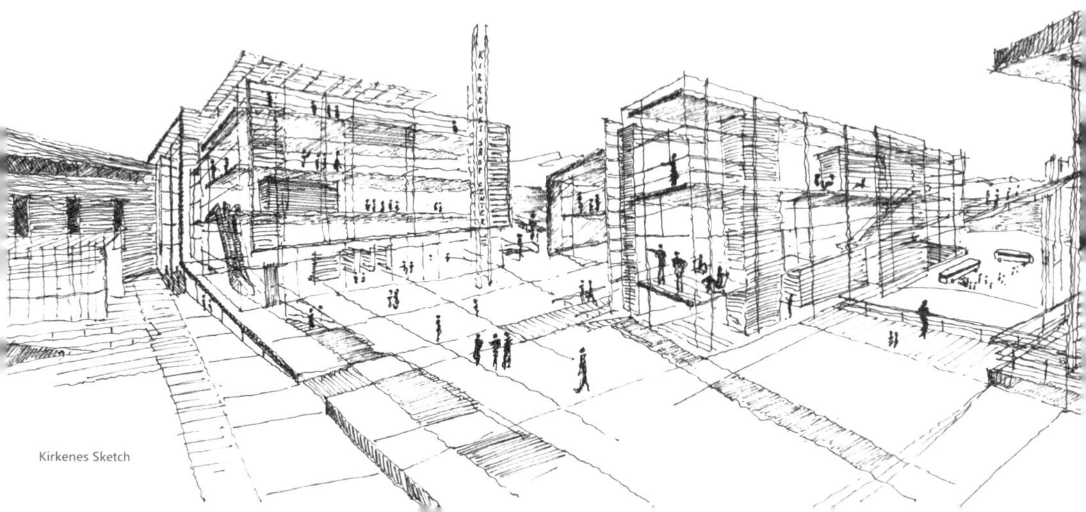

Kirkenes Sketch

Is there a boundary between interior, urban, landscape, and architecture?

We really think that there is not a boundary between architecture and interior design, urban or landscape. Which is the limit of an 'interior space'? A square can be an interior, it can evocate intimacy and domestic scale. On the other side an interior can belong to the urban landscape, it can evocate public space. Nature can be 'captured' in urban requalification in a way to evoke the natural wilderness and its dynamics.

The story of the architecture is full of trespassing between inside and outside, minute and great scale. In our interior project often the criteria used at urban scale on the background pattern of the city can be applied on the section of an architectural object.

The city, the part of the landscape in which each individual identifies himself, is a mobile world, inaccurate, free of known limitations, but at the same time it is not infinite, which is based mainly on the relationship between the homes from which their inhabitants can have an idea the world.

The fence, in the sense of the Greek 'temenos', implemented the first archetypal fundamental differentiation between external and internal, and then the sense of living, dwelling, became the first purpose of Architecture. On this concept, otherwise the various cultures of the world have given different interpretations on the basics of dwelling, such as threshold, boundary, limit, identification and orientation.

In the European region, for centuries the relationship between the earth and the sky was the pivot around which the art of the Architecture and human thoughts have turned incessantly. About this the architecture has also founded a large part of his being: how the sky and its light can be perceived from the earth via the built space, is one of the basic concepts of European architectural culture.

Words of wisdom for those wishing to become architects.

Let be free to follow your aspiration, but only if architecture is really a great passion for your soul. If it will be so, there is nothing to stop you. If it isn't so, be sure that your life will be an hell... Does not matter so much the greatness of the job or the richness of the client, but the architect emotional breath. A breath can also come to an agreement between, sometime in a so acrobatic way, art and technique, form and materials, and expectations of the client.

But it is a breath that will give especially poetry and meaning that does not mean the mere creation of forms or the only functional solution of the problems. And this will make you very pride of your work.

Don't worry to have immediately a recognizable way to work to front projects or quickly a great profitable job, find a coherent method and the satisfactions, also economic, will be arrive soon.

We hope you can follow your aspiration as we have still said before. Treasure of any experience you make because the career of an architect is made of continuous 'retrieval' of themes, thoughts and solution balanced with the creation of new ideas.

As architects we carry with us in different places and different experiences and opportunities to project a subjective geography made up of personal culture and previous experiences also borrowed from other figurative inspirations. We think this is a powerful creative engine to front the designing architecture.

The quality of a space can be read also when it's possible to read a 'story' when the work is finished and the users come into it, even if it is another story different from the one we aspect: a projected space must relate something besides the physical aspect.

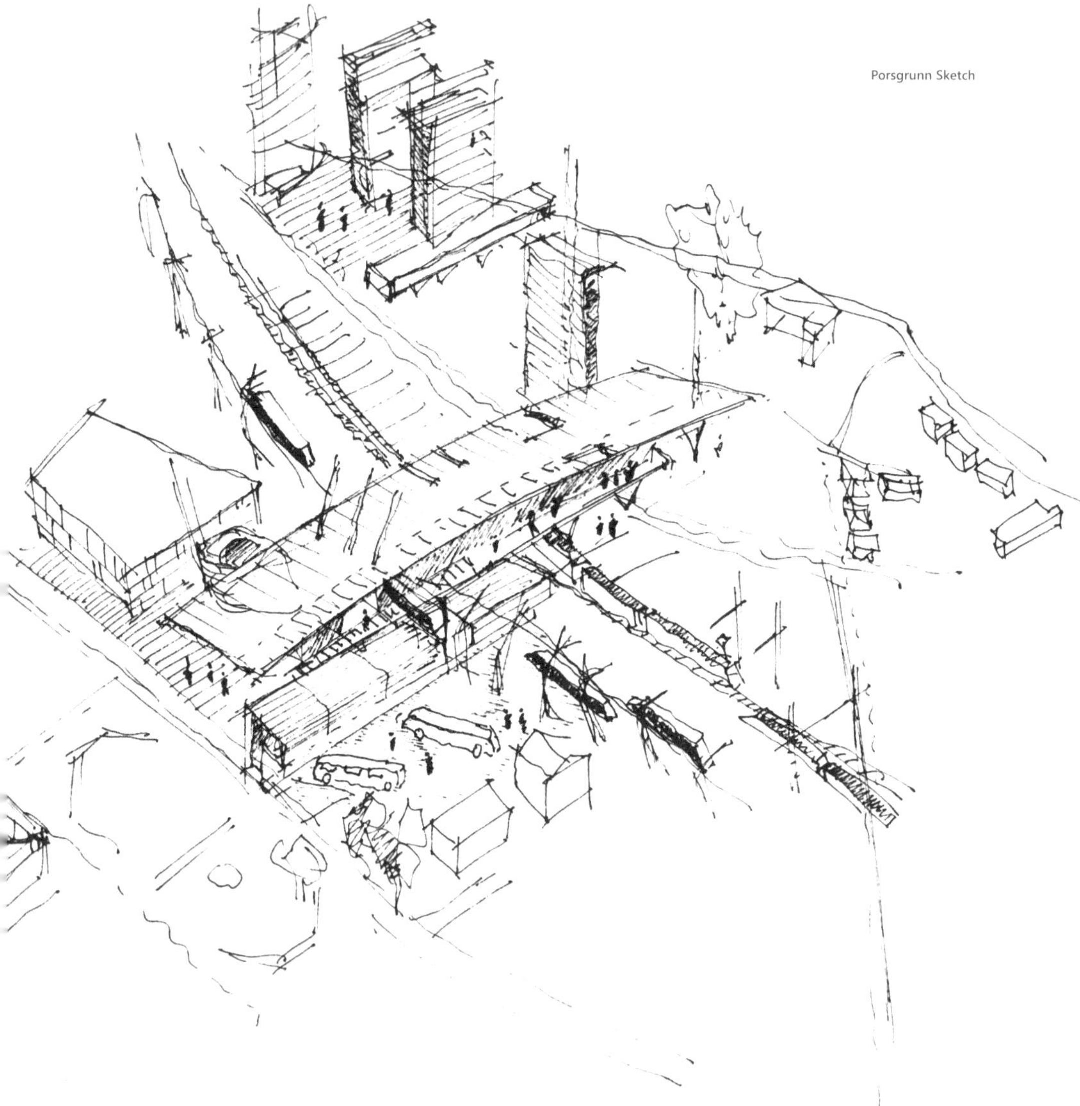

Porsgrunn Sketch

사회의 시작, 모든 안정된 커뮤니티의 기초가 삶의 대한 감각이 되었을 때 건축이 태어났다고 할 수 있다.
건축은 사람들이 활동하고, 살고, 일하고, 먹고, 자고, 가르치고, 함께 살아가기 위한 곳을 지어주는 예술이다.
그리고 도시의 공간과 그 곳에 거주하는 사람들 관계의 공간을 짓는 예술이기도 하다. 건축은 사회적 예술인 것이다.
따라서, 건축가의 이상적인 역할은 그저 형태를 만들어내고 기술-기능적 문제들을 풀어나가는 것 뿐만 아니라
의미를 부여하고 관계들을 더하는 것이라 생각한다. 공간을 생각하고 만들어내는 것은 사용자들의 라이프 스타일과
정신에 대한 결과물을 책임질 뿐만 아니라 그 환경이 모두 지어졌을 때에 대한 결과물 또한 책임지는 것이다.
건축물은 자기 지시적이면서 혼자 존재할 수 있지만, 그 곳에서 사는 사람들이 현대적인 미적 경험을 의도한 대로
이해하고 인정할 수 있는 장소를 만들어야한다.

결국 각 건축 프로젝트는 'temenos'라는 본래의 전형을 가지고 모든 사람에게 선천적인 삶에 대한
감각을 불러 일으킬 수 있는 공간을 만들어내는 것이다.

In general can be said that Architecture was born with the beginning of life in society since the sense of living has become the foundation stone on which to base any stable community. Architecture is the art to build huts for the human activities, dwelling, working, eating, sleeping, teaching and live together. So it is also the art of building the spaces of the city, the spaces of the relationship between of its inhabitants, making Architecture also a social art.
Therefore, we think that the ideal role of the architect is not only necessarily to invent forms or to solve technical-functional problems, but to create meaning, add relationships. Thinking and creating a space has responsibilities and consequences on the psyche and the future lifestyles of the users of the houses, but also has consequences on the settlement of the built landscape.
Architectural objects may also exist for themselves, and be totally self-referential, but also they have to create places where people who live there understands and appreciates the complexity of contemporary aesthetic experience as intentional.

Ultimately each architectural project is a thoughtful making of spaces around that original archetype of 'temenos', enclose a space where can be possible to implement yet that innate sense of living of every human being.

Who is

SOLISCOLOMER

soliscolomer.com

나는 어렸을 때부터 건축가가 되고 싶었다. 건축가가 되겠다는 꿈만 꾼 것이 아니라, 이 길을 걷기 위한 준비를 일찍 시작했다. 8~9살 때쯤, 친구와 함께 멋진 건축가가 되자고 이야기했었다. 나만큼이나 건축에 대한 열정을 가진 사람과 꿈을 나눌 수 있다는 것은 매우 특별한 것이었다. 지금 생각해보면 우리가 그 때 그만큼 열성적이었다는 것이 놀랍다. 꼭 건축가가 되겠다는 약속을 종이에 써서 싸인을 했을 정도였다. 그 친구는 전학을 갔고 우리는 연락이 끊겼지만, 대학에서 다시 만났다. 심지어 우리는 건축대학에서 같은 반이었다. 졸업하고 몇 년 뒤 그 친구는 교통사고로 세상을 먼저 떠났다. 이로 인해 나는 건축에 대한 열정이 더욱 강해졌다. 우리 둘의 꿈을 이루기 위해서였다. 나는 아직 우리가 함께 싸인했던 노트를 가지고 있다.
과타말라 건축을 세상에 알리자는 마음이 담긴 노트다.

I knew I wanted to be an architect from a very young age, I did not only dream of becoming an architect but made a decision about following this path early on. When I was 8 or 9 years old my best friend and I used to talk about becoming great architects together. It was very special to be able to share this dream with someone that was as passionate about it as I was.
When I think back to it now it surprises me that we where so committed to this dream, to the point that we wrote and signed a document where we both made the promised to become architects. He changed schools and we lost touch for a while only to reunite in college where we found ourselves in the same architecture class. My friend was killed in a car accident just a couple of years after graduating and his passing away inspired in me a stronger desire to carry on that architecture dream for both of us. I still have that old notebook that we both signed making a promise to share with the world architecture that talked about our country, Guatemala.

내가 기억하는 한 건축 공간은 나에게 큰 영향을 미쳤다. 그리고 시간이 지나면서 건축이 나의 인생에서 얼마나 중요한 부분을 차지하고 있는지를 알게 되었다. 12살 때 아버지와 함께 파리에 있는 퐁피두 박물관에 가서 르 꼬르뷔제의 전시를 보게 되었다. 그 경험을 통해 나는 많은 감명을 받았다. 그의 작품들과 모형들을 보면서 흥분하고 경외심을 느꼈던 나의 모습이 지금도 기억난다. 어렸을 때 아버지와 자주 여행을 다녔는데, 건축과 공간들은 항상 나의 마음을 움직이고 나를 놀라게 해 주었다.

As long as I can remember architectural spaces have had a clear effect on me and as I grew older I became more and more aware of how architecture was an important part of my life. When I was 12 years old I traveled to Paris with my father and we visited the Pompidou Museum where there was an exhibition of Le Corbusier's work. I was truly inspired by that experience and remember my excitement and awe as I looked at his work and at the models of his buildings. I traveled a lot with my father when I was young and architecture and spaces always moved me and amazed me.

취미가 무엇인가?

나에겐 나의 커리어가 취미다. 난 내가 하는 일이 너무 좋다. 건축 외에는 운동하고 조깅하는 것을 좋아한다. 조깅을 하러 나갈 때마다 도시의 새로운 모습을 경험하게 된다. 도시 속 건축과 조금 더 가까워진 느낌을 받고, 전체적인 도시 디자인과 공공공간 경험을 좀 더 잘 이해할 수 있게 된다. 여행하면서 새로운 도시에서 조깅하면서 그 도시를 경험하는 것을 좋아한다. 새로운 방법으로 건축을 즐길 수 있기 때문이다. 그리고 책을 읽는 것이 매우 중요하다고 생각한다. 지역 건축가들과 함께 건축에 관한 책을 읽는다. 서로 책을 읽을 수 있도록 서로에게 자극이 되고 책을 읽을 때 마다 서로의 다양한 관점과 생각들을 나누고 이야기할 수 있어 좋다. 현대 미술 또한 내 인생에 중요한 부분을 차지하고 있어 친구들과 전시회를 자주 가곤 한다. 현대 미술은 나를 자극하고 영감을 준다.

스트레스를 많이 받는 편인가? 그렇다면 그 스트레스는 무엇으로 푸나?

건축은 여러 프로젝트와 마감, 그리고 클라이언트들을 동시에 다루면서 다양한 재능과 작업 스타일을 가지고 있는 팀을 이끌어야 하기 때문에 스트레스를 많이 받는 직업일 수도 있다. 사무실이 확장될수록 더 효율적으로 일하고, 문제들을 예방하고, 스트레스 받는 상황들을 다루는 능력이 늘었다. 시간과 경험을 통해 우리 팀을 믿고 각자의 일을 맡기면서 스트레스를 조절하는 법을 배웠다. 휴식 방법과 스트레스를 풀어주는 활동을 찾는 것이 중요하다. 또한 나는 주기적인 휴가를 통해 일로부터 좀 떨어져 있는 시간이 필요하다. 여행은 나의 에너지와 창의성을 재충전 해 줄뿐만 아니라 영감 또한 얻게 해준다.

건축 공부를 하면서 영감 받은 건축이나 건축가가 있나?

학생 시절 많은 건축가와 건축 스타일이 나에게 영감을 주었다. 나에게 가장 영향력 있던 건축가는 아무래도 루이스 바라간이다. 그에게서 영감을 얻었을 뿐만 아니라 개인적으로 그와 그의 건축에 친밀감을 느꼈다. 그와 비슷한 점이 많았기 때문이다. 동시대에 건축가들이 하지 않은 것을 그는 이뤄냈고, 전통적인 뿌리는 간직한 채 멕시코의 지역적 특징을 살리며 물리적인 한계를 초월했다. 그는 디자인을 사용해 현대적이고 이성적이자 자신의 나라와 신념, 그리고 세상을 향한 자의 생각이 묻어나는 건물을 세상에 선보였다. 거의 뛰어난 감수성과 창의적인 빛의 사용, 공간들의 친밀감, 그리고 그의 영성과 종교적인 믿음을 건축으로 표현하는 것을 보고 나는 매우 감동받았다. 매우 감성적이고 조화로웠다.

또한 나는 미니멀리즘과 댄 플래빈, 프랭크 스텔라, 도널드 저드, 칼 안드레, 솔 르윗같은 미니멀리스트 건축가와 예술가, 그리고 리차드 마이어와 존 파우슨같은 이성주의자 건축가들의 영감을 많이 받았다. 흰색 위에 흰색, 그리고 그 위에 흰색을 가지고 재미있게 풀어나가는 미니멀한 제스처나 빛과 그림자를 사용해 공간을 변화시키고 사람을 움직이는 것이 좋다.

좀 더 개인적인 측면에서 보자면, 내가 건축가가 되고 건축 사무소를 설립하게 된 계기가 되어준 것은 Ignacio Vicenz와 함께 마드리드에서 일할 기회가 주어졌을 때였다. 그가 어떻게 사무실을 운영하는지를 알게 되는 것이 결정적이었다. 일하는 환경에 있어 Vicenz 사무실에서 친밀감을 이루고 무언가를 만들어내고 싶다는 마음이 들었다. 그 후 모든 프로젝트에 내가 직접 참여하고, 인간적인 건축을 디자인하며, 클라이언트들과 친밀감 있게 연결된 건축 사무실을 차려야겠다는 생각을 했다. Ignacio Vicenz의 심플하면서도 엄격하고 세련된 건축을 매우 좋아한다. 이성적이면서도 그 이상을 보여주고, 디자인 속에 그의 영성과 삶에 대한 그의 비전을 포함시킨다.

제일 좋아하는 공간은 어디인가?

내가 좋아하고 흥미롭게 생각하는 공간은 여러 곳이 있다. 나에게 가장 큰 영감을 준 두 곳은 루이스 바라간의 틀랄판 수녀원과 그의 집 Barragan House다. 그리고 Charles Garnier의 파리 오페라 극장에 처음 갔을 때만 기억에 남는다. 비록 내가 디자인 하는 건축 스타일과 많이 달랐지만, 극장의 거창한 건물과 장엄하면서도 우아한 공간들이 나를 사로 잡았다.

What are your hobbies? What do you do during your free time?

My carrier is my hobby. I love what I do. But besides architecture enjoy I exercising and take joy in running. When I run I get to experience my city in a whole new way, I feel closer to it's architecture and can relate and understand better the overall urban design and experience public places. I love to run in new cities when I am traveling and getting to experience the city and enjoy it's architecture in this way. I believe reading is very important, I get together with a group of local architects and we read a book related to architecture. This is a great way to motivate each other to read and we have interesting and discussions about each book and learn about each other's differing points of view and perspectives. Contemporary art is also a very important part of my life and I attend art exhibits and openings regularly with friends. Contemporary art stimulates me and inspires me.

Does your work stress you a lot? If so, how do you relieve it?

Architecture is a career that can be very stressful as you have to juggle many different projects, deadlines and clients at a time and lead a team of people with many different talents and working styles. As our office has grown and matured we have become a more efficient team and have learned to prevent issues and improved in our ability to handle stressful situations. Time and experience have taught me to handle stress better by learning to trust my team and learning to delegate work. It is always important to find ways to relax and have activities that will help you relieve that stress, for me exercise and running are crucial. I also find that I need to take regular vacations and disconnect from work. Traveling lets me recharge my energy and my creativity and it also provides inspiration.

Any architect or architecture that inspired you during your studies?
Any episodes related to them?

During my studies I was inspired by many architects and by many styles of architecture. I would have to say that one of my greatest influences has been Luis Barragán. I have always felt not only inspired by him but also intimately connected to him and to his architecture in a very personal way because we share many similarities. He did something not many architects had accomplished in his time by creating an architecture style that retained its vernacular roots while it strove to bring his sense of Mexican regionalism to transcended the physical boundaries of his country. He was able to use design to bring to the world buildings that where modern and rational and that also reflected so much of his country and of his personal beliefs and his view of the world. I have always been moved by his extreme sensibility, his incredibly creative use of light, the intimacy of his spaces and the personal way in which he reflects his spirituality and religious beliefs in his architecture and strives to make it very emotional and harmonic.
I have also been inspired and influenced by the minimalist movement and the design of minimalist architects and artists including Dan Flavin, Frank Stella, Donald Judd, Carl Andre, Sol Lewitt and by the rationalist architecture of Richard Meier, John Pawson and others . I enjoy how the minimal gestures like the play of white, over white, over white or the use of shadows and light can transform a space and move you.
On a more personal level my formation as an architect and the decision of having a boutique architecture office where I can maintain a personal involvement in all of the projects came about after having the opportunity to visit the offices of Vincenz + Ramos in Madrid where I worked with Ignacio Vicenz. Getting to know him and how he manages his office

was crucial for me and made me realize that I wanted to accomplish and recreate that intimacy when it comes to the working environment. I made the decision then that I wanted to create an architecture firm where I was involved personally in all of the projects, where the architecture is very human and intimately connected with the clients. I love the simplicity, austerity and sophistication of Ignacio Vicenz's architecture, how it's rational yet at the same time it transcends and I admire the way in which he mas incorporated his spirituality and his vision of live with his design.

Where or what is your favorite space?

There are many spaces that are interesting and that I love. Two spaces that have really inspired me are the Tlalpan Convent Chapel and the Barragán house both by Luis Barragán. I also remember very clearly the first time I visited the Paris Opera by Charles Garnier. I was very moved by this grandiose building and it's majestic and elegant spaces even though it's far from the style of architecture that I design.

자신만의 특별한 건축 언어가 있나?

나의 건축은 부분부분이 모아진 것 보다 전체적인 그림을 더 중요시 한다. 프로젝트에 주어진 프로그램을 보면서 필요 없는 것들은 없애며 가장 심플한 형태로 만들려고 하는 편이다. 그 후 자신이 담고 있는 기능을 표현하려고 하는 것들을 모아 하나의 볼륨을 만든다. 이 때 재료는 각각 어떠한 기능인지 표시하는 도구로 사용된다. 각 기능마다 형태와 재료를 부여하는데, 그 형태와 재료는 기본적인 동시에 심플하고 실감나게 만들어 사용자에게 쉽게 읽힐 수 있도록 만든다.

나의 디자인 과정에서 가장 중요한 부분은 주변을 읽는 것이다. 건물은 이미 그 환경에 존재하고 있기 때문이다. 그 후 공간과 볼륨 간에 대화를 만들어내는 요소들 사이에 긴장감을 형성시킨다. 나는 심플한 동시에 복잡하게 디자인 하려고 한다. 기본적인 볼륨들이 복잡한 관계 속에 참여하면서 함께 춤을 추는 것이다. 다양한 볼륨들과 건물이 서로 대화를 이어나가면서 균형을 잡고 흥미가 생기도록 한다. 나는 디자인을 통해 사용자의 기분을 좋게 만들고 삶의 질을 높여주는 건축을 만들려고 노력한다.

당신 프로젝트 중 가장 인상 깊었던 것은 무엇인가?

매 프로젝트마다 특별했고, 그 순간 작업하고 있는 프로젝트가 내가 가장 좋아하는 프로젝트다. 각각 역사가 있고, 매 클라이언트와의 관계 모두 중요하고 특별했다. 각 클라이언트마다 개인적인 시각에서 다가가는 것이 중요하다. 그래야 그들이 필요한 것이 무엇인지, 이 프로젝트에서 바라는 것이 무엇인지, 그리고 내가 어떻게 나의 디자인을 통해 그것들을 이뤄줄 수 있을지 알 수 있기 때문이다.

우리 사무실에서 디자인한 많은 프로젝트들은 행복함을 만들고 삶의 질을 높이기 위한 도구로 건축을 사용해서 나에게 모두 남다른 의미가 있다. 예를 들면, 온두라스 Village of the Girls 프로젝트는 소박한 디자인이 뜻 깊은 요소들과 더해져서 사랑 표현을 통해 빈곤함에 지쳐있던 여자 아이들이 변화의 기준이 될 수 있도록 하였다. 과타말라 첸라에 위치한 7개의 학교 프로젝트는 구조, 문화, 그리고 지형을 반영하여 전쟁을 통해 무너졌던 마얀 지역 사회의 활기를 되살리기 위한 목적을 가지고 디자인했기 때문에 매우 특별하다. 또 MacCafe El Zapote를 위한 디자인 프로젝트도 있는데, 국내뿐만 아니라 국제적으로 많은 관심을 받아 우리 사무실을 알려준 프로젝트라 매우 중요한 프로젝트다.

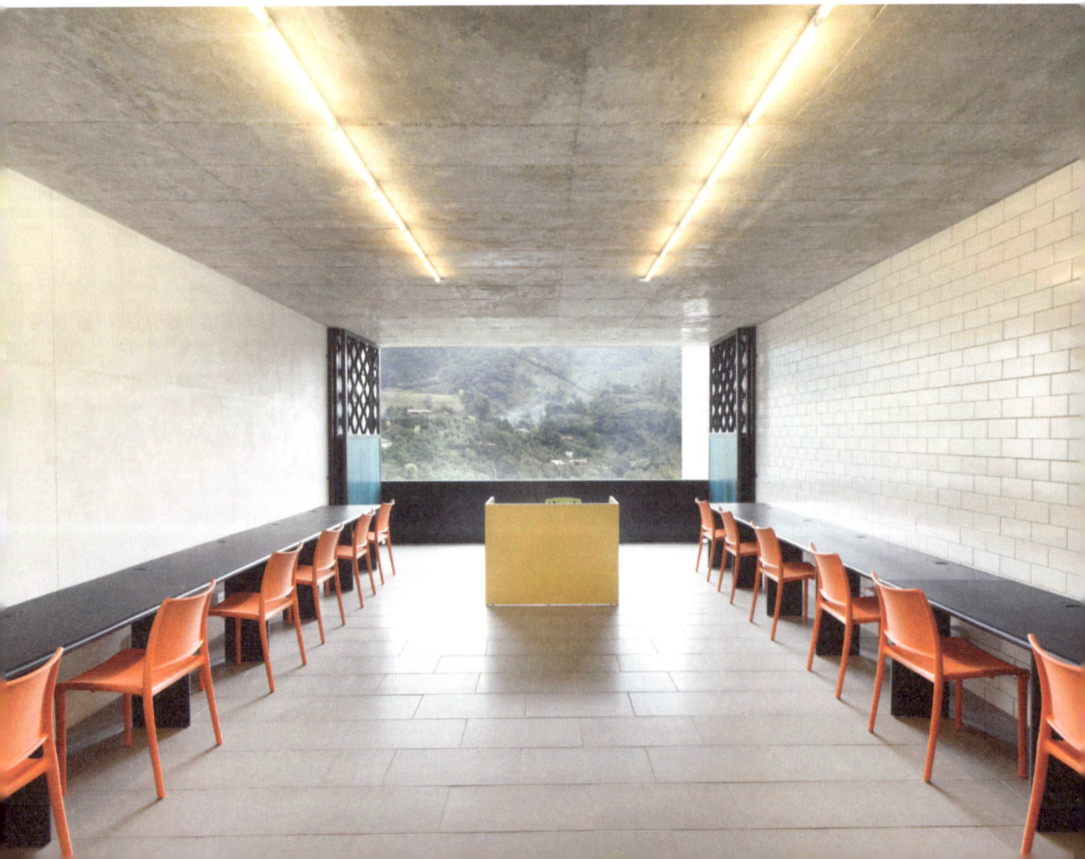

Any unique architectural language of your own?
How is it reflected on the projects?

My architecture is based on the premise that the whole is more important than the sum of it's parts. When I design I look at the program for a project and try to edit it, to remove any extras reducing it to it's simplest form. Then I group functions creating volumes that aspire to reflect the function that they contain and where materials act as a tool that will aid in identifying those functions. I give each function a basic form and material that is at the same time authentic yet simple making those spaces easily legible to the user.

A very important element in my design process is reading the surroundings, because the building already exists in that setting. Then I create a tension between the parts generating a dialogue between spaces and volumes. My designs try to be at the same time very basic and very complex; basic volumes that engage in a complex relationship creating a dance between them, bringing balance and interest as different volumes and buildings relate to one another in an ongoing conversation between them.

Through design I aim to create architecture that elevates the spirit of the user and improves their lives.

What is your favorite project that you worked on?
Any reason?

Every project has been special and at the time that I am working on it every project is my favorite. Each one has a history and the relationship with each client has also been very important and special in it's own unique way. It is crucial to get involved with each client in a very personal level so that I can find what they need, what they are looking for in this project and how I can provide that service and fulfill those needs through my design.

Many of the projects that Solís Colomer Arquitectos design have a lot of meaning for me because we have used architecture as a tool that aims to create happiness and improve lives. Such is the case of the project of Village of the Girls in Honduras where an austere design is combined with meaningful details that act as gestures of love to empower poverty stricken girls to become agents of change. The project for 7 schools in Chenlá in Guatemala was very special because the design combined tectonics, culture and topography with the objective of elevating the spirit of a Mayan community that was shattered by years of war.

A very important project for Solís Colomer Arquitectos was the design for the MacCafé El Zapote, which received a lot of attention not only nationally but internationally bringing us a lot of exposure.

My architecture is based on the premise that the whole is more important than the sum of it's parts.

나의 건축은 부분부분이 모아진 것 보다 전체적인 그림을 더 중요시 한다.

프로젝트는 어떻게 수주하는가?

건축은 클라이언트에게 제공하는 서비스이고 건축가는 그 서비스에 가치를 더할 수 있는 방법을 찾아야 한다고 생각한다. 이것을 이루기 위해서는 클라이언트의 필요, 즉 그가 표현할 수 있고 그 자신도 모를 수도 있는 필요를 모두 이해해야 한다. 클라이언트가 찾는 것이 무엇인지 자신에게 물어보고 그 목적을 이루어 가치를 더해야 한다. 상업 건물 디자인을 의뢰한 클라이언트는 자신의 사업에 교통량을 늘리고 싶어할 수도, 또는 도시 랜드스케입에 강한 영향력을 끼치는 건물이 되어 주변 지역에서 시각적으로 가장 좋은 사업 중 하나로 보여지게 하고 싶을 수도 있다. 클라이언트를 위해 건물의 기능적인 목적 외에 중요한 가치를 더할 방법을 찾아야 한다.

건축가는 또한 자신의 아이디어를 납득시킬 수 있는 능력이 있어야 한다. 이것은 프로젝트를 향한 자신의 열정을 많은 사람들에게 전하는 것을 통해 이룰 수 있다. 프로젝트를 수주 받기 위한 가능성을 높이기 위해서는 홍보도 매우 중요하다. 자신의 가치관과 열정을 진실성 있게 전달 할 수 있어야 한다.

특별한 클라이언트가 있나?

각 클라이언트와 프로젝트는 서로 다르기 때문에, 나는 건축가로서, 그리고 한 사람으로서 많이 배우고 성숙해졌다. 그 중 디자인은 남들과 나눠야 하는 특별한 재능이란 것을 깨닫게 해준 클라이언트가 있었다. 매우 특별하고 기억에 남는 클라이언트다.

마리아 수녀회는 교육 극빈 지역에 교육 모델을 통해 개발 도상국들을 도와주는 기관이다. 나는 마리아 수녀회를 위해 과타말라와 온두라스에 여러 프로젝트를 디자인 했다. 한국으로 가는 비행기 안에서 창립 수녀님과 긴 대화를 나누었다. 그 때까지 수녀회의 건물들은 모두 실용적이었다. 비영리 단체이고 자선사업을 하는 것이었기 때문에 프로그램과 자금이 실용적으로 사용될지에 대한 걱정이 많았다. 프로젝트에서 디자인의 필요성을 굳이 느끼지 못했던 것이다.

성당을 꾸미기 위해 꽃을 가지고 오면 그 꽃을 바닥에 두거나 꽃병에 꽂는 것을 예로 들어 생각하기 시작했다. 만약 그 꽃을 가지고 오는 사람이 꽃꽂이에 재능이 있다면 아름다운 꽃꽂이를 통해 그 공간을 바꾸고 사람들의 마음을 움직일 수 있다. 그 같은 꽃들은 사랑을 더하고 시간과 에너지를 투자해 건축가가 선물하는 예술적인 물체가 될 수 있다.

나는 수녀님에게 내가 디자인에 재능을 가지고 있고, 그 재능을 사용해 구조물을 인간적으로 만들고 품격을 살려주어 활기가 넘치는 공간을 만들어낼 책임이 있다고 생각한다고 설명했다. 계속된 대화를 통해 수녀님은 나의 디자인이 사치도 아니고 불필요한 것도 아니라는 것을 깨달았다. 같은 재료들을 사용해 하나의 건물을 사랑의 표시로 가득한 디자인을 사용하는 예술적인 구성으로 바꿀 수 있다. **나는 건축을 통해 나의 재능을 나눌 수 있는 기회가 주어졌을 때 내 삶의 존재가치를 알게 된다.**

건축은 클라이언트에게 제공하는 서비스이고 건축가는 그 서비스에 가치를 더할 수 있는 방법을 찾아야 한다고 생각한다.

I believe that architecture is a service that is being provided to a client and that as such the architect needs to find a way to add value to that service.

How do you win projects? Any special methods on increasing the chances of winning?

I believe that architecture is a service that is being provided to a client and that as such the architect needs to find a way to add value to that service. To accomplish this you must understand the needs of the client, both the needs that he is able to express and those that he might not even be aware of himself. You must ask yourself what the client is looking for and create value by accomplishing that objective. A client who hires you to design a commercial building may be looking to increase the traffic to his business or he might want to create a building that has an impact on the landscape of the city positioning him visually as one of the best companies in the area. Aside from the functional objectives of the building the design must find a way to add that significant value for the client.

The architect must also have an ability to sell his ideas, this is achieved in large party by being able to transmit your passion about that project. Another important piece when trying to increase your chances of landing a project is public relations, to do this successfully you must be able to communicate your values and your passion for what you do in an authentic way.

Any memorable clients? What happened?

Each client and project is different and from each one I have learned a lot and grown as an architect and as a person. There was one client however that made me realize that design is a gift that I need to share with others and that was very special and memorable.

The Sisters of Mary is an institution dedicated to supporting developing countries around the world through an educational model applied in areas of extreme poverty. I have designed various projects for the Sisters of Mary both in Guatemala and in Honduras . During a flight to Korea with the founding Sister we had a lengthy conversation. All of their buildings up to that point had been very utilitarian. Because this is a non-profit and they where doing charity work she was more concerned with the program and with making sure that the funds where used efficiently and she did not see the need to incorporate design into the project.

I used the example of bringing flowers to decorate a chapel and how those same flowers could be just placed on the floor or maybe put on a vase but if the person bringing the flowers had a gift for flower design that person could create a beautiful flower arrangement that would transform that space and move people. Those same flowers could be turned into an object of art that you offer as a gift to others just by adding love and investing time and energy.

I explained to her that I posses a gift for design and I believe that it is my responsibility to use that gift to humanize the structures and dignify them and to create spaces that elevate the spirit. In explaining this to her I understood it for myself. As we discussed the issue we both came to the realization of why design was not a luxury and why it is not superfluous. The same materials can be used to transform a building into an artistic composition that uses design as a gesture of love. **Life makes sense to me when I am given the opportunity to share this gift with others through architecture.**

사무실 이름엔 어떤 의미가 있는가?

오랜 시간 고민을 한 기억이 난다. 모든 프로젝트마다 완전히 관여되어 있고 모든 건물에 나의 이름이 적혀있기를 바랬다. 그래서 아버지의 성과 어머니의 성을 따서 사무소 이름을 지었다. 모든 프로젝트와 디자인 마다 나 자신과 나의 이름, 그리고 나의 이미지를 부여시키는 것이기 때문에 매우 진지하면서도 중요한 타협을 한 것이다. 매 디자인 마다 내 자신을 나타내는 것과도 같기 때문에 매번 최선을 다하도록 이끌어주고 도와준다.

나의 건축은 내가 누구인지, 그리고 내가 살아온 인생을 표현하는 것이다. 그래서 사무소 이름에 내 이름이 있다는 것이 이해가 됐다.

당신이나 당신 사무실의 직원들은 야근을 많이 하는 편인가?

우리는 일을 많이 하고, 특히 처음 시작할 때는 모두 야근을 많이 했다. 우리 사무실의 첫 10년이 가장 힘든 시기였다. 요즘은 그 때보단 적게 일하지만 아직도 야근할 때가 있다. 우리가 하는 일과 프로젝트에 열정이 많아서 그렇다고 믿는다. 우리 모두 최선을 다하고 싶기 때문에 더 열심히 일하고 한 걸음 더 나아가 일을 하는 것이다.

나는 내가 하는 일에 매우 열정적인데, 나의 그런 모습이 팀에게도 나타나고 리더쉽이 발휘되어 모두 나처럼 최선을 다 하려고 하는 것 같다. 우리 모두 고군분투하고 원하는 것을 이루기 위해 열심히 일한다.

사무실의 분위기는 어떠한가?

우리 사무실 사람들은 특별한 관계를 가지고 있다. 모두 신뢰가 두터운 친구들이다. 어떻게 보면 안 좋은 일이 생겼을 때 그 신뢰가 깨질 수도 있어서 안 좋은 것일 수도 있지만 거의 일어나지 않는다. 서로 태평스럽고 가깝다. 나는 나에게 쉽게 다가올 수 있고 모두가 나와 소통하는 것이 편하도록 하려고 한다. 매주 금요일 오후마다 함께 모여 한 잔 하면서 간식을 먹는다. 이 시간은 모두 함께 모여 한 주를 마무리 하고 주말로 넘어가는 시간이다. 이 시간에 좀 더 개인적인 느낌을 더하고 모두와 나눌 수 있는 기회가 되도록 매주 한 명씩 음식을 준비해온다.

인테리어와 도시, 조경,그리고 건축에 대한 생각을 알려달라.

디자인은 모든 것을 만지는 것이라 생각한다. 디자인은 인생과 세상을 바라보는 개인적인 관점에 대한 응답과 표현이다. 나는 외부와 내부, 도시와 조경 건축이 나눠질 것이 아니라 서로 합해져야 한다고 생각한다. 한 분야나 다른 디자인 분야에 기술적인 지식이 더 많은 사람들이 있을 것이고, 전체적인 디자인에는 모든 요소가 함께 어우러져 하나로 묶이고 서로 연관되어야 한다. 프랭크 로이드 라이트가 건물부터 램프와 Rug까지 모두 디자인한 것과 같다. 나는 건축가가 프로젝트의 모든 디자인 부분에 참여해야 한다고 믿는다.

건축가를 꿈꾸는 학생들에게 해주고 싶은 말은 무엇인가?

건축가가 되기로 결정 하기 전에 알아야 할 것이 있다. 건축에서 성공하고 돋보이기 위해서는 많은 재주가 있어야 하고, 열심히 일하고, 높은 경쟁을 뚫어야 한다.

쉽게 전달할 수 있는 디자인에 대한 감각과 열정을 지니고 있어야 한다. 자신을 돋보이게 할 수 있는 재능 있는 건축가들과 디자이너들이 매우 많은데, 그 중에서 자신을 분리하고 디자인을 중요하게 만들기 위해서는 자신만의 독특하고 개인적인 철학적 관점이 표현되어야 한다. 창조성은 꼭 필요하지만, 그 동시에 독창적이고, 지략이 있고, 상상력이 풍부해야 하며, 꿈을 이루기 위해 열심히 일하고 한 발짝 더 나아갈 줄 알아야 한다.

건축은 무엇인가?

건축은 예술이다. 세상에 대한 자신의 비전을 표현할 뿐만 아니라 다른 서비스 업종처럼 건축가가 자신의 재능과 기술을 지역사회와 나눌 수 있는 기회가 주어지기 때문이다. 따라서 건축은 자신이 가지고 있고 나누는 재능에 따른 매우 기본적인 역학으로 보여야 한다.

건축가는 누구인가?

누구나 공간을 만들 수 있지만 건축가는 그 공간을 디자인을 통해 사용하는 사람들의 기분을 좋게 해줄 수 있는 공간을 만들어낼 수 있는 능력이 있어야 한다. 건축가는 기능을 충족시키고 유용성이 있는 공간뿐만 아니라 그 공간을 경험하는 사람들의 삶의 질을 높여줄 수 있는 공간을 볼륨과 재료를 사용해 만들어낼 수 있는 재능과 지식을 가지고 있는 르네상스적인 사람이다. 건축가는 문제를 해결하고 클라이언트의 필요를 충족시킬 방법을 먼저 생각하는 동시에 공간을 만들어낼 자신의 재능과 비전, 그리고 감수성을 끌어올려야 한다. 자신의 건축이 자신의 비전을 표현해내고 그 비전을 알아보는 사람이 있다면, 그 사람이 바로 그 건축에 끌려 건축가를 찾아 갈 것이다.

Any stories behind the name of your studio/office?

I remember thinking about it a lot and coming to the decision that I wanted to be completely involved with every project and that I wanted every building to have my name behind it and because of that I decided to use both my father's last name and my mother's last name when I named my architecture firm. This created a very real and serious compromise as I am putting myself, my name and my image on every project and every design. This helps motivate me to give the best that I can give every time because every design is a representation of myself.

My architecture is an expression of who I am, of everything I have lived and it just made sense to me that my architecture office would have my name on it.

Do you or your employees work overtime a lot?

We do work a lot and especially at the beginning everyone worked a lot of overtime. The first ten years of Solis Colomer Arquitectos where the hardest ones, now we work less hours than we did then but still work overtime. I believe that in our office we are all very passionate about what we do and about our projects and we all want to give our best and that can only be accomplished by working hard and going the extra mile.

I am very passionate about what I do and I believe I reflect that on my team and generated a lot of leadership and they are all committed to giving their best just like I am so it is inevitable that we all strive to give our best and work very hard at it.

How do you communicate with your employees? Any special methods?

Everyone in our office has a very special relationship, we are all friends and our relationship is build on trust. This can also be a bad thing because when something goes wrong then it also affects that trust, but this rarely happens. The relationship in our office is very casual and very close. I make sure that I am very accessible and that everyone feels comfortable communicating with me. Every week on Friday afternoons we all get together and share drinks and snacks. It's a way of closing the week and transitioning into the weekend by getting together and sharing with everyone in the team. Every week someone brings food and that gives this celebration a personal touch and it's a great opportunity to share with everyone.

디자인은 모든 것을
만지는 것이라 생각한다.
디자인은 인생과
세상을 바라보는 개인적인
관점에 대한 응답과 표현이다.

I believe that design is something that touches everything. Design is a reflection and a response to your personal view of life and the world.

Is there a boundary between interior, urban, landscape, and architecture?

I believe that design is something that touches everything. Design is a reflection and a response to your personal view of life and the world. I do not believe that interior, exterior, urban or landscape architecture should be separate but integrated into each other. There will be people who have more technical knowledge in one area or other of design but when designing you should incorporate every element into the overall design as everything is tied together and must relate. Much in the way in which Frank Lloyd Wright designed everything from the building to the rug or the lamp, I believe architects should be involved in all of the design aspects in a project.

Words of wisdom for those wishing to become architects.

My advice would be that before making the decision of becoming an architect you must be very aware that it is a career that requires hard work, it is very competitive and in order to succeed and stand out you must have a combination of many things.

You must bring with you sensibility and an authentic passion for design that you can easily transmit. There are many talented architects and designers and to be able to differentiate yourself from the crowd you must be able to reflect your unique and personal philosophical view in your design because this will set you apart and make your designs significant. Creativity is essential but you will also need to be inventive, resourceful, imaginative and be willing to work hard and go the extra mile to achieve your dream.

What is Architecture?

Architecture is art because it has content and it expresses your vision of the world but it is also a service like any other service in which the architect is given the opportunity to share their talent, their gift, with the community.

It should be seen as a very basic dynamic based on those talents that you posses and that you share.

Who is Architect?

Anyone can create a space but an architect must have the capacity to create spaces that elevate the spirit of the people who experience those spaces through the use of design. An architect is a renaissance man with many talents and many areas of knowledge and who uses that knowledge to transform volume and materials into spaces that not only fulfill a function and have a utility but that also improve the lives of those who experience them in some way. An architect must think first about solving the problems and serving the necessities of the client at the same time bringing his unique gifts, vision and sensibility to create those spaces. When you are reflecting your vision in your architecture then the people who identify with that vision are the ones who will be attracted to your work and will look for you.

건축은 항상 그 시대와 사회를 비추는 거울과도 같고 역사 속 특정 시대를 찍은 엑스레이와도 같다. 전에는 좀 더 이성적이고 하나로 이루어져 있었지만 오늘날 건축은 좀 더 흩어져있다. 우리가 무엇이든 제어할 수 없다는 느낌의 혼돈이 있고, 그 혼돈에 우리는 항복할 수 밖에 없게 되면서 그 속에서 프랙탈이나 뿌리줄기 같은 요소들이 나온다. 세상이 완벽하지는 않아도 그 안에서 사회와 주변 혼돈을 무시하고 주변만 발전시키는 디자인이 아닌, 사용자들의 경험을 보다 좋게 해주는 디자인을 하기 위해 노력해야 한다고 생각한다.

Architecture has always been a reflection of the [illegible] ay of a specific time in history. Architecture used to be more [illegible] architecture is more disperse. There is this sense of chaos, a sense [illegible] not control anything and that we should just surrender to that chaos and from this emerge many elements like the fractals and the rhizomes. I believe that even thought the world is not perfect we should still aspire to create design that improves the experiences of the user instead of surrendering and creating design that seems to be giving up on society and embracing chaos.

Tucoral

Who is

MSB Architects

www.harnebowen.com

나는 7살이 될 때까지 포르투갈 신트라라는 도시에 살면서 자연과 가깝게 지냈다.
우리 가족은 조용한 시골지역에 위치한, 다락방이 딸린 아파트에서 살았었다.
도시와 연결해 주는 것은 기차뿐이었다. 그래서 차를 가지고 있다는 것은 많은 자유를
누릴 수 있다는 뜻이었다. 나의 세상은 아주 작았다.
그래서 좀 더 작은 스케일과 디테일에 신경을 쓸 수 있었다.
나의 아버지께서는 음악가이셔서 낮에는 바이올린 레슨을 하셨고 저녁에는
오케스트라에서 연주를 하셨다. 주말에는 아버지께서 집에서 개인 레슨을 하셔서
항상 음악 멜로디를 들으며 보냈다. 나는 일요일마다 레슨을 받았는데,
다락방에 혼자 올라가서 수줍게 멜로디를 내보며 연습하기도 했다. 이 곳에서
레슨을 받던 다른 남자아이들처럼 나는 의식적으로 다락방을 나의 존재로
가득 채워나가기 시작했다. 내가 있을 땐 나만의 다락방이었다.

I lived until I was 7 near the town of Sintra, Portugal, where I had a commonly relationship with Nature. My family lived in an apartment with an attic, in a small urban area isolated and positioned in the middle of the countryside. The connection to the village was the train line. There, having a car, meant the possibility to easily escape and to be free. My world was small, like the one of my classmates, and that related me with the smaller scales, with the details. My father was a musician. He gave violin lessons all day and at night he played in an orchestra. My week -ends were spent listening to the melodies of private lessons that my father gave at home. I myself tried to fill the attic with shy melodies barely assumed: I had classes on Sundays. Consciously, I learned that, on my own, at certain times, shape the attic with my presence, as the other boys did. It was always my attic if I was there.

Vila de Sintra

나의 주거 공간은 건축이 주거지에 큰 영향을 끼친다는 생각을 뒷받침 해주었고, 건축을 느끼고 하면 할수록 사고방식의 틀을 잡아준다는 것을 알게 해주었다. 이 능력이 나에겐 너무 놀라웠고, 17년 뒤 리스본 기술대학 건축학과를 졸업하였다.

My dwelling space continued and reinforced my idea that architecture gives a strong contribution to our resistance and shelter, and that, by the way we practice it and give it sense, it may become a tool to shape mentalities. This power fascinated me and 17 years later I graduated in architecture at the Technical University of Lisbon.

여가 시간에 무엇을 하나?

나에게 자유 시간이란 개념은 매우 단순하다. 우리는 항상 우리가 하고자 하는 것, 우리가 중요하다고 생각하는 것으로 시간을 보내려고 한다. 그렇기 때문에 여가시간이란 것은 딱히 없고, 내가 정말 자유롭다고 느낄 때에는 변화하는 것을 즐기는 편이다. 변화가 진실된 보상이라고 생각하기 때문이다.

미혼인가, 기혼인가?

1989년에 모로코와 비슷한 위도에 위치해 있는 포르투갈 영토 마데이라 섬에서 온 여자와 결혼을 했다. 우리의 세 아이는 모두 섬에서 자라났다. 그래서 나에게 바다는 필수적인 요소가 되었다. 어떻게 보면 바다는 나의 가족이기도 하다.

건축가는 매우 바쁜 직업이라고 다들 알고 있는데, 어떻게 결혼 생활을 유지하고 있나?

불균형 없이 하나 이상의 약속을 동시에 이행할 수 없다. 나의 삶은 마치 저울 같은데, 일 쪽 접시는 금방 채워지고 가족 쪽 접시는 금방 비워진다. 나는 이 불균형에 대응할 수 있는 것들을 매일 찾는다. 아이들과 아내에게 나의 존재와 가치를 높이려고 최대한 노력하는 편이다. 그리고 이것은 매우 중요하고 필수적으로 해야 하는 것이라고 생각한다.

스트레스를 많이 받는 편인가? 그렇다면 그 스트레스는 무엇으로 푸나?

예전에 비해 요즘 건축가로 활동하는 것이 많이 달라졌다. 요구에 반응하는 속도가 빨라져야 하다 보니 우리 행동 또한 달라졌다. 보다 경쟁력이 있을 수 있도록 해주는 것이 빠른 답변을 주는 것이라면 우리는 항상 스트레스 받는 상황들과 마주할 수 밖에 없다. 내 경험을 바탕으로 얘기하자면 이러한 스트레스를 해소하는 방법은 하나밖에 없다. 정리, 계획, 그리고 적극적으로 함께 작업하는 것이다. **요즘은 혼자서 건축을 하기에는 너무 힘들기 때문에 다재 다능한 팀을 꾸려 함께 책임을 지고 헌신하며 작업한다. 이러한 경험들이 많다면 더욱 도움이 된다.**

What are your hobbies? What do you do during your free time?

My concept of free time is very simple. Life is full of compromises. We are always thinking of ways to occupy our time doing what we believe in and what we value, so we never have spare time. The only time I really feel free is when I have the pleasure to change. The change is a genuine compensation.

Are your married, or dating?

I got married in 1989, to a woman from Madeira Island, Portuguese territory, in a latitude similar to that of Morocco, in mid Atlantic. My 3 kids are islanders. Since then the sea has become, for me, a compulsory reference. In a way, I can also say that the sea is part of my family.

요즘은 혼자서 건축을 하기에는 너무 힘들기 때문에 다재 다능한 팀을 꾸려 함께 책임을 지고 헌신하며 작업한다. 이러한 경험들이 많다면 더욱 도움이 된다.

Nowadays it is not possible to exercise the profession alone, so we form a versatile team, responsible and dedicated, to which a good deal of experience helps a lot.

Architects are one of the busiest occupations; how do you maintain your married or dating life? Any methods on keeping them well?

It is impossible to have more than one appointment simultaneously without imbalances. My life acts as a weighing scale in which the dish of the work is very easy to fill and the family one very quick to empty. Every day I seek forms to counteract this imbalance. I try the best I can to improve the quality of my presence among my children and my wife. It is essential. It is vital.

Does your work stress you a lot? If so, how do you relieve it?

The way of acting of an architect today is very different from the one it was practiced before. Today it is necessary to respond more quickly to requests and this presses our own behavior. When one of the ways to become more competitive is to give quick answers, we always end up confronted with stressful situations. In my opinion, and using my experience, there is only one way to fight this pressure: organization, planning and collaborating assertively. **Nowadays it is not possible to exercise the profession alone, so we form a versatile team, responsible and dedicated, to which a good deal of experience helps a lot.**

건축 공부를 하면서 영감 받은 건축이나 건축가가 있나?

나는 항상 두 가지의 관점을 가지고 공간이 만들어진다고 이해하려고 했다. 해결책을 제시해야 하는 빈 공간과 그 빈 공간을 정의하는 건물의 요소들을 실현화하는 것, 이렇게 두 가지이다. 중국 철학가 Lao Tzu의 이 말이 내가 공간을 이해하는 방법에 시점이 되었다. "유리병의 usefulness는 그 형태에서 오는 것이 아니라 그 안에 담긴 빈 공간으로부터 오는 것이다."

그 공간의 경계선은 최대한 정제될 것이다. 나에게 우리가 디테일에 집중해야 한다는 것을 이해하도록 해준 건축가는 미스 반 데어 로에다. "중심을 해결하면 나머지는 알아서 해결 된다."라는 그의 명언은 나의 학업기간 동안 많은 감명을 받았다.

제일 좋아하는 공간이 있나?

내가 사랑하는 사람과 만나는 곳이 내가 가장 좋아하는 공간이다.

자신만의 특별한 건축 언어가 있나?

마데이라에서 오랜 시간 동안 일해왔다. 이 섬에는 매우 드라마틱한 산악지대가 있다. 지난 몇 년간 자신만의 스타일로 건물들이 지어지고 있었는데, 여전히 힘든 점은 새로운 건설 기술들이 나올 때까지 섬 지대가 가지고 오는 요소들의 제한들을 가지고 작업하는 것이다. 나는 특정한 건축 언어만 사용할 수가 없다. 이것은 우리가 환경 속에 무엇을 두고자 하는지에 대한 의향을 존중하던지 불손하게 생각하는지에 대한 결과물이다. 그래서 항상 같을 수가 없다. 각 요구마다 다르게 접근해야 한다.

자기 프로젝트 중 가장 인상 깊었던 것은 무엇인가?

의심 할 여지 없이 우리 집이다. 클라이언트의 필요를 정확하게 알고 이해한 건축가가 디자인 한 곳에서 살 수 있다는 것은 나에게 큰 안심이 된다. 그럼에도 불구하고 나의 최고의 프로젝트는 우리 아이들이라고 생각한다.

프로젝트는 어떻게 수주하나?

주로 팀으로 작업한다. 나는 많은 능력을 가진 건축가들과 함께 스튜디오에서 일하고 있다. 좋은 결과를 이루기 위해서는 좋은 조직의 필요성이 점점 더 중요해지고 있다. 또한 각자 할 일을 잘 나눌 수 있는 알맞은 팀과, 작업 속도, 그리고 목표의 실용성도 중요하다. 각각 우리의 한계보다 조금 더 나아갈 수 있다고 믿어야 한다.

특별한 클라이언트가 있나?

윤리적인 이유로 이 질문에는 답을 할 수가 없다.

사무실의 이름엔 어떤 의미가 있나?

우리 스튜디오의 이름은 MSB이다. 나의 이름 Miguel, 파트너 Susana와 Bruno를 더한 약자다. 마데이라 섬에 있는 풍샬이라는 도시에서 2004년도에 처음 시작했다. 그래서 이번 년도가 우리 스튜디오의 10주년이다.

당신이나 당신 사무실의 직원들은 야근을 많이 하나?

하루에 11시간 정도가 스튜디오 문이 열려있는 시간이다. 항상 아침 8시에 와서 7시 전에 일을 끝낸 적이 없다. 하지만 그렇다고 우리 직원들에게 융통성 없이 스케줄을 강요하지는 않는다. 주로 마감날짜를 알려주어 언제까지 일이 완료되면 되는가만 알려준다. 사람마다 각자의 리듬과 한계가 있기 때문에 각각 필요한 것을 알아서 찾아 작업하는 것을 선호한다.

건축주와 어떻게 소통하는 편인가? 특별한 노하우가 있나?

모두 건축가로서 서로에게 최고의 능력과 전문성을 기대한다. 오랜 시간 함께 일하면서 우정을 쌓기도 했지만 서로 전문가로서 존중해주기도 한다. 그리고 그들 또한 리더십을 가지고 각각의 위치에서 책임감 있게 일을 한다.

인테리어와 건축, 조경, 도시에 대한 생각을 말해달라.

이 영역들을 나눌 명확한 선은 없다는 것을 알고 있다. 대부분의 경우 모두 연결되어 있다. 서로 다른 다양한 가치와 목적을 가지고 공존하지만 항상 서로 연관되어 있다. 공간은 시각적으로, 그리고 그 안에서 일어나는 움직임으로 통합되어있다. 밀폐되어 있는 영역이 아니다. 모두 중요하고 서로서로에게 영향력이 있다.

미래의 건축의 변화에 대한 생각을 말해달라.

다양한 변화가 일어나고 있다. 현대인의 발전만 봐도 그렇다. 이 시나리오에 강한 영향력을 끼치는 것이 하나 있는 것 같긴 하다. 수백 년 전에는 건축에 거대한 투자를 하는 것이 일이었다. 기술 부족과 바로 자연에서 추출해 사용했던 탓에 재료 부족으로 공사는 수년간 진행되었었다. 하지만 최근에는 특히 이 과정에 많은 변화가 일어났다. 기술적으로 큰 발전이 일어나 새로운 방법과 시스템으로 시공 과정을 대량화 시키고 급속도로 빨라지게 되었다. 지금까지 건물 짓는 것이 이렇게 빠르고 이렇게 저렴한 적은 없었다.

현대인이 지속적인 유동성을 필요로 하는 것이 늘어나는 것을 보면 건축 또한 조립식 시스템, 모듈식, 저비용과 빠른 완성을 향해 갈 것이라고 생각한다. 건축은 전처럼 사람들을 한 곳에 머물도록 할 수도, 또는 쉽게 움직이게 할 수도 있다. 나는 이것이 미래 인류 발전에서의 건축의 힘이라고 생각한다.

건축가를 꿈꾸는 학생에게 해주고 싶은 말은 무엇인가?

진정으로 건축을 하기 위해서는 건축에 대한 열정이 있어야 하고 그 진가를 알아볼 줄 알아야 한다.

내가 사랑하는 사람과 만나는 곳이 내가 가장 좋아하는 공간이다.

My favorite space is where I meet with people I love most.

MSB Architects Studio

Any architect or architecture that inspired you during your studies?
Any episodes related to them?

I always tried to understand the space to be create through two perspectives: on one hand the void that the solution has to provide; on the other hand the realization of other building elements that define this emptiness. Therefore a famous phrase from the Chinese philosopher Lao Tzu marked my way of understanding the space: "The usefulness of a jar is not in its form but in the void that provides."
The physical boundaries of that space would be as refined as possible. Mies Van der Rohe made me understand the attention and care that we should put in the detail. "Take care of the terminals that the rest will take care of itself". And thus I was inspired throughout my academic journey.

Where or what is your favorite space?

My favorite space is where I meet with people I love most.

Any unique architectural language of your own? How is it reflected on the projects?

I have been working for many years, in Madeira. The island has a dramatic orography, very conditioning. Over the years the constructions have been built with a language of its own but what really becomes a challenge is to respond to the way the island territory imposes, which used to limit the architecture until the arising of new building technologies. I cannot attach myself to any languages. These are the result of being respectful or irreverent to what we intend to have in the environment, so nothing can ever be the same. There are always different approaches towards different requests.

What is your favourite project that you worked on? Any reason?

Undoubtedly my own home. Being able to live in a place where the architect fully understands the customer needs is very reassuring. Nevertheless I think my best projects were my own children.

How do you win projects? Any special methods on increasing the chances of winning?

I usually work in a team. I am part of a studio of architects with great capacity for work. More and more it becomes essential having a good organization to achieve good results, also, forming the right team with a good task distribution, speed of execution and above all be very pragmatic on the objectives. Individually we must believe that we can always go a little bit beyond what we think is our limits.

Any memorable clients? What happened?

For ethical reasons I am unable to answer this question.

Any stories behind the name of your studio/office?

The name of my studio is MSB.
The initials of Miguel (myself), Susana(my partner) and Bruno (my partner). It was formed in 2004, in Funchal, Madeira Island, so this year we celebrate 10 years of great dedication to our work.

Do you or your employees work overtime a lot?

Our studio doors are opened about eleven hours a day. I always arrive at eight o'clock in the morning and I never finish the work before seven o'clock. Nevertheless, we never require a rigid schedule from our employees, we rather inform them about the dates or deadlines when they should have the work ready or delivered. Each person has its own rhythm and whenever it is possible, within certain limits, we prefer that each collaborator finds his way, answering to what is required.

How do you communicate with your employees? Any special methods?

We are all architects, we all expect the best performance from each other, with the utmost professionalism. We treat each other as fellow professionals although so many hours together drove us to a good friendship. Nevertheless we not abdicate of a hierarchy of responsibilities in a structure in which each one has its own area of leadership.

Is there a boundary between interior, urban, landscape, and architecture?

I understand that there are no clear limits to separate these areas. In most cases they are absolutely connected. They coexist revealing different values and purposes, but they never cease to be related. The space is united, visually and through the movement of who goes around it. These aren´t sealed areas. They are all important and have influence on each other.

Any prospects on the changes in architecture in the future?

There are various shifts going on. Just look at the evolution of modern man. Nevertheless there is one aspect that seems to strongly influence this scenario. Centuries ago the investment in architectural work was enormous. The constructions took many years to be completed as a result of poorly developed technology and the material availability withdrawn directly from nature. This process has had obvious changes, especially in more recent years. A strong technological evolution has made possible to massify and dramatically accelerate the construction process through innovated means and systems. Building has never been so fast and so cheap.

If we relate this evidence to the fact that the modern man´s life is increasingly influenced by the need for a constant mobility, we conclude that the strong tendency of the future architecture will be directed to prefabricated systems, modular, low cost and with rapid implementation. Architecture can fix people in one area, like it used to do, or it can allow movement with ease. I believe that this will be the future power of architecture in man´s evolution.

Words of wisdom for those wishing to become architects.

We have to be passionate about architecture to be able to control it and like ourselves in equal measure to appreciate it.

건축이란, 저항하는 행위 그 자체이며,
건축가는 자기자신을 믿는다.

Architecture is an act of resisting.
And, architect is the one who believes in himself.

Who is

MAG ARQUITECTOS

magenarquitectos.wordpress.com

내가 진심으로 건축에 관심을 가지게 된 경위는, 건축가는 아무도 몰랐기 때문에, 책이나 영화에서
나의 롤 모델을 찾았다. 그때 영화 "마천루(원제: The Fountainhead)"에서 게리 쿠퍼가 건축가 하워드 로악을
연기하는 것도 보았고 건축가에 대한 대량의 인터뷰와 기사를 읽었다. 하지만 영화는 물론 몇몇 기사나 전기는
자주 건축이란 직업에 대해 항상 사실이라고 할 수만은 없는 시적인 면만을 보여주었다. 렘 콜하스는 건축이
권력과 무기력으로 이루어진 위험한 조합이라고 말했다.

When I was seriously interested in studying architecture, I loked for role models on books or
movies, because I didn´t know any architect. I remember seeing then Gary Cooper playing
the architect Howard Roark in the movie "The Fountainhead" or reading a lot of interviews and
articles about architects, but movies and even some articles or biographies often give a poetic
vision –not always true- of the practice of the architecture. Rem Koolhaas says
that architecture is a dangerous mixture of power and impotence.

나는 스페인 북부의 마드리드와 바르셀로나 사이에 있는 사라고사라는 도시에서 자랐다. 학생 때부터 그림을 잘 그렸고 기술적인 과목, 미술과 철학에 관심이 많았기 때문에 집안의 그 누구도 건축가가 아니었지만, 부모님께서도 어렸을 때부터 내가 건축가가 될 거로 생각하셨다. 정확히 보셨다고 생각한다. 팜플로나에서 건축을 공부했는데 내 남동생도 같은 곳에서 건축을 공부했다. 지금은 같이 사라고사에 마겐 건축 사무소를 차려서 창립자이자 주 건축가이다.

I grew up in Zaragoza, a city in northeast of Spain, in the middle between Madrid and Barcelona. Since I was a student I was good at drawing and interested in both technical subjects and art and philosophy, so my parents thought since I was a child that I wold be a n architect, although nobody in my family was. They were right, I studied the career in Pamplona, like my brother did afterwards, and now we are the founders and head architects of our own firm: Magén Arquitectos, based in Zaragoza.

취미가 무엇인가?

여행과 새로운 곳과 건물을 가보는 것 외에 영화와 책 읽는 걸 굉장히 좋아한다. 어떻게 보면 영화 감상과 독서도 여행의 한 종류라고 볼 수도 있을 것이다. 그리고 스포츠 하는 것도 좋아한다.

미혼인가, 기혼인가?

결혼했다. 그리고 내 아내도 건축가이다. 몇몇 프로젝트를 같이 하기도 했지만, 아내는 주로 자기 프로젝트를 한다.

건축가는 매우 바쁜 직업이라고 다들 알고 있는데, 어떻게 결혼 생활을 유지하고 있나? 가정을 잘 꾸려나가는 자신만의 특별한 방법이 있나?

내 아내도 건축가이기 때문에 일과 가정 생활의 균형을 지킨다는 게 얼마나 어려운 지 안다. 하지만 이건 건축가들에게 정말 심각한 문제이다. 왜냐하면, 프로젝트가 하나든 오십 개이든 언제나 바쁠 수 있기 때문이다. 나도 아직 이 균형을 잘 유지하는 방법을 찾고 있다.

스트레스를 많이 받는 편인가? 그렇다면 그 스트레스는 무엇으로 푸나?

내 생각에 요새 건물을 디자인하고 짓는다는 것은 많은 사람이 연관되는 꽤 복잡한 과정이라고 생각한다. 그래서 이 일은 스트레스를 자주 받을 수 있다. 산책이나 스포츠, 음악 감상 같은 취미나 집중력, 제 자신의 마음을 챙기고 추스리는 태도, 그리고 건축은 장거리 경주와 같다는 마음가짐이 스트레스를 푸는 데 도움이 된다.

건축 공부를 하면서 영감 받은 건축이나 건축가가 있나?

나바라 대학의 건축 학교에서 있을 때 프랭크 로이드 라이트, 미스 반 데어 로에, 르코르뷔지에, 그리고 알바 알토같은 근대 건축의 거장들을 공부했다. 그 시절에 학생으로서 나는 라파엘 모네오, 헤르조그와 드 뫼롱, 피터 춤토르, 그리고 렌조 피아노 같은 건축가들의 작품에도 관심을 가졌다.

What are your hobbies? What do you do during your free time?

Apart from travelling and visiting new places and buildings, I love cinema and reading boks – maybe these are also two ways of traveling-, and playing some sport.

Are your married, or dating?

I´m married and my wife is an architect, too. Although we have worked on some particular project, she usually works on her own projects.

Architects are one of the busiest occupations; how do you maintain your married or dating life? Any methods on keeping them well?

As my wife is also an architect, she understands the difficulties in balancing work and family life. But this is real problem for architects, because you can always be busy, either with one project or fifty. I still looking for methods of improving this balance.

Does your work stress you a lot? If so, how do you relieve it?

I think that designing and executing buildings are now quiet complex processes with many different people involved. So, this work can be stressful many times. Some activities and attitudes help me to deal with stress: walking, playing sports, listening music, concentration, mindfulness... and the idea that architectural practice is a long-distance race.

Any architect or architecture that inspired you during your studies?
Any episodes related to them?

In the School of Architecture of the University of Navarra we studied the master builders of Modern Architecture, like Frank Lloyd Wright, Mies Van der Rohe, Le Corbusier and Alvar Aalto. In that days, as students, I also started to be interested in the work of architects like Rafael Moneo, Herzog & de Meuron, Peter Zumthor and Renzo Piano.

제일 좋아하는 공간은 어디인가?

건축적으로 가장 놀랍고 마음에 들었던 공간은 그라나다의 알함브라, 코르도바의 모스크, 그리고 로마의 판테온이다. 풍경이나 자연적으로 가장 굉장했던 곳들은 로스엔젤레스와 샌 프란시스코 사이에 있는 미국 국도 제101호선 서쪽 해안이랑 지중해에 있는 스페인의 포르멘테라섬과 카보 데 가타의 해안이다.

당신만의 특별한 건축 언어는 무엇인가?

우리는 우리만의 건축적 언어나 스타일을 갖는데 별 관심이 없다. 우리 프로젝트로 매 상황에 직결돼있는 특정한 문제를 풀려고 노력한다. 어쨌든, 우리 건물들에서도 알아볼 수 있는 특성이 있기는 하다. 공공 장소나 공동 시설 같은 곳에 주목한다는 점이나 자재의 질에 대한 관심, 그리고 공간, 빛, 공동, 건물 주변의 중요성 같은 것들이 그러하다.

당신 프로젝트 중 가장 인상 깊었던 것은 무엇인가?

내가 가장 좋아하는 프로젝트는 언제나 현재 진행하고 있는 프로젝트이다. 처음에 사무소를 시작했을 때부터 나는 프로젝트가 작든 크든 항상 같은 자세로 임했다. 지금 우리는 주택 몇 개와 시청 하나, 학교 하나, 문화회관 하나, 그리고 공연 예술관 하나를 하고 있다. 하지만 사라고사 환경 센터 같은 프로젝트들이 주변 환경과의 조화, 공공장소, 공간적 그리고 육감적 경험, 재질과 디테일, 환경적 지속 가능성 같은 우리의 건축적 아이디어를 많이 표현하고 있다고 할 수는 있다.

작업을 하면서 재미있었던 에피소드가 있었다면 무엇인가?

우리는 근래에 말레이시아인인 의뢰인의 건물 시공을 마쳤다. 이 프로젝트는 일 년 전에 시작했는데 우리 사무실에서 회의는 물론이고 그의 문화와 관습을 더 잘 이해하기 위해서 쿠알라룸푸르까지 다녀왔다. 이제 프로젝트는 끝났고 의뢰인은 매우 만족해한다. 왜냐하면, 건물이 미묘하지만 확실하게 빛과 공간에 관한 동양적 사고를 포함하고 있기 때문이다.

프로젝트는 어떻게 수주하는가?

우리 프로젝트의 대부분이 아이디어 공모전의 산물이다. 지름길같은 건 없다 (아니면 우리가 아직 못 찾은 것일지도 모르겠다). 항상 물리적으로나 문화적으로 모두 프로그램과 장소에 맞춰 아이디어를 내려고 한다.

특별한 클라이언트가 있나?

올해 우리가 유치원을 몇 개 디자인했는데 첫날이 언제나 굉장히 특별하다. 아이들의 흥분이나 우리가 디자인한 공간을 쓰는 방식이 항상 예상 밖이기 때문이다.

당신이나 당신 직원들은 야근을 많이 하는 편인가?

야근을 안 하려고 노력하지만, 가끔 공모전 마감일이 코앞이라던가 할 때는 필요하다. 우리는 일과 사생활의 균형을 지키려고 노력하고 우리 직원들을 위해서도 마찬가지이다.

직원들과 어떻게 소통하는 편인가? 특별한 노하우가 있나?

우리 사무소는 같은 시간대에 진행되고 있는 프로젝트의 수에 따라 그룹으로 나뉘어져 있다. 어떤 프로젝트든지 우리 팀 및 외부 컨설턴트와의 기술적인 회의 외에 적어도 매주 두 번은 만나서 전체적인 과정을 통제하기 위한 회의를 하곤 한다.

Where or what is your favorite space?

The architectural spaces that have impressed me most have been the Alhambra of Granada, the Mosque of Cordoba and the Panteon of Rome. The landscapes or natural spaces most impressive for me have been the west coast of USA Route 101, between Los Angeles and San Francisco, and, in Spain, the Formentera island and the coast of Cabo de Gata, both in the Mediterranean Sea.

Any unique architectural language of your own? How is it reflected on the projects?

We are not interested in having an own language or style. We try to solve with our projects the specific problems related to each situation. Anyway, there are some recognizable features in our works, like the attention to public or coommon spaces, and the interest in the qualities of the materials, and the importance given to space, light, void and walks round a building.

What is your favorite project that you worked on? Any reason?

My favorite project is always the project that I´m working on now. Since the beginning, I have given the same importance to every project, wether big or small. Now, we are working in some houses, a town hall, a school, a cultural center, and a centre for performing arts. But we can say that some projects lije the Environmental Centre of Zaragoza express many of our ideas of architecture: integration in place, public spaces, spatial and sensorial experience, work with materials and details, sustainability,...

Rosales Elementary School

Any project with many episodes? What were they?

For example, we have recently finished the construction works of a project in Zaragoza for a malaysian client. The project started one year ago, with a meeting in our office and a trip to Kuala Lumpur, to know better his culture and customs. Now it is finished, and the client is very satisfied, because the project incorporates, in a subtle but clear way, some oriental ideas about light and space.

How do you win projects? Any special methods on increasing the chances of winning?

Most of our projects come from open ideas competititons. There are no shortcuts (or we haven`t found them), we try to develop always a proposal suited to the program and the place, understood both physically and culturally.

Any memorable clients? What happened?

We have designed some kindergartens this years and the opening day is always very special, because of the excitement of the kids and their way to live and use the space, many times unexpected.

Do you or your employees work overtime a lot?

We try not to do it, but sometimes, like when the deadline of a competition is so close, is needed. We try to keep a certain balance between work and personal life, also for our employees.

How do you communicate with your employees? Any special methods?

The studio is organized in groups according the number of projects we are developing at the same time. We make at least two meetings per week for any project to control the overall process besides technical meetings with our team and external consultants.

Ebro Environmental Centre

인테리어와 건축, 조경, 도시에 대한 생각을 말해달라.

점점 흐릿해지고 있다. 풀어야 할 숙제는 대부분 비슷하고 해결하기 위한 빛, 축척, 재질 같은 건축적 도구는 프로젝트의 크기나 장소와 관계없이 매 프로젝트마다 똑같다.

미래의 건축 변화에 대한 생각을 말해달라.

현재 건축의 원동력은 환경적 지속 가능성과 기후 조절인데 앞으로 미래에는 더 할 것이다. 도심지 내부의 공공장소의 중요성 또한 늘어날 것이다.

건축가를 꿈꾸는 학생에게 해주고 싶은 말은?

계속 창조적이고 편견이 없어야 하는데 그걸 위해서는 호기심과 여행이 매우 유용하다. 건축을 할 방법과 상황은 매우 많아서 건축에 관한 자신의 원칙, 바람, 그리고 꿈이 무엇인지 확실히 알아야 한다. 가는 길에 장애물이 있더라도 그 전망을 잊지 말아라. 건축은 장거리 경주이다. 그리고 그 긴 거리를 극복하기 위해서 자주 처지지 않기 위한 저항이 필수적이다.

건축이란 무엇인가?

건축은 자각의 도구이다. 건축은 우리가 살고 공부하고 일하고 노는 곳을 구성한다. 그리고 우리는 건축을 통해 공간적으로나 재질적으로 의미 있는 경험을 할 수 있다. 역사적으로 봤을 때 그저 구조물에 지나지 않고 무언가 그 이상이었던 건물들은 인간의 감정, 자각, 그리고 경험을 다루었다.

Is there a boundary between interior, urban, landscape, and architecture?

A blurring one. The problems to solve are mostly the same, and the basic architectural tools to do it, like light, scale or materiality, are common to each project, whomever its size or location.

Any prospects on the changes in architecture in the future?

Sustainability and climate control is a driving force of Architecture at the present, even more in the future. The importance of the public space in the cities will also increase.

Words of wisdom for those wishing to become architects.

You have to stay creative and open-minded and being curious and travel are very useful for that. You can serve the architecture in many ways and situations, and you have to know clearly what are your principles, your desires, your dreams about architecture. Keep that visions although there will be some obstacles in the way. Architecture is a long-distance race where, in many times, in order to overcome it is indispensable to resist.

What is Architecture?

Architecture is a tool of perception. Architecture configures the places where we live, study, work, have fun,... and it may be able to provide us with significant experiences in spatial and material terms. Historically, architecture that goes beyond deals with emotion, perception and experience.

Kindergarten Valdespartera

건축가는 환경의 디자인이 사람들의 생활 수준에 영향을 끼칠 수 있다고 믿는 사람이다.
그러니까, 어떻게 더 나은 디자인이 환경의 질을 향상하고 어떻게 우리가 현 과학 기술을 이용해
새로운 아이디어를 만들 수 있는지 생각한다. 언제나 새 프로젝트를 현존하는 곳이나 자연에
조화롭게 융화시키고 건축의 역사를 알면서 미래를 찾는 사람인 것이다.

Architect is a person that believes that the design of the environment influences the quality of life of people. So, he considers how can a better design improve the quality of the environment and how we can use current technology to build those new ideas, always integrating the new project in an existing place or landscape, looking for the future but knowing the history of architecture.

Who is

Architekten Martenson und Nagel Theissen

www.amunt.info

JT: 나는 어렸을 적 시골에서 자라면서 종종
숲 안에 오두막을 짓기도 했다. 그리고 지금도 야외에서
시간 보내는 것을 좋아하고, 특히 실제 암벽타기
하는 것을 좋아한다.
BM: 나는 최대한 탁 트인 야외에서 시간을
보내려고 하는 편이다. 그래서 그런지 보트 타는 것을
즐긴다. 보트는 자신만의 환경과 규칙들을 가지고
있어 매력적이다.

JT: I grew up in the countryside.
We frequently did build huts in the forest.
And cow, Spending time outdoors and
climbing/bouldering on real rock.
BM: I try to spend maximum time out of
closed rooms and I like to go sailing because
it is a completely different environment
with its own rules.

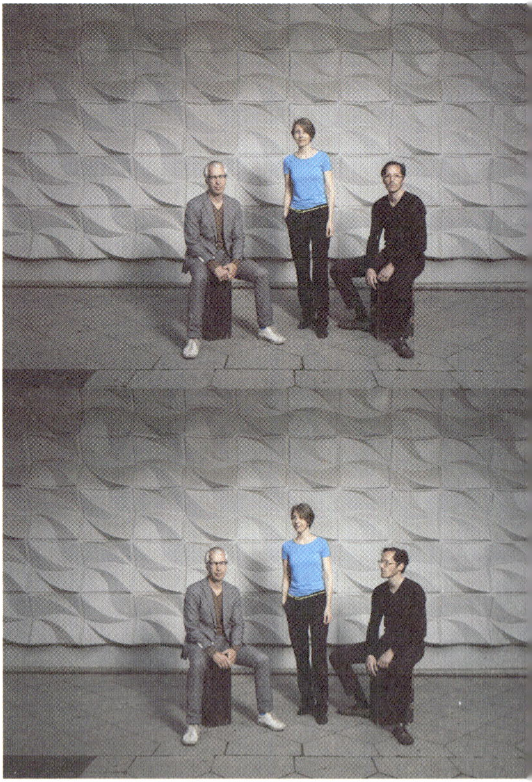

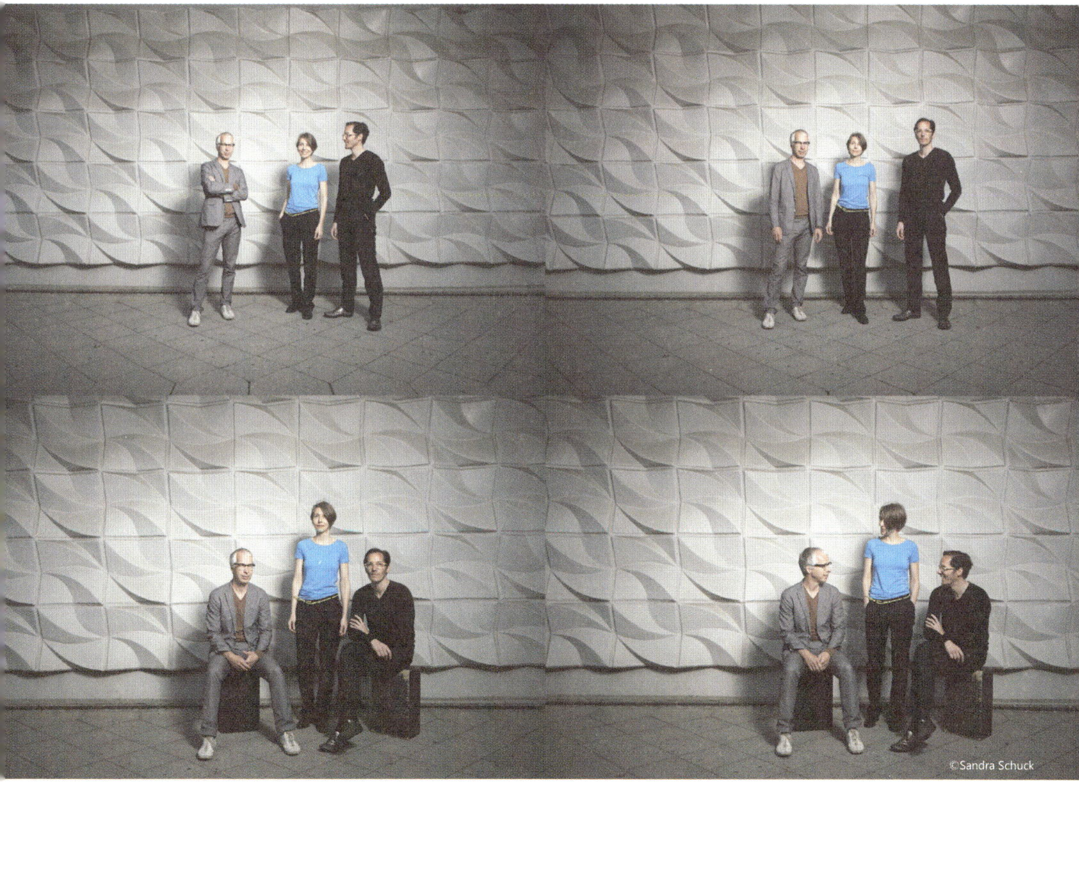

사무실을 시작하게 된 경위는 무엇인가?

BM: 학업 중에 여러 건축 사무소에서 일할 기회가 있었다. 그 때 디자인이 어떻게 결정되는지 볼 수 있었는데, 이는 나에게는 충격적인 경험이었다. 그리고 그때 나는 훗날 내 사무실을 직접 차릴 수 밖에 없겠다는 생각을 했다.

SN: 나는 나의 사무실을 원한 것은 아니었지만, 학업이 끝난 후 자연스럽게 첫 프로젝트를 맡게 되어 그 후로부터 사무실이 발전했다.

JT: 나는 항상 나의 사무실을 갖고 나만의 작품을 하고 싶었다. 하지만 사무실을 운영하는 데에 갈 길을 찾아 나아가면서 비용은 낮추는 것이 가장 힘들다.

건축가는 매우 바쁜 직업이라고 다들 알고 있는데, 어떻게 결혼생활을 유지할 수 있나? 가정을 잘 꾸려나가는 자신만의 특별한 방법이 있나?

BM: 문화나 건축이 공동 관심사가 되어야지, 그렇지 않으면 서로를 위한 시간이 충분하지 않다.

SN+JT: 우리는 같이 살고 같이 작업하기 때문에 대부분의 시간을 함께 보낸다. 이렇게 항상 함께하는 것이 우리의 작업을 보다 더 풍요롭게 해주어서 우리는 지금 이 상황이 너무 좋다.

스트레스를 많이 받는 편인가? 그렇다면, 그 스트레스는 무엇으로 푸나?

우리는 일을 즐기면서 하기 때문에 보통 때에는 스트레스를 받는 편이 아니다. 하지만 마감이 있을 때면 스트레스를 많이 받는다. 춤을 추거나 배를 타거나 암벽타기가 스트레스 해소에 도움을 많이 준다. 춤추는 발에, 바람에, 그리고 암벽에 집중을 하다 보면 건축이나 다른 문제들에 대해 생각할 겨를이 없기 때문이다.

건축 공부를 하면서 영감 받은 건축이나 건축가가 있나?

BM: 나는 주로 피해갈 수 없는 상황들로 시스템을 만들어내는 투명하고 군더더기 없는 구조들을 좋아했었다. 하지만 요즘은 완전히 반대다.

SN: 리나 보 바르디(Lina Bo Bardi)의 작품을 알게 되지 못했더라면 나는 아마 건축을 포기했을 것이다. 그녀의 작품이 나를 다시금 건축으로 뛰어들게 해주었다.

JT: 1:1 스케일의 프로젝트들이 좋아 처음에는 산업디자인을 전공했었다. 그후에 건축을 공부하게 되었고 나는 항상 건축 전공 아티스트 알렌 웩슬러(Allan Wexler)의 작품들에 감동을 받았다. 뉴욕에서 1년 공부할 때 알렌 웩슬러와 비토 아콘치 밑에서 일한 적이 있는데, 그 때 그 시간들이 기억에 남는다.

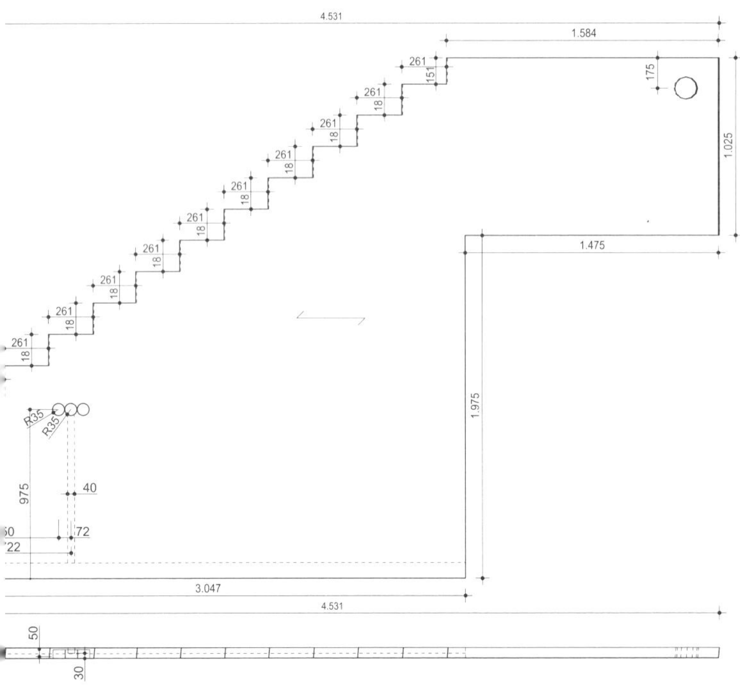

What made you decide to start your own office? What was the biggest challenge during the start up?

BM: During my studying- period, I took some jobs in architecture offices and got shocked about the experience how design decisions took part, so there was no other option than to work in my own office in future.

SN: I did not want my own office but right after I finished me studies we got our first project and from there everything evolved.

JT: I always knew that I wanted to run my own office and do my own work. I think the biggest challenge is to keep going – find you way by walking - and keep your costs low.

Architects are one of the busiest occupations; how do you maintain your married or dating life? Any methods on keeping them well?

BM: There must be some common interest in culture/in architecture, otherwise there is not enough time left for the partnership.

SN+JT: We live and work together. So we spend most of our time together, what we enjoy a lot. It is very enriching for our work.

Does your work stress you a lot? If so, how do you relleve It?

Normally our work does not stress us a lot because we love it, but if there are deadlines it could be really stressing a lot. To relieve dancing, sailing or bouldering helps quite a lot. If you have to concentrate on your feet, on the wind and on the rock there is no more space to think about architecture or any other problem.

Any architect or architecture that inspired you during your studies? Any episodes related to them?

BM: I was interested in clear, rarely bare constructions with a system of units that forces you to deal with, now it is just the other way round.

SN: Discovering Lina BoBardi`s work helped me to jump into architecture again and to finish my studies. Otherwise I probably would have quit doing architecture.

JT: I first studied industrial design as I was interested in doing one to one projects. After I finished I continued studying architecture. I was always inspired by Allan Wexler`s work who is an artist with an architecture background. While I studying architecture in New York for one year I worked for Allan Wexler and Vito Acconci which was an inspiring time.

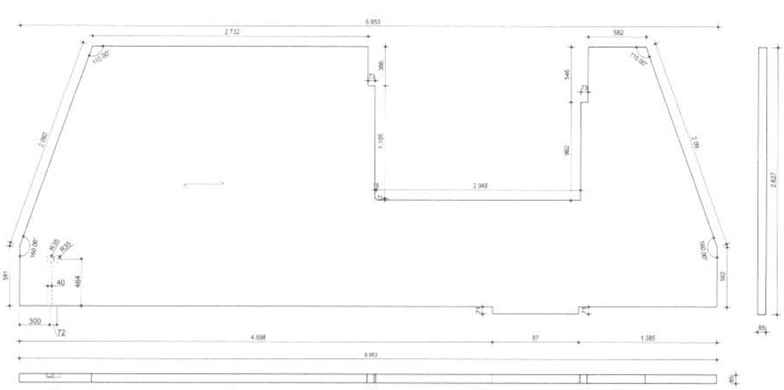

1. Sokollu Mehmet Pasha Mosque
2. Certosa San Lorenzo di Galluzzo
3. Mariendom Neviges

제일 좋아하는 공간이 있나?

BM: 이스탄불에 있는 소콜루 메흐메트 파샤 모스크

SN: 네비게스 성모 성당

JT: Certosa San Lorenzo di Galluzzo

자신만의 특별한 건축 언어가 있나?

프로젝트와 그 요건에 따라 건축 언어들을 만들어내는데, 항상 다르기를 바라며 작업한다.

자기 프로젝트 중 가장 인상 깊었던 것은 무엇인가?

BM: 나는 예산이 매우 적은 프로젝트를 작업하는 것을 좋아한다. 생각지 못한 경우들을 생각하도록 만들기 때문이다.

SN: 나는 모든 프로젝트를 내가 가장 좋아하는 프로젝트로 만들려고 한다.

JT: JustK라는 프로젝트가 가장 좋다. 실제로 지어진 나의 첫 프로젝트이기 때문이다. 나는 현재 상황에 대한 의문과 질문을 가지고 새로운 아이디어들과 다양한 해결책들을 발전시킬 수 있는 프로젝트들을 좋아한다.

작업을 하면서 재미있었던 에피소드가 있었다면 무엇인가?

있지만 비밀이다. 건축가와 클라이언트 사이의 관계는 의사와 환자의 관계와 비슷하기도 하다. 그래서 우리 둘 사이에 일어나는 에피소드들은 프로젝트가 끝나면 그대로 담아두는 편이다. 그 중에 사람들이 방문 할 때마다 아직 완성되지 않은 것 같다고 생각하는 한 프로젝트가 있기는 있다.

프로젝트는 어떻게 수주 하나?

BM: 아직 실험 중이다.

JT: 우리는 공모전 참여를 거의 하지 않는다. 만약 수주를 딸 수 있는 완벽한 방법이 있다면 참여할지도 모르겠다.

특별한 클라이언트가 있나?

대부분 모두가 기억에 남는다. 몇몇은 나쁜 기억이지만 대부분은 매우 좋은 기억들이다. 같이 작업하면서 즐거운 시간을 함께한 사람들이 대부분이다.

당신이나 당신 사무실의 직원들은 야근을 많이 하나?

BM: 쉽게 대답할 수가 없다. 나에게는 일반적이 시간이나 "야근"이나 차이가 없다.

건축주와 어떻게 소통하는 편인가? 특별한 노하우가 있나?

도면, 스케치, 모형, 그리고 말을 통해 소통한다.

동료들과 작업 중에 의견이 안 맞을 경우, 이 갈등을 어떻게 해결하나?

우리는 꽤 오랫동안 논쟁을 펼친다. 각자의 주장을 듣고 해야 하는 일과 컨셉에 대해 서로 이야기한다. 해결책을 찾는데 주로 몇 번의 논쟁이나 꽤 오랜 시간이 소비된다. 혼자서 결정하는 일은 가끔 있다. 우리가 서로 협력하고 더해질 때 우리의 장점들과 프로젝트가 더 빛을 발한다는 것을 안다.

Where or what is your favorite space?

BM: Sokollu Mehmet Pasha Mosque in Istanbul

SN: Mariendom Neviges

JT: Certosa San Lorenzo di Galluzzo

Any unique architectural language of your own? How is it reflected on the projects?

The language is developed out of the project and its requirements, and we hope it is never the same.

What is your favorite project that you worked on? Any reason?

BM: I like to work on projects with very small budgets because they force you to think about unusual solutions.

SN: I try to make every project my favorite project

JT: JustK as it was my first build project. It merges so many ideas. It is conceptually playful, ingenious and a bit irrational at the same time. I like projects were we have the opportunity to question the status quo and develop new ideas and different solutions

Any project with many episodes? What were they?

Yes, but they are secret. The relationship between architect and client is sometimes similar to that of a doctor and therefore we wrap these episodes in silence.
But there is one project visitors often think it is just not finished.

How do you win projects? Any special methods on increasing the chances of winning?

BM: We are still experimenting.

JT: We rarely take part in competitions. Perhaps we would if we had a dead sure method.

Any memorable clients? What happened?

Most of them are memorable – some in a bad and most of them in a very good way. With most of our clients we shared an inspiring time while working together.

Do you or your employees work overtime a lot?

BM: It is not easy to answer. For me there is no difference between time and "overtime"

How do you communicate with your employees? Any special methods?

We communicate with drawings, sketches, models and words.

If you have some conflicts of opinion among co-workers, how do you deal with conflicts of opinion?

We are arguing for quite a while. We exchange arguments and talk about the task and the appropriate concept. Sometimes it takes several attempts other a period of time to find a solution. There are very few cases someone to decide on his or her own. We know our different strong points and projects become better if we cooperate and add up.

Project: JustK

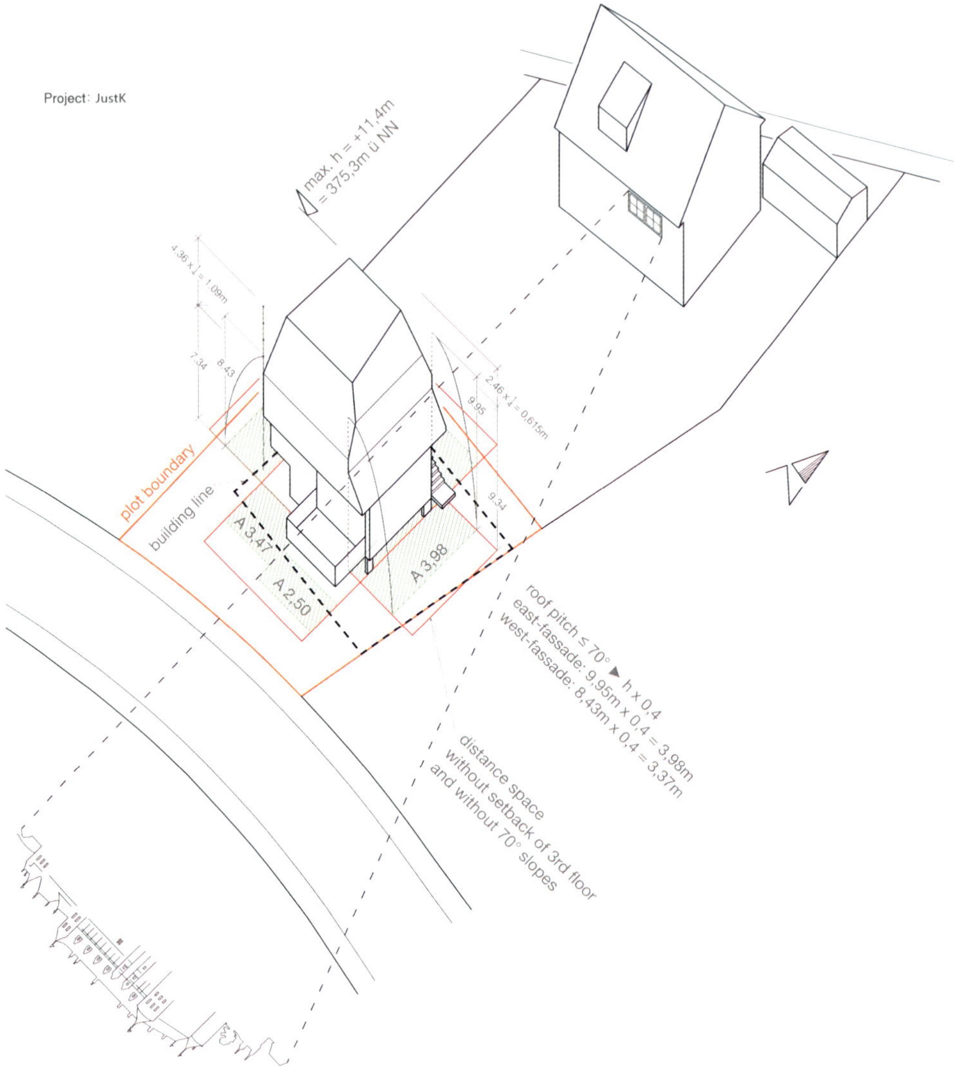

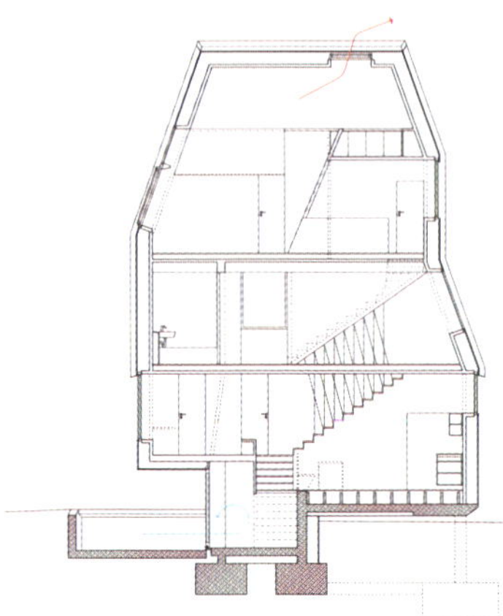

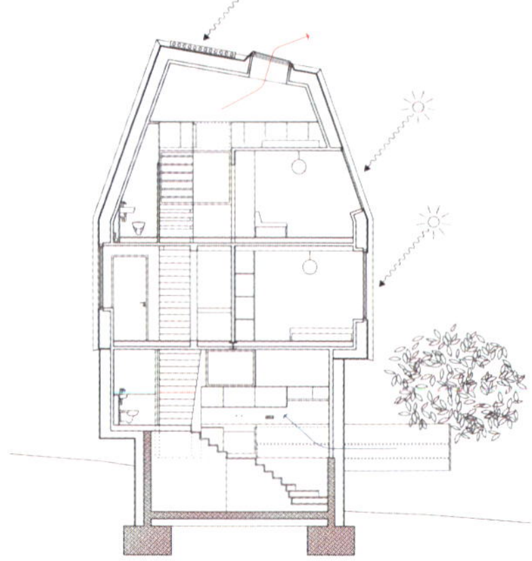

인테리어와 도시, 조경, 그리고 건축에 대한 생각을 알려달라.

BM: 그들 사이에는 경계가 없다. 차이가 있다면 우리의 클라이언트는 주로 건축에 대해서만 지불한다. 나머지는 좋은 프로젝트를 얻기 위해 우리가 무상으로 하는 편이다.

JT: 이 모든 분야는 하나로 어우러진다.

미래의 건축의 변화에 대한 생각을 말해달라.

BM: 기술적인 규칙이 점점 더 생겨나 건축이 더 좋아질 것 같지는 않다.

SN: 무상에너지는 모든 것을 바꿀 것이다.

JT: 놀랄 준비가 되어있다. 어쩌면 자라나는 건축이 생기고 건축가들은 정원사가 되어 있을지도 모른다.

건축가를 꿈꾸는 학생에게 해주고 싶은 말을 무엇인가?

BM: 디자인한 프로젝트가 실제로 지어지는 것을 보는 것은 좋지만, 그것을 통해 돈을 벌기란 쉽지 않은 일이다.

SN: 온 마음을 다해 하거나 아예 딴 일을 해라.

Is there a boundary between interior, urban, landscape, and architecture?

BM: No, but the difference is that our clients in general only pay for architecture, the rest we often do for free to get a good project.

JT: No – all these fields merge into one another.

Any prospects on the changes in architecture in the future?

BM: It is not getting better with more and more technical rules.

SN: Free energy will change everything

JT: We will let ourselves be surprised. Maybe there will be growing architecture and the architect will be a gardener.

Words of wisdom for those wishing to become architects.

BM: It is nice to see designed projects getting real, but it is not easy to earn money with.

SN: Do it with your heart or do something else.

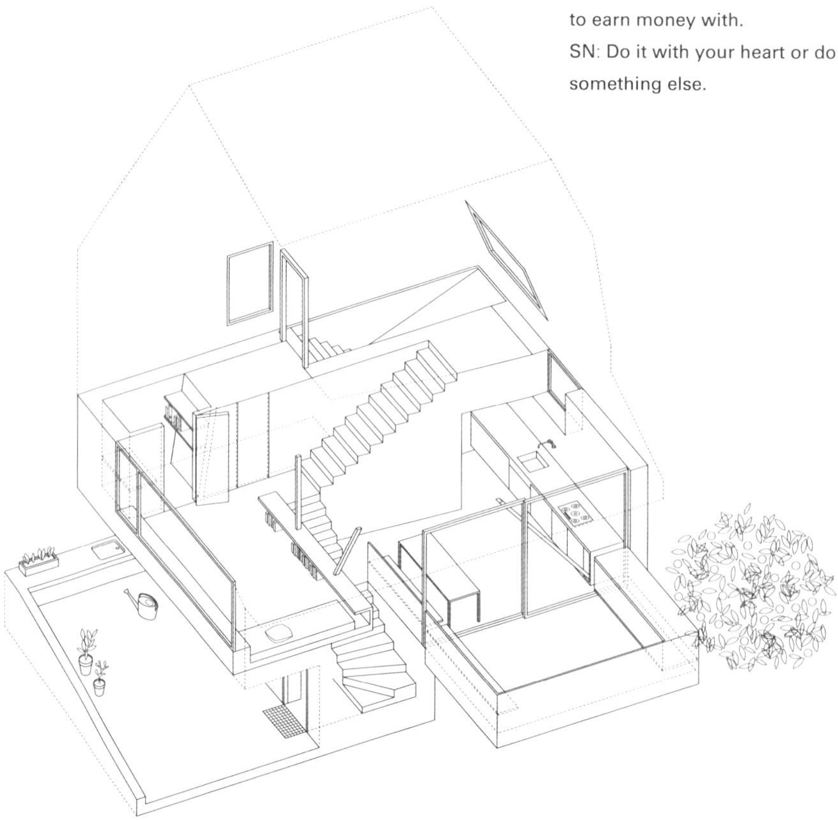

건축이란, 공간을 작업하는 것이다.
건축가는 사람들의 필요를 위한 해결책을 찾아 공간을 다른 방법으로 사용할 수 있도록 새로운 제안을 제시해야 한다.

Architecture is "Working on space".
Architect is "Finding solutions for the needs of people.", and "Making new proposals, in a different way of using space."

Who is

Luca Galofaro

www.ianplus.it

나는 흔한 상인 집안에서 자랐고, 가족 중에 건축가는 없었다. 그래서 나는 대학교 때 처음 건축을 접했다. 하지만 나는 내가 살던 곳에 있던 두 채의 건물을 아직도 정확하게 기억하고 있다. 5-6살 때쯤이었나, 부모님께 학교를 갈 때 항상 이 두 건물을 지나치고 가달라고 했었다. 하나는 파이프 집, 그리고 다른 하나는 빨간 물고기 건물이라고 불렀었다. 이 빨간 물고기 건물은 Mario Ridolfi가 설계한 우체국이었다. 1923-1933에 지어진 이 건물은 내가 봤을 때 이태리 합리주의 건축을 잘 보여주는 명작 중 하나라고 생각한다. 앞 마당을 볼 수 있는 거대한 창문 앞에 연못이 있었는데, 어머니께서 우체국 일을 보시는 동안 그 곳에 앉아있곤 했다. 나는 마치 건물 속이 아닌 공원에 있는 것 같았다. 그리고 파이프 건물은 Paolo Portoghesi가 1966년에 지은 건물이었다. 다채로운 타일들로 만들어진 이 건물은 다양한 크기의 쇠 파이프로 발코니를 만들었다. 어린 아이에게 이 건물은 이상한 집이었다. 이 건물들 때문에 내가 건축가가 된 것은 아니겠지만, 결국 나는 어려서부터 사람들을 위해 지어진 집에 끌렸다고 생각하고 싶다.

I grew up in a common retailer family, no one was an architect, so my architectural training become at the university. But I remember very well two buildings in the area I used to live and still do. So when I was a child, between 5 and 6 years old, I used to ask my parents taking me to school to pass by this 2 buildings. I used to call them the pipe's house and the building with red fishes. The red fishes building is the post office made by Mario Ridolfionmy opinion one of the masterpiece of the rationalist Italian architecture made in 1932-1933 inside a basin in front a big glass window where you could look at the front square, it was nice to sit on the basin, while my mother was queuing at the post office, I felt like I was in a park and not inside a building and the window of this place made of white travertine werered. The other building the pipe's house is a Paolo Portoghesi building made in 1966 a building made colorful tiles, the balcony are made of metal pipes with variable section....for a child a weird house. Maybe that is not the reason why I become an architect but I like to think that since I was a child I was attracted by buildings made with space to housepeople. It seems strange, after 40 years I realized a school where windows are red and a small covered with variablesize pipes. Memory can make weird jokes.

나는 건축을 시작한 데에 특정한 이유가 있었기 보다는 느낌이었다. 공부를 하는 동시에 오랜 시간 동안 무언가를 그린다는 느낌이랄까? 대부분의 내 친구들은 법대나 의대 쪽으로 갔지만 나는 다른 것을 하고 싶었다. 그리고 무엇보다 괜찮은 여학생들이 건축과로 간 것도 내가 건축을 하는 데에 한 몫 한 것 같다.(웃음)

It was not a real reason it was more like a feeling, the idea of studying but in the same time spend long time on drawing, at the beginning it was more a reaction towards my schoolmates most of them going to the law or medicine faculty. I wanted something different and the nicest girls where going to the architectural faculty.

건축가는 매우 바쁜 직업이라고 다들 알고 있는데, 가정을 잘 꾸려나가는 자신만의 특별한 방법이 있나?

요즘 매우 힘든 시기인 것은 사실이다. 특히나 **이태리에서 건축은 돈을 잘 버는 직업이 아니지만, 나는 열정을 가지고 계속 나아가고 있다. 물론 돈을 덜 버는 만큼 내가 정말 하고 싶은 것을 할 수 있어 난 내가 운이 매우 좋은 사람이라고 생각한다.**

작업을 하면서 스트레스를 많이 받는 편인가? 그렇다면, 스트레스는 무엇으로 푸나?

물론 스트레스를 매우 많이 받는 직업이다. 특히 클라이언트가 투자한 건물과 연관되어서는 책임지고 결정을 빨리 내릴 수 있어야 한다. 그리고 일이 잠잠할 때도 있고 너무 바빠서 긴장하고 여유시간을 두는 것이 불가능해질 때도 있다. 이로 인해 나의 딸이나 건축 쪽 일을 이해하지 못하는 사람들과의 관계에 문제가 생길 수도 있다.

제일 좋아하는 공간이 있나?

내가 가장 좋아하지만 동시에 싫어하는 건물 중 하나는 로마에 있는 한 교회 건물이다. 디오클레티아누스욕장 안에 있는 미켈란젤로의 산타 마리아 아델리 안젤리 교회인데, 이를 통해 미켈란젤로는 기존 로마 건축물을 변형시켜 성스러운 공간으로 만드는 것을 성공시켰다. 그리고 이 건축은 몇 년이란 시간에 걸쳐 짓는 로마 건축을 잘 보여준다고 생각한다.

자신만의 특별한 건축 언어가 있나?

특별한 언어에 대해 이야기를 해야 한다고 생각하지 않는다. 건축은 시장 수요에 따라 좋은 건물을 만들어내는 것이 중요하다. 하지만 동시에 현실을 재해석 하기 좋은 도구가 되어야 한다. **건축은 미래를 예측할 뿐만 아니라 실제 현실 속에서 그 상황에 맞게 만들어져야 한다.** 이것을 이루기 위해서는 새로운 이론상, 언어상의 문화적 접근법이 필요하다.

Architects are one of the busiest occupations; how do you maintain your married or dating life? Any methods on keeping them well?

This are very difficult years and in Italy architecture is not a very well paid profession, but with passion I carry on. **Of course the fact of not earning much money has a compensation on doing what you reallylike, so I consider myself very lucky.**

Does your work stress you a lot? If so, how do you relieveit?

Of course this is a very stressful job, especially the responsibility linked on building, being able to take decision very quickly, where clients have to invest a large sum. There are quiet time and other where work is a huge and you become nervous and impossible. This can be a problem on the relationship with my daughters or with people who are not architect that sometime do not understand.

Where or what is your favorite space?

One of the building I love mostly is a church in Rome. But in the same time is not.

I can explain: is Santa Maria degli angeli church made by Michelangelo, build inside the roman bath of Dioclezian. A synthesis of how Rome is build during the course of the years. Michelangelo has succeeded on maintaining the roman architecture transforming it in a sacred space.

Any unique architectural language of your own? How is it reflected on the projects?

I'm not convinced that we have to talk about an unique language.

It's important that an architectural project comply with the market's demand and become a good building, but it'sequally important to make sure that the project continues to be a thinking tool to interpret reality. **Architecture should not only anticipate the future, but should create its conditions giving shape to the actual reality** ; in order to accomplish it we need a cultural attitude that claims new theoretical and linguistic formulations, not reduced to the current condition of constant antagonism between different positions, where we continue to reproduce reality or we keep advocating a Radical or Avant-garde architecture because it uses particulartools and can produce in a continuous stream always new Utopias.

Santa Maria degli angeli church

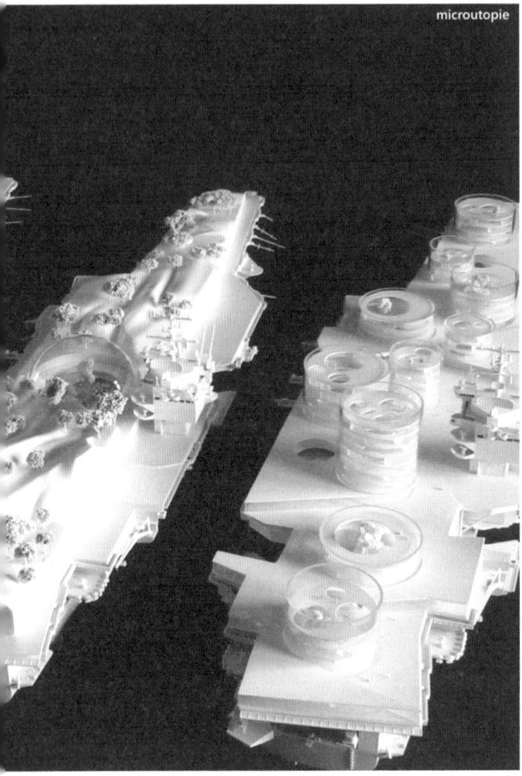

자기 프로젝트 중 가장 인상 깊었던 것은 무엇인가?

IAN+ studio에서 작업하는 프로젝트는 두 가지가 있다. 그것은 공모전 같은 이론적인 프로젝트, 그리고 실제로 공사가 이루어지는 프로젝트이다. 마이크로 유티피아를 선호하는 나이지만, 모든 프로젝트에 애착을 가지고 있다. 개념적으로 보여주는 것들은 우리 사무실에서 건축을 다루는 방법을 표현하는 것이라고 생각한다.

이 프로젝트는 두 가지의 주요 컨셉을 가지고 있다. 건축의 재활용, 그리고 군비를 재활용 하여 새로운 랜드스케입을 만드는 것.

4개의 항공모함은 우리의 아이디어인 새로운 기술을 표현한다. (이 새로운 생태계를 이루는 기본적인 개념들은 이러하다: 변화의 개념, 관계의 개념-과정-연관 시스템, 그리고 시간적 진화의 개념. 이 "새로운 생태계" 개념 속에서 건축은 주요 역할로서 기획 과정을 맡았다. 지역을 변화시키고 급진적인 도시 재생 계획에 큰 영향을 미치고, 프로젝트의 변수 같은 것들을 사용해 거주 공간, 자연, 그리고 도시 조직을 연결시키기 위해 힘쓴다.)

마이크로 유토피아에서 군수장비들은 사람들을 위한 구조를 위해 사용된다: 문화-아트스케입, 예능, 스포츠스케입, 주거, 하우스스케입, 그리고 랜드스케입. 현실 속에서 알려진 제한들을 극대화 시키며 모든 물리적 경계를 허무는 프로젝트다.

하지만 언제나 가장 좋은 프로젝트는 끝내야만 하는 프로젝트이며, 또한 바로 그 다음 프로젝트다.

특별한 클라이언트가 있나?

최근에 정말 돈이 많지만 매우 오만한 클라이언트와 일한 적이 있었다. 그와 대화 하는 것이 매우 힘들었고, 공간에 대해 생각하는 것이 얼마나 힘들 일인지 이해해주지 않았다. 항상 잘못된 선택을 했고, 그에게 품질은 그가 쓸 수 있는 돈과 연결되어 있었다. 나는 계속 가장 좋은 해결책을 찾으려고 했고, 그에게 가격이 높은 것이 낮은 것보다 항상 더 좋지는 않다라는 것을 설명하려고 했다. 매우 큰 논쟁이 있었지만, 결국에 그는 우리가 디자인한 그의 집에 매우 만족해했다. **하지만 나는 그를 다시는 만나지 않기를 바라고 있다.**

What is your favorite project that you worked on? Anyreason?

There are 2 kind of projects that we elaborate inside the IAN+ studio, theoretical projects, that become models during contests or when we are building. I'm attached to every project, evenif micro utopiasis the one I prefer, for what It conceptually represent I consider it the diagram of our way of doing architecture. The project is suing around two main concepts: recycling architecture and recycling armaments to produce new moving landscapes.

The four aircraft carriers represent the synthesis of our idea of new technology. (The basically structuring concepts of this new ecology are: the concept of transformation, of relationship - as a process-correlated system - and of temporal evolution.

In our concept of "new ecology", architecture plays a leading role, because of its integral part of the planning process, which transforms the territory, giving a strong contribution to a radical urban planning renewal, including new concepts, such as project variables, which aim to link human settlement, nature and urban texture.)

In Microutopies, the war machines become fleets to host human itarian interventions: Culture-artscape; entertainment: Sportscape; housing, Housescape and, finally, Landscape. It is a project which erase every physical boundary, by moving reality limit beyond the very concept of global.

The best project is always the one that has to be done, the next one.

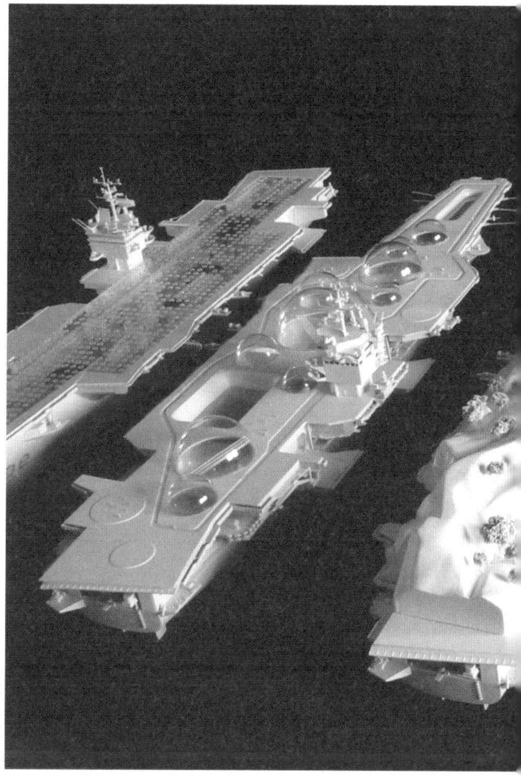

Anymemorable clients? Whathappened?

Recently we had a very wealthy client, but also very arrogant, it was so difficult to talk to him, he didn't understand that thinking about the space is a difficult thing, he was always taking wrong decisions, for him quality was linked to money he could spend.

Here I was always trying to find the best solutions, it doesn't mean that a costly thing is always better that something costingless. We had a very bad argument.

At the end he was very much satisfied of the work we have done in his house, nevertheless I hope not to meet him again.

Centro Anziani Falcognana

사무실 이름엔 어떤 의미가 있나?

IAN+는 International architectural network의 약자와 + 사인을 더한 것이다. 팀으로 일하는 것을 좋아하고, 다른 분야도 연구하면서 지식을 쌓는 것을 좋아하고, 우리의 생각을 확대하며 작업한다는 것을 뜻한다.

당신이나 당신 사무실의 직원들은 야근을 많이 하나?

물론이다. 항상 정확한 스케줄에 맞춰 일하는 것은 불가능하다. 건축가라는 것은 또 다른 시간 개념을 가지고 일한다는 것과도 같다.

클라이언트와 어떻게 소통하는 편인가?
특별한 노하우가 있나?

다른 사람들에게 아이디어를 전달시키기에 가장 좋은 방법은 그림을 그리는 것이다. 만약 그리는 것이 어렵다면 콜라주를 만들거나 아이디어를 표현해주는 이미지들을 모아 아이디어를 전달한다. 그리고선 프로젝트 작업을 시작할 때, 매일 직원들이 나에게 이미지를 보내주면, 그것들을 아이패드에 다운받아 그 위에 스케치도 하고, 코멘트도 달고, 부분 부분들을 더해 나의 아이디어로 새롭게 변화시키려고 한다. **프로젝트를 한다는 것은 건축가와 그의 팀 사이에 왔다 갔다 한다는 것이다.**

인테리어와 건축, 조경, 도시에 대한 생각을 말해달라.

외부와 내부 사이에는 항상 경계와 테두리(edge)가 존재한다. 그리고 이 테두리에서 건축이 형성되어야 한다. 이 테두리는 단순한 선이 아닌 깊이가 있는 것이고, 이 깊이 속에 우리의 건축이 있다. **지난 몇 년간 건축은 항상 밖에서부터 형성되었다. 나는 내부 공간에서부터 밖을 바라보는 건축을 다시 시작해야 한다고 생각한다.**

미래의 건축 변화에 대한 생각을 말해달라.

나는 사람들이 다른 약한 프로젝트들과 대비되는 하나의 아이콘을 만드는 것을 그만 뒀으면 좋겠다. 일반적으로 프로젝트를 "약하다"라고 표현하는 것을 시적으로 이해할 수 있는데, 건축이 사라져버리는 프로젝트에서는 아예 감지할 수 없는 것이다. 이런 경우에 나는 건축이 그의 사용에 따라 재해석 되고 변화될 수 있는 능력을 가지고 있게끔 만들어 아이코닉한 건물이 아닌, 감지할 수 없는 건물로 만든다. 도시 구조로부터 끊어진 건물이 아닌, 그 속에 포함되어 건축이 도시를 정의하고 도시 공간을 만드는 데에 도구가 되는 것이다. 건축가는 중심부와 외각지로 나누어 볼 것이 아니라 도시를 하나의 시스템으로 생각해야 한다. 하지만 반대로 도시를 만들기 위해서는 역사적인 중심부에 들어가 그 곳을 회복시키고, 외각 지역에서는 그 지역의 중심이 될만한 건물들에 들어가야 한다.

건축가가 아니었다면 어떤 일을 하고 있을 것 같은가?

내가 책을 좋아하기 때문에, 에디터가 되었어도 좋았을 것 같다. 글 쓰는 것을 좋아해 건축가가 된 지금도 글을 쓸 때가 있다. IaN+ studio와 함께 하는 건축 활동 외에 책도 쓰고 책에 대한 블로그도 만들었다(www.the-booklist.com). 이는 프로젝트에 대해 연구하며 이야기를 하고 건축적 아이디어들을 나누는 나의 또 다른 방법이다.

건축가를 꿈꾸는 학생에게 해주고 싶은 말은 무엇인가?

시작하기 전에 생각을 많이 하고, 많은 고통이 따르겠지만 놀라운 일을 위한 것이 틀림 없을 것이다. 그러니 내가 해줄 수 있는 최고의 조언은 열정을 가지고 이 분야에 뛰어들라는 것이다.

지난 몇 년간 건축은 항상 밖에서부터 형성되었다. 나는 내부 공간에서부터 밖을 바라보는 건축을 다시 시작해야 한다고 생각한다.

Architecture on the last few years has been lived always from outside, I believe it's important to live again a domestic architecture, an internal area in order to start looking again outside.

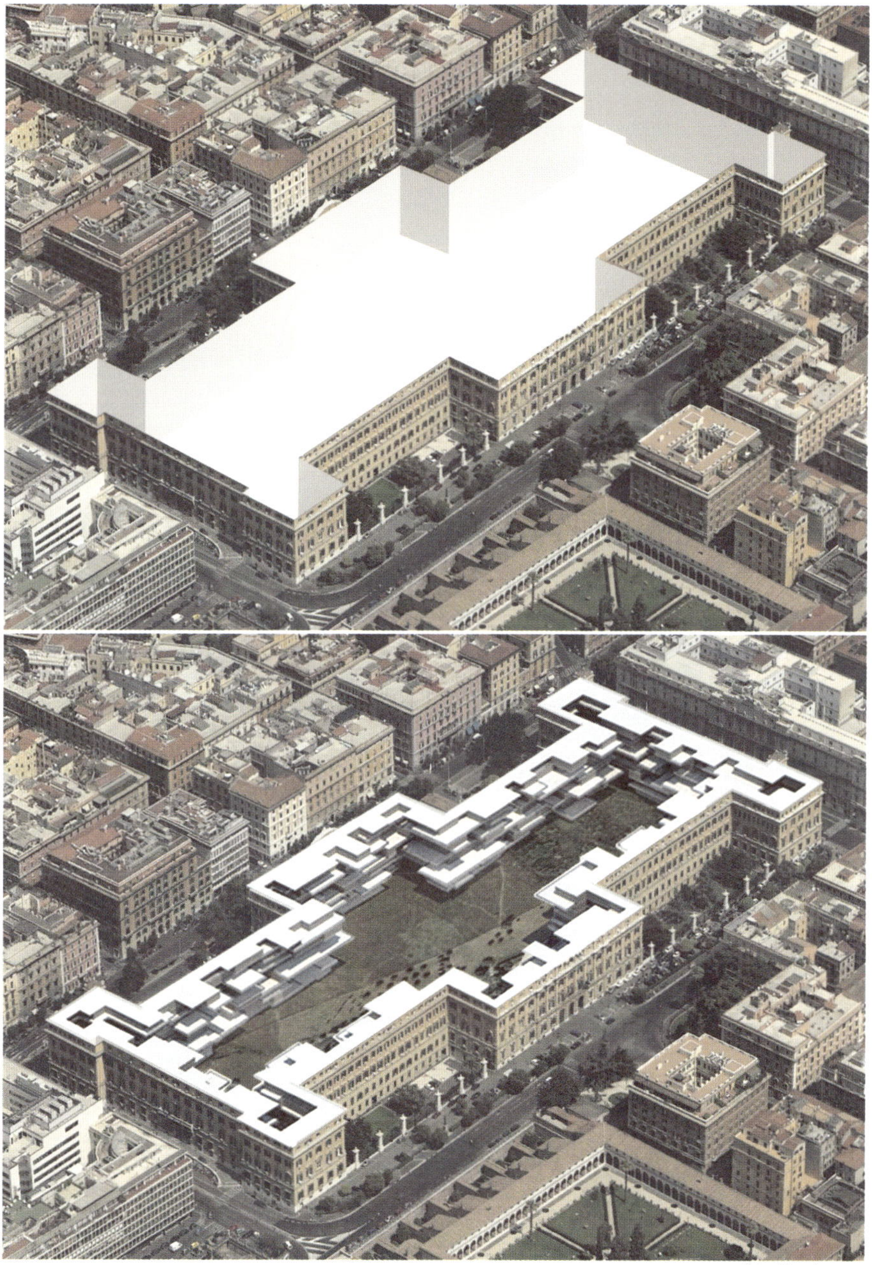

re living historic center

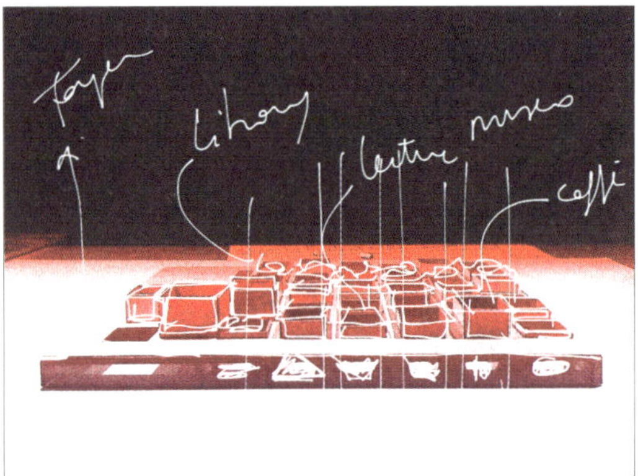

NMA Kabul Sketch

Any stories behind the name of your studio/office?

My studio is called IAN+International architectural network the symbol + means that we like to work in team, that we like to extend our research to other branch of knowledge, working on the net mean samplifying the meaning of our thought.

Do you or your employees work overtime a lot?

Of course, it is impossible to respect a schedule, been architects means working following another concept of time.

How do you communicate with your employees? Any special methods?

The best way to transfer to other their ideas is to draw with them, when it isn't possible I try to start working on the projects first, doing collage, or producing imagine that synthesize the idea to be developed.
Then we start the project work, everyday our coworker send me image that I download on my I pad and on this I draw, write comments, add pieces, so I try to transform their ideas as mine.
Projecting means going forward and backwards between the architect and his teamwork.

Is there a boundary between interior, urban, landscape, and architecture?

There is always a boundary between outside and inside, an edge and on this edge architecture must shape. In IAN+ projects the edge is the project area, the relations area. The edge is not a line, has a depth, and this depth is our architecture. Architecture on the last few years has been lived always from outside, I believe it's important to live again a domestic architecture, an internal area in order to start looking again outside.

Any prospects on the changes in architecture in the future?

I just hope that people will stop working on icon, and will contrast it with weakprojects. In the common meaning referring to a project as "weak" can be understood in a poetic way, as a project where architecture disappears, it is imperceptible. In this case, we intend it the ability of architecture to have a value to be interpreted and transformable by its use, and where buildings are implementable, not iconic. The building is not disconnected from the urban structure, but it is an integral part of it, architecture defines the city and turns into a tool for the production of urban space. We need to work with what we have, with the city conceived as whole system and not divided between center and periphery; on the contrary it is necessary to intervene in the historical center, as a place to restore in order to produce city; and in the suburbs as well through buildings that give back to the area a central condition.

Did you, or do you have anything else that you wanted to pursue other than architecture? If yes, why?

Yes I would have loved to be an editor, sa I already said I love books, and even love writing but I pratice it even as an architect. Parallel to my professional activity with IaN+ studio I write books and I've made a blog about books (www.the-booklist.com), another way of researching around a project telling stories and architectural ideas.
The best advice I can give is to do such profession with great passion!

Words of wisdom for those wishing to become architects.

Think a lot before starting, there is lots of suffering but be sure it's a marvelous work.

건축이 무엇인지 얘기하자면 내 평생이 걸릴 것이다.
같은 맥락에서 이러한 건축을 할 수 있는 건축가가 된다는 것은 항상 젊게 살 수 있는 방법과도 같다.

It's impossible to answer to "what is architecture?", it would take a life long.
The architect is a child or a way to remain always young.

Who is

casanova+hernandez architects

www.casanova-hernandez.com

우리는 둘 다 마드리드에서 태어나고 자랐다. 당시 스페인의 상황은 독재 국가에서 민주주의로 넘어가던 시기였고, 그로 인해 스페인은 현대화가 진행됨과 동시에 국제화가 급격히 일어났다. 1982년에는 스페인에서 월드컵이 주최되었고, 1985년에는 EU에 가입했으며, 1992년에는 Sevilla에서 국제 엑스포, 그리고 바르셀로나에서는 올림픽 게임이 주최되었다.
우리의 어린 시절은 낙천주의가 가득하고, 문화적 활동들이 활발했으며 미래에 대한 희망이 컸던 시절로 기억하고 있다. 그 낙천적인 시기는 우리가 생각하는 방법을 바꿨고, 음악 (Helena Casanova)이나 미술(Jesus Hernandez) 같은 다른 예술 분야에 대한 호기심을 자극했다. 어쩌면 그 호기심과 배움에 대한 갈망으로 인해 건축이 도시계획, 엔지니어링, 그리고 산업 디자인과 같은 다른 사무실들과 함께 하면 좋겠다는 생각을 갖게 한 것 같다.

We were both born in Madrid and grew up in this city during a very interesting period of the Spanish history marked by the political transition from a dictatorship into a democracy that promoted the quick modernization of the country and its internationalization. In 1982 the World Football Cup took place in Spain, in 1985 Spain became full member of the European Union and in 1992, the World Expo was celebrated in Sevilla and the Olympics Games in Barcelona. We remember our childhood as a period characterized by a climate of optimism, a strong cultural activity, and a huge believe in the future.
That optimistic period marked deeply our way of thinking and stimulated our curiosity about different artistic disciplines such as music (Helena Casanova) and art (Jesus Hernandez). Perhaps that curiosity and the need to learn provoked as well that we decided to combine the studies in Architecture with part-time collaborations in several offices of architecture, urbanism, engineering and industrial design, making at the same time breaks to study and work abroad in cities such as Milan, Turin, London, Berlin and Leuven in Belgium.

Jesus Hernandez(up) and Helena Casanova(down)

우리는 건축가가 되자고 결심한 데에 있어 특별한 계기나 롤 모델이 있지는 않았다. 그저 어렸을 때부터 예술과 건축에 강한 끌림을 받았다. 미술관과 기념적인 건축물이 많은 마드리드에 살면서 무의식적으로 영향을 받아 건축가가 되기 위해 필요한 예술 감각을 키웠을지도 모르겠다.

In our decision of becoming architects there was no special trigger or role model. We were both just attracted strongly by art and architecture since we were very young. On an unconscious level, living in a city as Madrid, full of art museums and monumental architecture, might have influenced us and might have helped us to develop an artistic sensitivity that has lead us to become architects.

취미가 무엇인가?

사무실 밖에 있을 때는 주로 건축이나 예술에 관한 책을 읽거나 글을 쓴다. 하지만 여유 시간이 있을 때에는 여행하는 것을 가장 좋아한다. 우리는 다양한 지역문화와 사람들을 만나고 경험하기 위해 사람들이 잘 가지 않는 곳들을 여행한다. 미얀마의 접근 금지 구역에 들어가 현지 주민들과 민가에서 차 한잔을 마신다거나 해발 5000미터가 넘는 에버레스트 베이스캠프에 가서 밤을 보내기도 한다. 또는 히브런이나 팔레스타인 난민 캠프같은 충돌 지역에 가기도 하고 지역 사람들과 함께 기독교인들과 무슬림들을 나누는 베이루트에 있는 "The Green Line"을 방문하기도 한다. 또 어떤 때에는 위대한 자연을 경험하고 싶어서 인도네시아 롬복 근처에 상어와 거대한 거북이가 있는 바다에서 다이빙을 하거나 요르단 와디 럼 사막에서 베두인족 텐트안에서 잠을 자기도 했다.

하지만 우리는 언제나 건축을 경험하는 것을 좋아한다. 인도차이나 어딘가에 있는 수도원이든, 이집트에 있는 피라미드든, 센젠에 있는 도시든 상관 없다. **우리는 모든 사람들의 주거 공간에 관심이 있고, 그 사람들이 살아가는 방법, 문화, 그리고 종교가 궁금하다.** 그리고 이러한 것들이 우리의 감각들을 깨우고, 우리에게 영감을 주며, 우리의 개인적인 삶에, 그리고 작품들에 묻어난다.

건축가는 매우 바쁜 직업이라고 다들 알고 있는데, 어떻게 결혼 생활을 유지할 수 있었나?

우리는 같이 살고 같이 일하기 때문에 어떠한 경우에서든지 연락이 끊기는 일은 없다. 어떤 사람들에게 일과 사적인 생활 모두 공유하는 것이 좀 지루하거나 갈등을 불러 일으킬 수도 있지만 우리는 정 반대다. 우리 둘 다 하는 일에 매우 집중하고 새로운 어려움들을 겪고 가능성을 실험하면서 계속 발전시키고 싶어한다. 우리가 서로를 잘 알고 있기 때문에 가능한 일이다. 많은 시간을 함께 보내며 우리는 우리가 하는 일을 즐긴다. 일을 함께 하면서 우리의 사생활 또한 풍부해진다.

What are your hobbies? What do you do during your free time?

When we are not at work, we are very often reading or writing about topics related to architecture or art. But the activity we like most when we have free time is traveling. As independent travelers we visit remote places to enter in contact with very different local cultures and people. Sometimes we travel to off-the-beaten-track areas, difficult to access such as some restricted areas in Myanmar where we have drunk tea with locals inside vernacular stilt houses or the Mount Everest Base Camp, at more than 5,000 meters, where we have spent the night and walked around. Other times we travel to conflicting areas such as the city of Hebron and the refugee camps in Palestine, or we visit together with locals "the Green Line" in Beirut that separates the Christian area and the Muslim one, entering in both neighborhoods. Many times we just want to experience amazing nature by diving among sharks and giant turtles near Lombok in Indonesia or by sleeping in very basic Bedouins' tents in the desert of Wadi Rum in Jordan. But always we love experiencing architecture, it doesn't matter if it is in a remote temple in the middle of a jungle in Indochina, in the pyramids in Egypt or in the urban villages in Shenzhen. **We are deeply interested in all kind of human habitats and in people's different ways of living, from very different cultures and religions.** This is something that wakes up our senses and inspires us both, on a personal level and in our work.

Architects are one of the busiest occupations; how do you maintain your married or dating life? Any methods on keeping them well?

As we are living and working together there is no risk for us of loosing contact with each other on a personal private level. For some people sharing constantly work and private life might turn into boredom or might create tensions within the personal relationship, but in our case just the opposite occurs. We are both very focused on our work and we want to improve it constantly by facing new challenges and by experimenting new solutions. This is just precisely possible because we know each other very well, we enjoy what we do and we spend a lot of time together. By sharing our professional life, our personal life is enriched.

두 분이 같이 사무실을 시작하게 된 경위는 무엇인가?

학생시절 우리는 같이 공모전에 참여했다. 학생 때부터 공모전에 참여하여 경험을 쌓아둔 것이 졸업 후 전문 공모전에서 성공적인 결과를 이뤄낼 수 있도록 도와주었다. 그리고 2001년도에 네덜란드에서 진행했던 유로판 6 젊은 건축가들의 국제 공모전에서 처음으로 1등을 했다. 이 공모전을 통해 처음으로 큰 스케일의 도시 계획과 건축 의뢰를 받았다. 그 후 바로 네덜란드 곳곳에 주거 프로젝트와 도시 연구 프로젝트들을 의뢰 받았다. 네덜란드 클라이언트들을 상대하기 위해 우리가 그 당시에 살고 있던 로테르담에 사무실을 설립했다. 로테르담은 건축적 영감이 풍부하고 획기적인 건축 사무실이 많이 있던 곳이었다.

우리에게 가장 힘들었던 점은 다른 나라에서, 우리가 익숙하지 않은 다른 문화권에서 다른 언어를 쓰며 일을 하는 것이었다. 하지만 적응기를 지난 후, 우리의 다른 배경이 문제들을 풀어나가고 새로운 방향을 제시하는 데에 다양한 관점으로 볼 수 있도록 해준다는 것을 알게 되었다. 이것은 네덜란드의 다른 사무실들과는 차별화된 우리 사무실만의 특징이 생긴 것이었고, 결국 개인뿐 아니라 시청 클라이언트들 또한 그 점을 높이 샀다.

스트레스를 많이 받는 편인가? 그렇다면 그 스트레스는 무엇으로 푸는가?

건축은 우리의 열정이기 때문에 일에서 스트레스 받는 것은 거의 없다. 그리고 일을 하면서 매일 다양한 것들을 하려고 한다. 디자인부터 현장 제어, 연구, 조사, 학생들 가르치기, 글쓰기, 등 여러 가지를 한다. 이러한 활동에 시간과 에너지를 쏟으면 일과의 균형을 잡아주어 스트레스르를 조절하는 데에 도움이 된다. 예를 들어 공모전 작업을 하면서 긴장 상태가 길어지면 학생들을 가르치면서 좀 완화할 수 있다. 그러다 또 학생들을 가르치면서 순간 순간 우리 자신들이 과부화될 때에는 책을 쓰면 안정이 된다. 또 책을 쓰는 것이 너무 힘들어질 때에는 공모전을 하거나 전시회 디자인을 하면 재미있어서 다시금 스트레스가 풀린다.

우리는 여러 전쟁터에서 활동하는데, 이 모든 것들이 서로 보완하면서 질을 높여준다. 이러한 상황은 우리가 스트레스를 조절하여 어떠한 전쟁도 버겁지 않도록 도와준다.

What made you decide to start your own office? What was the biggest challenge during the start up?

At the time we were still students we started working together on architectural competitions. During that period we got enough experience entering competitions to be able to be successful in professional ones after graduation. In 2001 we won the first prize in the international competition for young architects Europan 6 in the Netherlands. Through winning this competition we got our first large-scale urban planning and architecture commission. Immediately afterward we got other commissions for housing projects and urban studies also in the Netherlands. In order to assist our Dutch clients we decided to establish our office in Rotterdam, the city we were living in at that moment, a city that had an inspiring architecture climate and that was full of innovative architecture offices.

The main challenge for us was to start up our office in a foreign country, working in a different cultural context than our original one and using a foreign language. But after a first adaptation period to this new context, we realized that our different background was also useful to look at problems from a different perspective, proposing new solutions based on a different point of view, something that differentiated our office from other offices and which was appreciated by many Dutch private clients and city governments.

Does your work stress you a lot? If so, how do you relieve it?

Architecture is our passion and that is why for us stress hardly comes from our work. In our daily professional life we develop very different activities such as designing, controlling a building site, making research, teaching, writing, etc. The time and energy spent on those different activities create a balance in our daily agendas that is very helpful eventually to control stress. When for instance the tension gets higher while working on a competition, we can be relaxed by teaching; when teaching activities at peak moments provoke some work overload, then writing a book is a way to get relaxed; when writing a book becomes a too heavy activity, then making competitions or designing an exhibition is again fun and distressful.

We are active in very different battlefields that complement and enrich each other. This situation helps us controlling stress in a way that no battle becomes too heavy for us.

PSA Senses Cocktail Appeltern

Temple Mount Jerusalem Sketch

건축 공부를 하면서 영감 받은 건축이나 건축가가 있나?

마드리드 건축대학에서 우리는 당시 교수였던 알베르토 캄포 비에자, 에밀리오 투농 그리고 루이스 모레노 만시야를 포함해 여러 건축가들에게 영감을 받았다. 우리는 함께 추억을 공유하며 몇 명과 계속 연락을 하며 지낸다. 로테르담에 사무실을 차린 후 마드리드를 방문했을 때 기억나는 순간이 있다. 루이스 모레노 만시야를 만나 만시야+투농의 마드리드 문화 센터 프로젝트의 현장에 함께 갔었다. 우리는 건축과 그가 현장 사람들에게 매일 하는 지시들에 대한 이야기를 하며 현장을 돌아보았다. 그 순간은 소중한 배움의 시간이었다. 지적인 선택과 기술적인 해결책을 통해 건축적인 아이디어가 어떻게 현실이 되는지 볼 수 있었기 때문이다.

학생시절에는 OMA, MVRDV, Claus en Kann, Neutelings-Rijedijk, 그리고 West8 같은 네덜란드 건축, 도시계획 그리고 조경 건축 사무소들의 작품을 좋아했다. 시간을 되돌아 보니 우리가 이 사무실들과 함께 작업하면서 얼마나 많은 것들을 배웠는지 알 수 있다. 그리고 지금까지도 꽤 여러 사무실들과 깊고 좋은 관계를 유지하고 있다.

지난 시간 동안 이렇게 많은 사람들을 만나고, 이들을 통해 많은 영감을 얻은 것이 우리에겐 너무 소중하다. 우리가 건축을 보다 더 잘 이해할 수 있도록 도와주었기 때문이다.

제일 좋아하는 공간은 어디인가?

우리가 좋아하는 공간은 다감각의 경험만 할 수 있는 공간이 아니라, 깊은 문화적, 역사적, 그리고 종교적 의미도 있고, 강한 "장소성"도 있는 공간이다. 이러한 맥락에 합당한 장소들이 많겠지만, 그 중에 예루살렘에 있는 성전산이 세상에서 가장 특별한 곳 중 하나이지 않을까 생각한다. 성전산은 유대교, 기독교, 고대 로마의 종교, 그리고 이슬람에서 몇 천년 동안 성스러운 곳으로 사용되었고, 요즘 유대교에서는 가장 신성한 곳으로, 이슬람의 수니 무슬림에게는 세 번째로 신성한 곳으로 알려져 있다. 성전산 서쪽 산기슭에 있는 거대한 통곡의 벽과 산 위에 있는 바위의 돔의 어마어마한 모습은 위에서 바라보는 '끝없는' 빈터와 대비가 된다. 같은 곳과 연결되어 있지만 매우 다른 두 공간에서 각기 다른 경험을 할 수 있다. 하나를 방문할 때 다른 하나 또한 항상 그곳에 있다. 이곳이 우리가 가장 좋아하는 공간이다. 여러 개의 역사적, 문화적 고리들이 공간과 장소를 서로 엮고 있기 때문이다. 그리고 건축적인 요소들 또한 매우 강하다. 통곡의 벽과 그 위에 있는 바위의 돔은 다른 종교의 사람들이 와서 만지고 숭배하면서 건축 자체에 특별한 의미를 부여해준다.

Any architect or architecture that inspired you during your studies?
Any episodes related to them?

At the School of Architecture in Madrid we were inspired by many great architects who were teaching there such as Alberto Campo Baeza, Emilio Tunón and Luis Moreno Mansilla. We have kept the relation with many of them, sharing memorable moments. We remember specially one visit to Madrid, after we had already established our office in Rotterdam, in which we met Luis Moreno Mansilla at the construction site of one of the projects of Mansilla+Tuñón for a cultural center in Madrid. We walked with him throughout the construction site mixing conversations about Architecture and his daily instructions to the workers on the site. That moment became a precious lesson about how architectonic ideas could become reality showing complete coherence between intellectual decisions and technical solutions.

As students we were also inspired by the work of Dutch offices for architecture, urban planning and landscape architecture such as OMA, MVRDV, Claus en Kaan, Neutelings-Rijedijk and West 8. Looking back in time, it is interesting to see how much we learned from them directly by collaborating at some of their offices afterward. Nowadays we still keep a rich and inspiring relationship with many of them.

For us, it has been very important to meet all these inspiring people during our whole career and it have helped us to define better the way we understand architecture.

우리는 모든 사람들의 주거 공간에 관심이 있고, 그 사람들이 살아가는 방법, 문화, 그리고 종교가 궁금하다.

We are deeply interested in all kind of human habitats and in people's different ways of living, from very different cultures and religions.

당신만의 특별한 건축 언어는 무엇인가?

CHA는 단순히 질문에 대답해주는 건축가의 전통적인 역할에 질문을 던지고 새로운 디자인 해결책들과 도시 계획들을 만들어내는 에이전트로 위치를 바꿨다. 이것을 이루기 위해 C+H Think Tank를 만들어 도시와 사회 문제들을 분석하고 획기적인 디자인 해법이나 도시 계획을 제안하며 새로운 방침들을 시행하는 조언을 하도록 한다. Think Tank를 통해 발전된 모든 연구 활동들은 여러 프로젝트들이 같은 요소들을 사용할 수 있도록 해주고 다른 문화적 그리고 물리적 맥락에서 같은 추측으로 시작할 수 있도록 해준다.

예를 들면, C+H Think Tank가 개발한 Public Space Acupuncture 연구는 로잔, 로테르담, 상파울루나 선전에서 한 실험적 프로젝트를 이끌어냈다. 그리고 밀집한 고층 도시 개발에 대한 주제를 다루는 Idensity연구의 결론에도 도움이 되었고, 인도, 뉴욕, 그리고 로테르담에서 다양한 디자인 해법들이 테스트 되었었다. 사회적 지속가능성과 현대 주거 해결방안에 대한 연구는 Blaricum, Groningen, 그리고 Beekbergen에 지어진 주거 프로젝트를 통해 실험되었고, 공공공간과 공공건물 사이의 상호작용을 최대화 시키기 위해 도시 안에 대중활동을 재분배하는 연구인 Re-Public은 한국에 있는 대구 공립 도서관이나 경기도에 있는 전곡 선사 박물관을 통해, 그리고 중국 진저우에 있는 도자기 박물관과 모자이크 공원을 통해 실험되고 있다.

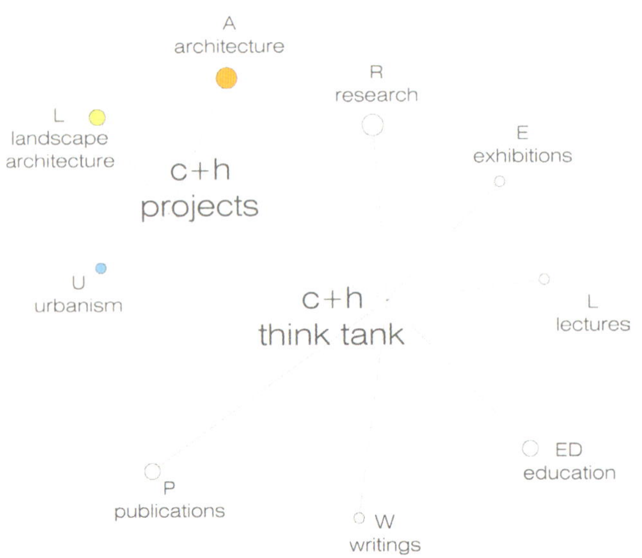

Where or what is your favorite space?

Our favorite spaces are those ones which not only allow us to enjoy a rich multisensory experience, but which have strong cultural, historical or religious meanings, being characterized by a strong "sense of place". There are many places which reflect this concept, but perhaps the Temple Mount in old Jerusalem is one of the most special ones in the world. The Temple Mount has been used as a religious site by Judaism, Christianity, the Roman religion, and Islam for thousands of years, and nowadays it is the holiest site for Judaism and the third holiest site for Islam for Sunni Muslims.

The impressive view of the massive Wailing Wall located at the foot of the western side of the Temple Mount with the Dome of the Rock on top of it contrasts with the panoramic view from the top platform made of an 'endless' open space marked by the Dome of the Rock in its center. They are two very different kind of spaces and experiences connected in the same place. While visiting one of them the other one is always present. Perhaps it is our favorite space because space and place are intertwined by many historical and cultural links. But also because they are made of strong architectural elements such as the Wailing Wall and the above platform of the Dome that people from different religions touch and venerate loading architecture with a very special meaning.

Any unique architectural language of your own?

Casanova+Hernandez has reversed the traditional role of the architect from simply answering questions under a personal architectural language to become an agent of change who formulates questions, which then generate new design solutions and urban strategies. To achieve this goal we have created C+H Think Tank, which works as an independent platform that analyzes urban and social problems and proposes innovative design solutions or new urban strategies and advice on the implementation of new policies. Every research activity developed through the Think Tank leads to series of projects that share common elements and apply a common research hypothesis upon specific different cultural and physical contexts.

For instance, the results of the on-going research Public Space Acupuncture developed by C+H Think Tank has lead to series of experimental projects in Lausanne, Rotterdam, Sao Paulo or Shenzhen, and the conclusions of the research Idensity which reflects on topics such as highrise dense urban developments and identity has been tested through different design solutions in India, New York and Rotterdam. The research about Social Sustainability and Contemporary Housing solutions has been experimented in several built housing projects in Blaricum, Groningen and Beekbergen and the research Re-Public focused on re-loading the public activity in our cities by maximizing the public interaction between public space and public buildings is being tested in several projects such as the Public Library in Daegu or the Jeongok Prehistory Museum in Gyeonggi, both in South Korea, and the Ceramic Museum and Mosaic Park in Jinzhou recently built in China.

Ginkgo

당신 프로젝트 중 가장 인상 깊었던 것은 무엇인가?

모든 프로젝트가 우리에게는 특별하지만, 가장 좋아하는 프로젝트는 'Ginkgo'가 아닌가 싶다. 네덜란드 아펠도른 근처에 있는 작은 마을에 가용 주택을 짓기 위해 주택공사에서 의뢰한 프로젝트였다.

이 프로젝트가 특별한 이유는 강한 예술성을 통해 다감각적인 건축적 경험을 할 수 있도록 하고, 그 경험을 통해 특정한 사회 문제들을 다뤘다. 여러 네덜란드 마을과 같이, 그 마을 또한 크고 비싼 다층 주택밖에 없어 젊은 사람들은 금전적 여유가 없고 움직임에 제한이 있는 노년 사람들에게는 적합하지가 않았다. 이 두 타깃 그룹들 모두 만족시키키기 위해서는 작은 주거 블록들을 만들어 젊은 사람들을 위해 집 가격을 내리고 노령자들을 위해서는 리프트를 설치하는 방법 밖에 없었다. 하지만 그 동시에 주변 주민들이 받아드릴 수 있도록 현재 마을 스케일에 맞게 물리적으로, 시각적으로 어울려야 한다.

Ginkgo 프로젝트는 주변 자연 환경과 어울릴 수 있도록 '인위적인 건축적 랜드스케입'을 예술과 기술을 통해 만들었다. 사이트 전체를 거대한 블록으로 채워 '식민지화' 시킨 것이 아니라 프로젝트를 공원과 통합시켜 두 개의 볼륨을 만들었다. 하나는 4층짜리 판매 주택과 하나는 저층 임대주택이었다. 두 볼륨 모두 공원과 시각적으로 조화를 이룰 수 있도록 하기 위해 공원 앞 파사드는 특별하게 디자인 하였다. 계절과 시간에 따라 다양한 효과와 반사, 그림자와 실루엣을 만들어 낼 수 있도록 빛에 반응하는 다양한 초록색과 노란색 Ginkgo Biloba 나뭇잎들을 프린트하였다. 파사드에 각 패널마다 다르게 하여 시각적 반복을 피하도록 하고 자연적인 모습으로 파사드 전체를 감싸도록 디자인 했다. 파사드는 가상의 자연이 되어 건물이 공원과 함께 어울리도록 하고 주변에 끼치는 시각적인 영향을 최소화 시켜 건물이 가볍고 비물질성인 이미지로 비춰지도록 하였다.

예술과 건축이 섞여 하나의 상징적인 건물이 된 이 프로젝트는 지역 주민들에게 인기가 많아졌고 급했던 사회적 요구를 충족시켜 주었다.

작업을 하면서 재미있었던 에피소드가 있었다면 무엇인가?

진저우 도자기 박물관과 모자이크 공원 프로젝트는 요즘 현대 건축에서 세계화의 뜻을 되돌아 볼 수 있는 프로젝트였다. 2013 중국 진저우 세계 조경 예술 박람회 건물과 조경을 디자인하는 건축가로 선정되었을 때 우리는 우리의 문화 배경과 연관 된 디자인을 선보여 달라는 부탁을 받았다. 이것은 우리에게 매우 어려웠다. 스페인에서 태어났지만 네덜란드에서 14년 넘게 살고 일해왔기 때문이었다.

하지만 한편으로는 우리가 국경을 넘어 유럽 문화를 대표한다고 생각했다. 그리고 그리스와 로마 문화에서 사용되었던 모자이크 전통을 사용해 유럽 문화를 표현했다. 다양한 건축가들이 한 팀이 되어 일을 하는 요즘 같은 글로벌 시대에, 건축의 정체성을 전통적인 방법으로 정의 할 수 없겠다고 생각하여 이 두 측면을 고려해 문화적 하이브리드를 생각했다. 즉, 지난 몇 백 년 동안 서양과 동양의 문화와 상업 교류를 통해 일어난 현상들을 가지고 실험해본 것이다. 지금은 잊혀졌지만, 전통적으로 생산됐던 유럽 모자이크와 금을 넣어 구운 중국 도자기를 프로젝트에 사용했다.

이 프로젝트는 외국 건축가들과 현지 건축가들이 함께 일하면서 일어나는 역설적인 상황들로 인해 에피소드들이 많았다. 이 프로젝트에서는 "Trecandis" 테크닉을 사용하게 된 과정이 재미있었다. "Trecandis" 테크닉이란 가우디 같은 근대주의 카탈로니아 건축가들이 사용한 방법으로 깨진 도자기 타일을 사용한 단순하고 저렴한 시공기술이다. 이 방법을 중국에서 사용할 수 있게 된 것은 현지 건축가들과 네덜란드 사무실에 있던 중국 건축가들의 도움이 컸다. 이러한 협동이 긍정적으로 작용했다는 것은 결과물을 통해 볼 수 있다. 모자이크 공원은 공공장소로서 성공적이었고, 시민들로 하여금 자신들의 전통에 대한 호기심을 갖도록 해주었으며, 지역의 창조적 산업과 젊은 예술가들의 작품들을 활성화할 수 있는 장을 열어주었다.

끝나지 않는 자신의 초상화를 그리는 예술가처럼, 매일 자신이 어떠한 사람인지를 조금씩 정의해가야 진정한 건축을 만들 수 있다.

Like an artist who paints a never finishing self-portrait, every day you must define a little bit more who you are in order to be capable of creating authentic architecture.

Ginkgo

What is your favorite project that you worked on? Any reason?

Every project we design is in certain way special for us, but perhaps our favorite project is 'Ginkgo' which was commissioned by a housing corporation to develop some affordable apartments in a small village near the city of Apeldoorn in the Netherlands. The reason why this project is special for us is because it provides on the one hand a multisensory architectural experience with a strong artistic value, and on the other hand because this special experience is used as a tool to address some specific social problems. The village, as it happens in many other Dutch villages, consists of large and expensive multi-storey single family houses, unaffordable for young people and not suitable for the increasing old population with mobility problems. The only solution for offering adequate houses for both target groups in these villages is to create compact housing blocks reducing the selling price of the houses for young people and creating accessible by lift flats for elderly. At the same time, those housing blocks have to be physically and visually integrated into the small urban scale of the village to be accepted by local inhabitants.

The project Ginkgo brought together art and technique to create an 'artificial architectural landscape' capable of establishing a dialogue with the green surroundings. Instead of 'colonizing' the complete site area with a massive block, we integrated the project into the park by creating two volumes, one compact 4 stories high block including the selling houses and one lower volume including some rental social row houses facing the Park. In order to integrate visually both volumes into the park, a glazed façade in front of the park was specially designed with a print of Ginkgo Biloba tree leaves of different green and yellow tones that react to the constant changing light of the sky creating very special effects, reflections, shadows and silhouettes, depending on the time of the day and the season of the year. Almost each printed panel of the façade is unique in order to avoid visual repetition creating a natural and organic continuous image of vegetation that wraps across the whole façade. The façade works as a virtual green façade that integrates the building into the greenery of the park and reduces its visual impact in the surroundings, thus giving to the building an iconic image of lightness and immateriality.

Art and architecture are mixed into a single iconic project which has become very popular among local inhabitants and has also given answer to an urgent social demand.

Any project with many episodes? What were they?

The Ceramic Museum and Mosaic Park in Jinzhou is a project which interesting process resumes what means globalization in contemporary architecture nowadays.
When we were selected to design a landscape and a building for the 2013 Jinzhou World Landscape Art Exposition in China we were asked to deliver a design related to our own cultural background. That was a very difficult requirement for us because we were born in Spain but we are living and working in the Netherlands for more than 14 years.
On the one hand we realized that we identify ourselves with the European culture, that goes beyond state's boundaries. For this project we symbolized the European culture by using the mosaic tradition which was extended in ancient times by the Greek and Roman civilizations throughout the whole continent.
On the other hand, thinking about identity, we realized that in our globalized world where international architects work in multicultural teams operating in different countries the traditional concept of architectural identity is very difficult to define. Taking into account both aspects, we experimented in the project with the concept of cultural hybridization, a phenomenon developed during many centuries of commercial and cultural exchange between West and East, by mixing in the project the European mosaics with the crackled glaze of the Chinese porcelain which was once produced in that area although this tradition has been nowadays forgotten.
The process of this kind of projects are full of episodes that illustrate similar paradoxical situations derived from the collaboration of foreign and local architects. In this specific project it was very interesting the process that lead to the implementation of the "Trecandis" technique, a simple and inexpensive construction technique made with broken ceramic tiles used by many modernist Catalan architects such as Gaudí, which was possible to realize in China thanks to an intensive collaboration with local architects and to the help of Chinese architects at our office in the Netherlands. The final result shows that this kind of collaboration brings many positive things, such as the public success of the Mosaic Park, the curiosity created among the citizens about their own traditions, and the opening of a platform to promote local creative industry and the work of young artists and designers.

Europan(Book)

Robert-Jan de Kort
Stedelijke symbiose met een open einde
41 appartementen, 42 rijtjeswoningen en 160 ondergrondse parkeerplaatsen in Groningen
Urban symbiosis with an open end
41 apartments, 42 terraced houses and 160 basement parking spaces in Groningen
Casanova+Hernandez architects

Scale & perception(Book)

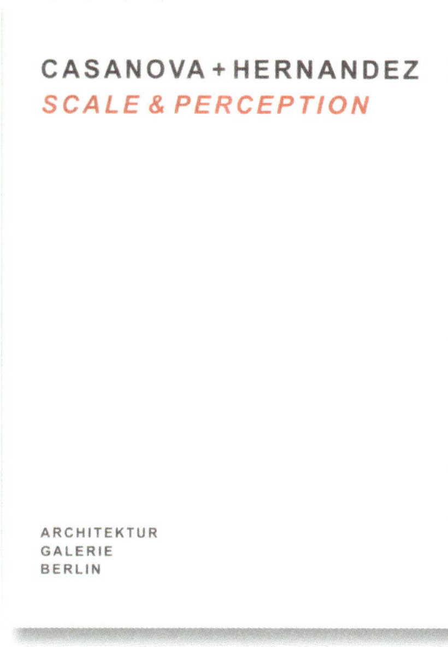

DeArchitect(Book)

프로젝트는 어떻게 수주하는가?

지정 공모전이나 의뢰를 통해 프로젝트를 받는 경우도 있고, 다른 방법으로는 우리의 Think Tank를 사용해 홍보하는 것이 있다. C+H Think Tank는 도시 및 사회 문제들을 분석하는 정부 및 사설기관으로부터 지원 받아 전문적인 연구 프로젝트를 개발하는 독립적인 플랫폼이다. 또한 강의, 토론, 전시회, 그리고 출판을 통해 전 세계적으로 논의하고 나눌 수 있도록 해주는 도구이기도 하다. 그리고 동시에 이러한 연구 지식을 시험해보고 싶은 클라이언트들을 끌어당긴다.

예를들면 2년 동안 진행된 Public Space Acupuncture라는 연구가 있는데, 도시 사회학자 Arnold Reijndorp이 개발하고 네덜란드 정부가 투자한 도시의 공공 생활을 재생하는 연구였다. C+H Think Tank가 관리한 이 연구는 선전, 이스탄불, 멕시코 시티, 그리고 베이루트 같은 도시에서 여러 강의와 토론을 하도록 했으며, 로테르담에 있는 Berlage Institute, Artesis University Antwerp, MAHKU, 선전 대학교, 그리고 레버니즈 아메리칸 대학교 같은 곳에서 티칭 스튜디오와 워크샵으로 진행되기도 했다. 이 연구를 통해 얻은 많은 결과물들은 상파울루와 선전, 로잔, 로테르담에 있는 CHA의 여러 공공공간 프로젝트에 사용되기도 했으며 연구와 실무를 통해 나온 결과물들은 여러 에세이와 전시회를 통해 전파됐고 Actar, Barcelona-New York 출판사를 통해 모노그래프로 출판 될 예정이다.

특별한 클라이언트가 있나?

가장 기억에 남는 클라이언트는 타이베이 Tittot 회사 임원이었다. Tittot은 전문적으로 유리 예술 작품을 만드는 대만 회사다. 대만 예술가들의 작품들과 그 회사의 막대한 작품 콜렉션을 전시하기 위한 박물관을 짓기 위해 지명 공모전이 구성됐고, 네 개의 팀이 제안서를 넣을 수 있도록 초청되었다. 이 공모전은 매우 색다른 경험이었다. 클라이언트는 공모전 내내 자신의 뛰어난 예술적인 감각을 보여주었고, 심사위원 중에는 작품 콜렉션에 참여하는 예술가도 있었기 때문이었다. 예술가들과 직접 대면할 수 있는 기회가 있어 모든 건축가들이 좋아했다. 대만 예술가인 Heinrich Wang은 우리의 Tittot Museum프로젝트에만 영감을 줬을 뿐만 아니라, 전체적인 작품에도 영향을 미쳤다. 그가 들려준 유리 성질에 대한 이야기들, 유리 안에 있는 방울들은 재료가 '숨쉬고'있는 것이라고 여기는 그의 생각, 그리고 대만 문화에서 유리와 그 색깔의 상징, 이 모든 것들이 도움이 되었다. 이 공모전은 다양한 분야와 문화가 함께 협동한 것을 보여주는 성공적인 사례다.

How do you win projects? Any special methods on increasing the chances of winning?

On the one hand we get commissions through traditional systems such as invited competitions and selection of architects, and on the other hand by promoting alternative ways via our Think Tank. C+H Think Tank is an independent platform linked to our office focused on developing professional research projects supported by governmental and private institutions that analyzes urban and social problems. C+H Think Tank is also an active vehicle for promoting discussion and sharing knowledge via lectures, debates, exhibitions and publications all over the world. At the same time this platform attracts other clients which are interested in testing this research knowledge in practice.

An example of this is the research called Public Space Acupuncture, a two-year research project that focuses on regenerating urban public life, which has been developed with the urban sociologist Arnold Reijndorp and has been financed by the Dutch government. Coordinated by C+H Think Tank, the research has led to a series of lectures and debates in cities such as Shenzhen, Istanbul, Mexico City and Beirut, and to teaching studios and workshops at institutions such as the Berlage Institute in Rotterdam, Artesis University Antwerp, MAHKU, Shenzhen University and the Lebanese American University. The knowledge acquired through this research has also fed back into many public space projects by Casanova+Hernandez in cities such as Sao Paulo, Shenzhen, Lausanne and Rotterdam. The results of both, research and practice, have been disseminated worldwide through essays in many specialist publications and exhibitions, and will be gathered into a monograph to be published by Actar, Barcelona-New York.

당신이나 당신 사무실의 직원들은 야근을 많이 하나?

2001년에 처음 시작했을 때 경험과 능력 부족으로 야근을 꽤 많이 해야 했다. 하지만 지금은 상황이 바뀌어 야근을 그다지 많이 하지 않는 편이다. 경험을 낳을 수록 능률을 더 높일 수 있었고, 생각을 더 하고 일하는 방법을 바꾸어 더 좋은 결과를 가지고 올 수 있다. 지난 12년동안 쌓은 지식을 통해 프로젝트마다 무엇에 집중해야 하는지 알 수 있고, 큰 긴장감 속에서도 효과적으로 작업할 수 있다.

직원들과 어떻게 소통하는 편인가?

우리 사무실에서는 서로 수평관계를 가지고 있어 어떠한 순간이든지 서로 직접적인 소통이 가능하다. 이러한 소통 방법은 우리에게 매우 중요하다. 처음에는 불가능해 보였던 획기적인 해결책들이 작업 과정을 열심히 거친 후에는 기술적으로, 그리고 경제적으로 가능할 수 있도록 해주기 때문이다.

미래의 건축의 변화에 대한 생각은?

오늘날 대부분의 건축은 더 나아서라기보다 다른 것과 달라서 인정을 받는다. 급격한 도시 성장 때문에 일어나는 사회적 어려움들로 인해 미래에는 건축과 도시 계획이 사람들의 삶과 함께 살아가는 것에 큰 영향을 끼칠 것이다. 그 상황을 부정할 수 없는 순간이 온다면 스타일이나 생김새에 대한 논의는 더이상 일어나지 않을 것이다. 건축은 그저 스마트한 것이 아닌 진정한 지능형으로 변할 것이다.

건축을 하고 싶어하는 학생들에게 조언을 한다면?

자신이 있는 그대로 사는 법을 배워라. 건축가로서 우리는 인상 깊은 다른 분야에서 얻은 지식뿐 아니라 위대한 건축을 직접 가서 얻는 경험을 통해서도 많은 영향을 받았다. 이러한 경험을 통해서 **나는 젊은 건축가들에게 다른 건축가들을 만나 그들에게 배우고, 최대한 많은 건축을 방문하는 것이 좋다고 얘기하곤 한다.** 그리고 또 다른 면에서 건축은 매일 매일 자신에 대해 새로운 것을 발견하는 긴 여정과도 같다. **끝나지 않는 자신의 초상화를 그리는 예술가처럼, 매일 자신이 어떠한 사람인지를 조금씩 정의해가야 진정한 건축을 만들 수 있다.**

Any memorable clients? What happened?

One of the most memorable clients we have ever had was the director of the Tittot company in Taipei. Tittot is a Taiwanese company specialized in producing pieces of art in glass. In order to build a Museum to exhibit their extensive collection of art in glass, which included pieces of international and Taiwanese artists alike, they organized an invited competition. Four international teams were invited to deliver their proposals.
To be part of this competition was a unique experience on the one hand because the client showed a very special artistic sensitivity during the whole process and on the other hand because the jury was formed by some of the artists whose work was part of the collection. All architects enjoyed a very direct contact with the artists. The Taiwanese artist Heinrich Wang inspired not only our proposal for the Tittot Museum but also our work in general, thanks to his talks about the properties of glass, the bubbles inside the glass that he regarded as a sign of the material 'breezing' and the symbolism of glass and colours in the Taiwanese culture.
For us this competition was a successful example of fruitful collaboration among different disciplines and cultures.

Conceptual research Tittot Taipei

Socialsust Black & White Blaricum

Do you or your employees work overtime a lot?

When we started in 2001, we had to balance our lack of experience and capacity by working quite often overtime. Now the situation has changed and this is not happening too often any more. With more experience you learn how to be more efficient and how to get better results by thinking more and working differently. The knowledge built during the last twelve years help us to be focused on what is relevant for the projects, thus being capable of reacting efficiently even under big pressure.

How do you communicate with your employees? Any special methods?

We keep a horizontal structure at our office in which a very direct communication with all members of the team is possible at any moment. This direct contact is for us extremely important because we always search for innovative solutions that might appear impossible at first glance but that after a hard working process become technically and economically feasible. Only by keeping very direct dynamic contact with our team, this becomes possible.

Any prospects on the changes in architecture in the future?

Nowadays works of architecture are mostly appreciated just because they are different, not because they are better.
In the future, due to the social challenges inherent to the rapid urbanization process of the planet, architecture and urbanism will play a crucial role promoting the urban life and guaranteeing the citizens cohabitation. When that situation becomes an undeniable reality, then stylistic or aesthetic discussions will not be relevant any more and architecture will shift from being just smart to be truly intelligent.

For most people who are about to beginning with designing architecture(s), please advise them.

Just learn how to be yourself. On the one hand we, as architects, are influenced by the knowledge learnt from other inspiring professionals and directly from experiencing some amazing pieces of architecture. In that sense **we advise younger architects to meet other architects and learn from them as well as to visit as many good works of architecture as possible.** On the other hand, architecture is a long journey in which each day you discover something new about yourself. **Like an artist who paints a never finishing self-portrait, every day you must define a little bit more who you are in order to be capable of creating authentic architecture.**

건축은 더 이상 질문에 대답하는 것이 아닌, 전형적인 대답에 질문을 던지는 것이다.
또한, 건축가는 병적인 낙관주의자들이다. 현실을 바꿀 수 있는 꿈을 꾸기 위해 싸우는 영웅과도 같다.

Architecture is not anymore about answering questions,
but more about questioning the typical answers.
Also, Architects (with capital A) are pathological optimists;
they are epic heroes who fight for building dreams capable
of changing reality.

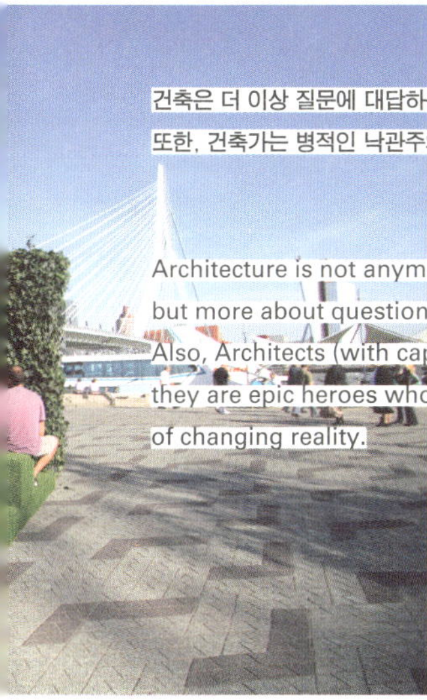

CASE 02

우리 둘 다 건축을 공부하게 된 특별한 계기는 없었다. 그저 그림 그리는 것을 매우 좋아했다.

There wasn't a big trigger for both of us to study architecture, in general there was the predilection to draw.

LANZ + MUTSCHLECHNER

Who is

H&P Architects

www.hpa.vn

우리 학창시절 때에는 일류 대학에 들어가기 위해
수학, 물리, 그리고 화학 시험을 통과하는 것이 꿈이었다.
하지만 우리는 화학보다는 그림 그리는 데에 소질이 있어서
수학, 물리, 그리고 미술 과목으로 하노이 대학교
건축학과에 지원하기로 했다. 처음에는 건축이 어떨지
생각조차 못했다.

Back to our days, to pass the exam of Math, Physics and Chemistry to enter the group A college was really a dream. However we were not so good at Chemistry and we had some aptitude for drawing so we decided to apply for Hanoi University of Architecture (with the exam of Math, Physics and Drawing). At the beginning, we couldn't imagine how architecture would be.

당신의 취미는 무엇인가?

건축을 사랑해서 언제나 진행 중인 프로젝트뿐만 아니라 미래에 할 프로젝트들까지도 항상 생각한다. 결국 건축이 내 취미이다.

건축가는 매우 바쁜 직업이라고 다들 알고 있는데, 어떻게 결혼 생활을 유지할 수 있나?

특별한 방법은 없다. 그저 우리가 하는 일을 이해해주는 가족이 있다는 것 자체가 행복하다.

스트레스를 많이 받는 편인가?

일하는 것 자체가 우리의 열정이기 때문이 스트레스는 거의 받지 않는 편이다. 만약 스트레스를 받을 일이 있다면 일 때문은 아니다.

건축 공부를 하면서 영감 받은 건축이나 건축가가 있나?

우리가 사랑하는 두 건축가는 바로 안토니오 가우디와 프랭크 게리다. 공부할 때에 그들의 건축을 이해하지 못했기 때문에 오히려 더 좋아하게 되었다.

자기 프로젝트 중 가장 인상 깊었던 것은 무엇인가?

Blooming Bamboo(꽃피는 대나무) 집이 가장 좋아하는 프로젝트 중 하나다. 무려 5년이란 시간에 걸쳐 디자인 되었으며 아직까지도 발전시킬 방법을 연구 중이다.

특별한 클라이언트가 있나?

바로 우리들이다. Blooming Bamboo Home 을 설계 할 때 우리 자신이 클라이언트가 되어, 25일 안에 $2500 이라는 예산으로 완성되었었다.

작업을 하면서 재미있었던 에피소드가 있었다면 무엇인가?

그린 에코 세라믹(GEC) 커뮤니티 센터라는 프로젝트가 있다. 우리가 처음으로 자연적인 환경, 문화, 사회, 경제, 그리고 기술을 사용한 접근 방법을 제안한 프로젝트이기도 하면서 2009년도에 국제 그린 빌딩 디자인 공모전에서 당선된 작품이기도 하다. (FutureArc Prize)

GEC의 구체적인 컨셉은 무엇인가?

Tho Ha 세라믹 빌리지 사람들의 참여를 통해 폐품들을 사용한 커뮤니티 센터를 만드는 것이었다. 이는 사람들이 건물이 환경과 커뮤니티에 미치는 영향을 통해 좀 더 나은 생활을 위해 어떻게 행동해야 하는지를 알아갈 수 있는 좋은 계기가 되었다.

What are your hobbies? What do you do during your free time?

We love architecture and always think about our ongoing projects as well as ones we will do in the future.

Architects are one of the busiest occupations; how do you maintain your married or dating life? Any methods on keeping them well?

We have no method, we are simply lucky to have a family where everybody understands our hard job.

Does your work stress you a lot?

For us, working is our passion so we rarely have a stress. If there is a stress, it is not about our job.

Any architect or architecture that inspired you during your studies? Any episodes related to them?

Antonio Gaudi & Frank Owen Gehry are two architects that we adore, just because when we were studying we couldn't understand their architecture.

What is your favorite project that you worked on? Any reason?

Blooming Bamboo home is one of our favorite projects, it was built after a 5 year designing process (2008-2013) and it is still being researched to be improved.

Any memorable clients? What happened?

It's ourselves when we play the role of the client of the Blooming Bamboo home, which was finished within 25 days with the budget of 2500 USD.

Any project with many episodes? What were they?

Green Eco Ceramics Community Center is one of those. GEC is:

- The 1st project we propose with the approach: Natural environment & Culture – Society & Economy & Technique
- The 1st prize at the International Green Building Design Competition – FuturArc Prize 2009

What's the concept of your project, 'GEC'?

Reuse the waste products to create a community center with the participation of the local people (Tho Ha ceramic village), the impact of the buildings to the environment and the community will educate and direct the behavior of the users for a better living quality.

Blooming Bamboo home

건축은 이익이 아닌 사람을 위한 것이다.
항상 이 생각을 가지고 일을 한다면
이익은 나중에 따라오게 되어있다.
이것을 존중할 수록 더 많은 이익이 생길 것이다.

Architecture is for the people, not for the profit.
Profit will come in the end and always comes if we remember
that principle.The more we respect that idea,
the more profit we will archive.

프로젝트 수주는 어떻게 하나?

컨셉을 제시하기 전에 프로젝트에 관련된 모든 부분들을 자세히 연구한다. 컨셉과 연구의 비율을 보자면 1:4 정도이다. 항상 열정을 가지고 작업을 하기 때문에 특별한 방법은 없다.

사무실 이름엔 어떤 의미가 있나?

H&P Architects (HPA) 는 H= Human (인간), P=Profit (이익), A=Architects/Architecture (건축가/건축)의 약자이기도 하다. 건축은 이익이 아닌 사람을 위한 것이다. 항상 이 생각을 가지고 일을 한다면 이익은 나중에 따라오게 되어있다. 이것을 존중할 수록 더 많은 이익이 생길 것이다.

당신이나 당신 사무실의 직원들은 야근을 많이 하나?

하루에 평균 10-12시간 정도 일한다.

건축주와 어떻게 소통하는 편인가? 특별한 노하우가 있나?

경영은 잊어라. 건축에서 우리는 모두 같은 위치에 서있다.

미래의 건축의 변화에 대한 생각을 말해달라.

미래의 건축에서는 인문학이 보다 더 영향력 있는 역할을 하게 될 것이다.

건축가를 꿈꾸는 학생에게 해주고 싶은 말은 무엇인가?

열정, 열정, 그리고 열정. 그리고 스티브 잡스의 말을 기억했으면 좋겠다. "다르게 생각하라."

How do you win projects? Any special methods on increasing the chances of winning?

We study carefully about project's relevant aspects before proposing the concept. The proportion between Concept/Study = ¼. We always work with passion, there is no special method.

Any stories behind the name of your studio/office?

-H&P stands for the name Ha&Phuong
-H&P Architects (HPA) : H = Human, P = Profit, A = Architects /Architecture → HPA: Architecture is for the people, not for the profit. Profit will come in the end and always comes if we remember that principle. The more we respect that idea, the more profit we will archive.

Do you or your employees work overtime a lot?

We work in average from 10 to 12 hours per day.

How do you communicate with your employees? Any special methods?

Just forget about the management, we are equal in architecture.

Any prospects on the changes in architecture in the future?

Humanism will play a stronger role in the Architecture of the future.

Words of wisdom for those wishing to become architects.

Passion, Passion & Passion
Also, Remember that "Think different" by Steve Jobs

건축은 사람을 위해, 사람이, 사람으로서
삶의 환경을 만들어내는 공간을 다루는 예술이다.
따라서, 그 누구나 건축가일 수 있다.

Architecture is the art of managing the space to create the living environment for, by and of the people. Therefore, Anyone can be Architect.

Who is

LANZ + MUTSCHLECHNER

stadtlabor.org

우리 둘 다 알프스 중턱 높은 산들에 둘러싸인 조용한 지역에서 자랐다.
산과 계곡이 많은 이 지역에는 뚜렷한 방향성과 역동성이 있다. 조그마한 우리 고향은
전통적인 유형의 마을이다. 우리는 넓고 거대한 하늘을 경험하지 못했다. 산 중턱에서는 두 개의
레이어를 볼 수 있다: 하나는 매우 가까운 전경에 있는 직접적인 주변 환경이고
또 하나는 먼 곳에 있는 산이다.

We both grew up in the middle of the Alps, in a rural area and surrounded by high mountains. This environment is strongly defined by mountains and valleys, which set up a clear and prescribed orientation and movement. Our hometowns are small and characterized by traditional typologies and mapping of villages. We didn't experience the big and wide sky, in the middle of the mountains you can find two layers: the direct surrounding in the foreground, which is always very close and the mountain setting in the background, which is far away. The nice and fascinating in between is missing.

우리 둘 다 건축을 공부하게 된 특별한 계기는 없었다. 그저 그림 그리는 것을 매우 좋아했다.

There wasn't a big trigger for both of us to study architecture, in general there was the predilection to draw.

건축공부를 하면서 영감 받은 도시나 건축가가 있나?

남미, 북미, 유럽, 러시아, 아시아와 일본 여행을 다니면서 영감을 받았었다. 이곳들을 여행하면서 우리는 새로운 삶의 방식을 배웠고, 그것들이 곧 새로운 건축이었다. 그리고 페터 춤토르나 토요이토 같은 건축과들과 만나고 대화를 나눈 것이 인상깊게 남았다. 또한 우리에게 르 꼬르뷔지에 다음으로 가장 중요한 건축가는 아마 프랭크 로이드 라이트일 것이다.

제일 좋아하는 공간은 어디인가?

미얀마를 여행 했을 때 들렀던 쉐다곤은 우리가 본 공간들 중 가장 매력적인 곳들 중 하나였다. 로마 근처에 있는 이탈리안 팔라초 팔레스티나는 인상 깊은 건축적 공간이었다. 그리스에서 들렀던 텅 비어있던 바닷가는 우리가 가장 좋아하는 레저 공간 중 하나다.

자신만의 특별한 건축 언어가 있나?

우리 사무실은 두 영역으로 나뉘어져 있다. 하나는 도시 연구소이고 다른 하나는 복원 및 역사적 구조물들을 다루는 곳이다. **지어진 환경의 역사는 모든 프로젝트의 시작점이 된다.** 우리는 우리의 건축을 "상당한"으로 설명하고 싶다. 그리고 이것은 건설적인 과정까지 이어진다. 우리의 도시 프로젝트나 공모전 프로젝트들을 보면 언제나 "(시간) 사이에" 잃어버린 조각을 찾으려고 한다.

자기 프로젝트 중 가장 인상깊었던 것은 무엇인가?

2005년에 했던 북쪽 브레싸노네 도시 계발 프로젝트에는 우리 사무실의 특별한 이야기가 담겨있다. 우리 두 사람의 첫 콜라보레이션이었던 것뿐만 아니라 새 지역에서 작업해보는 첫 프로젝트였다. 2007년에 한 브레싸노네 마스터플랜, 2012년에 한 브레싸노네 암벽타기 체육관과 아스트라 영화관 복원, 이 두 프로젝트는 모두 2013 남 타롤린 건축 상 후보로 올랐었다. 이것들은 우리가 함께한 첫 프로젝트와 관련된 것들이었다. 브레싸노네 자치제와 오랜 작업을 통해 여러 에피소드와 이야기들이 쌓여갔다. 우리는 특히 새로운 도시 개발과 경영을 시도하는 브레싸노네 시장이 인상 깊게 남았다.

The master plan for Bressanone

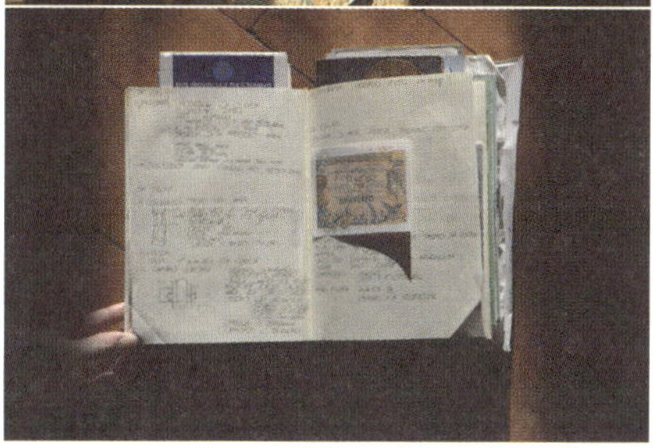

Any architect or architecture that inspired you during your studies? Any episodes related to them?

We both found inspiration at the excursions, traveling South and North America, Europe, Russia, parts of Asia and Japan. On this trips where we experienced new ways of living and therefor new forms of architecture. We had meetings and chats with architects like Peter Zumthor or Toyo Ito, which inspired and impressed us a lot. One of the most important figures in architecture beside Le Corbusier for us is probably Frank Lloyd Wright.

Where or what is your favorite space?

Travelling Myanmar we found the temples of Shwedagon being one of the most fascinating places we have ever seen. Palestrina, an Italian Palazzo close to Rome is an impressive architectural space. Empty beach – for example in Greece – are our favorite recreational spaces.

Any unique architectural language of your own? How is it reflected on the projects?

Our office is divided in two specific working fields: the urban laboratory and the field of restoration and dealing with historical structure. **The history of a build environment always represents the starting point of every project.** We would describe our architecture as "quite", the focus goes on the continuing constructive process. Looking on our urban projects as well as our contribution to competitions, we always try to find the missing peace "in between".

What is your favorite project that you worked on? Any reason?

The project for the urban development of the North of Bressanone (Italy) in 2005 shows a very special moment for our office: It was not just the starting point of the collaboration Lanz + Mutschlechner, but also a new working area for our office. The master plan for Bressanone in 2007, the Indoor Rock Climbing Gym and the restoration of the Astra Cinema in Bressanone in 2012 – all two nominated for the 7. South Tyrolean Architecture Award 2013 – are related to our first project together. In this long and multidisciplinary collaboration with the municipality of Bressanone one can also find several episodes and stories to tell. We very particularly impressed by the mayor of Bressanone who is courageous enough trying new ways of urban development and managing a city.

지어진 환경의 역사는 모든 프로젝트의 시작점이 된다.

The history of a build environment always represents the starting point of every project.

The Astra Cinema

건축에서 가장 큰 변화는,
건축가 한 사람이 모든 것을 관리하고
책임지는 일이 없어졌다는 것이다.

The main change in architecture is that an architect as a single person managing and dealing with all the different responsibilities, doesn't exist anymore.

L'ARCHEOLOGO – PANINI
PREDICA DI UN APOSTOLO – PANINI

ANTONIO RAFFAEL MENGS
GASPARE VANVITELLI
[illegible]
TOMMASO [illegible]
[illegible] – S. ANDREA DELLE FRATTE

+ BIBLIOTECA SARTI (BELLE ARTI, ARCHITETTURA)

SA 7/6/97

S. LORENZO FUORI LE MURA

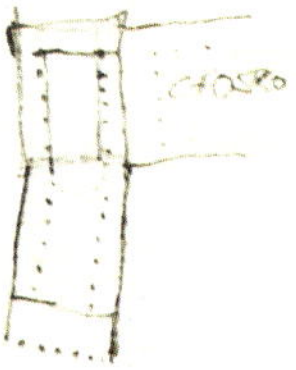

UNIONE FRA LE CHIESE S. LORENZO
DELLA VERGINE CON ARCO DI [illegible]
[illegible]
CIBORIO IHS
SEDIA EPISCOPALE
CATACOMBE
CHIOSTRO ROMANICO XII SEC.

S. PRISCA
S. SABA + [illegible] CON ARCHI
SS. QUATTRO CORONATI (SEVERO SEVERIANO CARPOFORO VITTORINO [illegible])

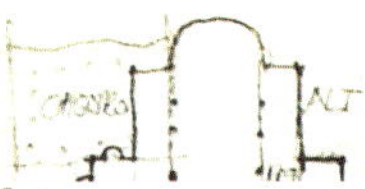

[illegible]

[illegible]

■ PROPHET-ELIAS-KIRCHE

[illegible]

GLOCKENTURM

[illegible]

■ ANTONIUS-KLOSTER

[illegible]

MARIA-GEBURT-KATHEDRALE

[illegible]

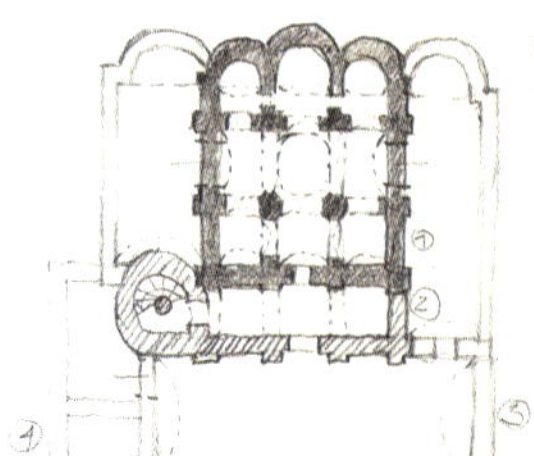

① 11. Jh.
② 11. Jh.
③ 17. Jh.
④ 18. Jh.

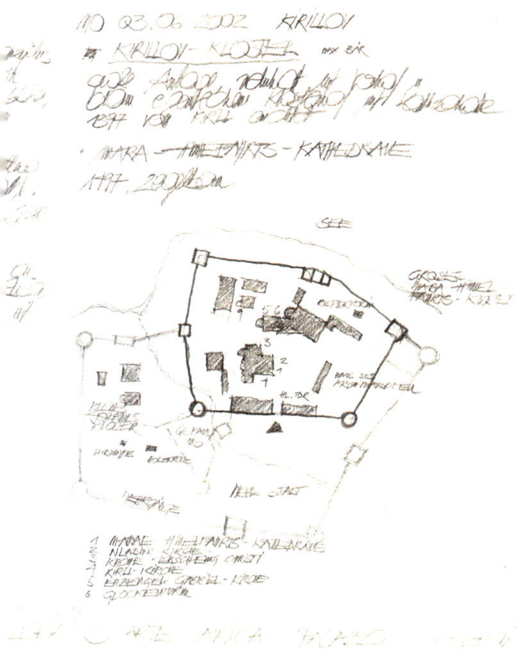

설계사무실을 시작하게 된 경위는 무엇인가?

우리는 사무실을 시작하기 전, Barbara Lanz는 프리랜서로 일을 하고 있었고, Martin Mutschlechner는 프리랜서이자 인스부르크 대학교에서 과학 조교로 일을 하고 있었다. 2005년도에 함께 작업한 북쪽 브레싸노네 도시 계발 프로젝트가 수상을 하면서 Lanz + Mutschlechner의 콜라보레이션이 시작되었다. 그 때 이후부터 계속 같이 일했다. 처음 시작할 때 가장 힘들었던 점은 새로운 팀 안에서 서로 일이 겹치지 않도록 각자의 업무를 정하는 것이었다. 새로운 사람을 고용을 할 때에도 이런 것들을 생각하면서 진행해야 한다.

설계 사무실 이름엔 어떤 의미가 있나?

로테르담에 있는 베를라헤 인스티튜트에서 공부할 때 라울 분쇼텐이 2년 동안 우리의 지도 교수였다. 이 콜라보레이션과 도시 갤러리, 도시 큐레이터, 그리고 Taschenwelt 같이 다양한 컨셉과 주제를 다뤘던 것이 우리 사무실의 이름과 작업 스타일에 영향을 끼쳤다.

당신이나 당신 사무실의 직원들은 야근을 많이 하나?

우리 사무실에는 체계적이고 지속적인 작업의 흐름이 형성되어 있다. 하지만 공모전 마감같은 특별한 경우에는 직원들이 야근을 할 수 밖에 없다.

동료들과 작업 중에 의견이 안 맞을 경우, 이 갈등을 어떻게 해결하나?

직원들과 기본적이고 지속적인 소통과 정확한 피드백을 통해 각자 자신있어 하는 일을 주려고 노력한다. 특히, 작은 프로젝트들은 클라이언트에게 개인적이고 섬세한 관심을 나타내주고, 전문성을 가지고 일을 하여 클라이언트를 이성적으로 이해하는 것이 매우 중요하다.

건축주와 어떻게 소통하는 편인가? 특별한 노하우가 있나?

우리는 직원들과 개인적인 대화가 효율적이고 정확한 소통을 하기 위해 가장 중요한 것이라고 생각한다. 그래서 각 직원마다 자신의 작업 공간이 주어지고 그 곳에서 그는 자신이 책임져야 하는 정확한 일을 자신이 가지고 있는 최고의 능력을 발휘해 할 수 있도록 계획되어 있다. 프로젝트마다 작업하는 과정을 직원들이 자유롭게 설정하고 진행할 수 있다. 우리는 이 공간에서 서로간의 지속적인 피드백을 통해 함께 일 할 수 있는 가장 좋은 방법을 찾았다고 생각한다.

건축가를 꿈꾸는 학생에게 해주고 싶은 말은 무엇인가?

건축에서 가장 큰 변화는, 건축가 한 사람이 모든 것을 관리하고 책임지는 일이 없어졌다는 것이다. 당신은 르 꼬르뷔제가 아니다! 종합적인 팀이 곧 건축과 도시 계획의 미래이기 때문에 자신만의 특수성을 개발하고 자신의 능력이 무엇인지를 정확하게 아는 것이 매우 중요하다. 경제학이나 관리법과 같은 부수적인 것에 대해 공부하는 것도 도움이 될 수도 있을 것이다.

What made you decide to start your own office? What was the biggest challenge during the start up?

Before starting the collaboration of our office, Barbara Lanz worked as a freelancer and Martin Mutschlechner was a scientific assistant at the university in Innsbruck and worked as freelancer as well. Our winning project for the urban development of the North of Bressanone (Italy) in 2005 shows the starting point of the collaboration Lanz + Mutschlechner and from that point we kept on working together.

The biggest challenge during the startup is to define the tasks of each other inside the new team in order to avoid repetitive discussions. These clear definitions are also important when hiring new collaborators.

Any stories behind the name of your studio/office?

During our studies at The Berlage Institute in Rotterdam Raoul Bunschoten was our tutor for twio years. This collaboration and the work on various concepts and topics like: Urban Gallery, Urban Curator, Taschenwelt inspired us for the name of our studio and shaped our work.

Do you or your employees work overtime a lot?

There is a well-organized and continually work flow in our office. In special cases such as deadlines for a competition, our employees have to work overtime.

If you have some conflicts of opinion among co-workers, how do you deal with conflicts of opinion?

With our employees, we try to keep a continuing and basic communication by giving clear feedback and assigning specific tasks to each collaborator in working areas where she or he feels confident.

Regarding smaller projects, it is very important to show personal presence to the clients, to work in a professional way and to understand the client on a rational level.

How do you communicate with your employees? Any special methods?

We believe that good and personal talks to our employees are the fundament for an efficient and clear communication. Every employee gets assigned a precise working area, where she or he knows the exact responsibilities and can use her or his best skills. Our employees should feel free in the arrangement of their working processes for our different projects. In combination with constant feedbacks from our employees and ourselves, we think that we found the best way to work together.

Words of wisdom for those wishing to become architects.

The main change in architecture is that an architect as a single person managing and dealing with all the different responsibilities, doesn't exist anymore. You won't be Le Corbusier! A multidisciplinary team represents the future of architecture and urban planning. Therefore it is very important to specialize in and to realize what the personal skills are. Maybe a supplementary education, such as economy, law management could help.

건축은 경험주의적인 분야가 아니기 때문에 평가될 수가 없다.
"진정한" 중요성은 시간이 지나면서만 나타날 것이다.
사람들이 그 공간에 살기 전에 찍은 멋진 사진 한 장은 그 건축의 가치를 보여줄 수 없다.

As architecture is not an empiric discipline, architecture cannot be evaluated.
Its "real" significance will only be visible through time.
A beautiful photo, taken even before the inhabitants occupy the spaces,
does not reflect the values of architecture.

Who is

i29 interior architects

www.i29.nl

우리 둘은 오래 전부터 알던 사이였고, 학생 때 같은 집에서 살았다. 서로 매우 잘 아는 사이라고 할 수 있다. 우리는 학교 졸업 후 바로 우리 사무실을 시작했다. 우리 사무실이 아닌 다른 곳에서 일을 한다는 것은 고집이 세고 열정적인 우리에겐 있을 수 없는 일이었다. 그리고 우리는 일하면서 떨어져 있던 적이 없다. 한 물체의 두 각과도 같다. 우리 둘은 하나도 아니고, 다른 생각을 하고 각자의 자존심도 있지만 우리가 만들어내는 것으로 인해 하나가 된다. 이것은 자연적으로 이루어진다. 갈등은 화합만큼이나 인생에 한 부분일 뿐이다. 서로뿐만 아니라 자신 또한 존중하고 믿었을 때 일이 풀린다. 누구의 책임인지 묻는 적도 없다. 일을 통해 우리는 하나이기 때문이다.

We -Jaspar Jansen and Jeroen Dellensen, founders of i29- met each other a long time ago, and have lived together in a house while we where students. You could say that we know each other really well. Right from the academy we started our own office. We where both too enthusiastic and stubborn to start at another place then our own office. We are not really separated when we work. We are two angles to the same object. We are not one, naturally and we have different minds and egos but we are one with what we create. This comes naturally. Conflict is just one aspect of live just as harmony is and they show both. Respect and trust, not only for each other but also for ourselves is what makes it work. There is never a question of responsibility since we are one with our work.

**우리는 어렸을 때부터 손으로
무엇인가 만드는 것을 좋아했다.
이것이 크고 작은 것들을 만드는 것의
시작이었다.**

Both of us liked to make things with our hands from when we where very young. This was the trigger to create things, small and big.

취미가 무엇인가?

열정적인 디자이너이자 두 아이의 아빠로서 필요한 곳에 집중하는 것은 힘든 일이다. 그래서 하루를 일찍 시작해 일찍 끝낸다. 다음 날에도 창의적이고 열린 마음으로 시작할 수 있도록 하기 위해서 말이다.

스트레스를 많이 받는 편인가?

우리는 스트레스를 받지 않는다. 이를 위해서 창의적인 성공으로 인도하는 모든 가능성들을 가진다. 자신이 하고 싶은 것이 무엇이든지 아무런 제한없이 할 수 있거나 생각할 수 있다면 단순히 가능성이 더 많아지는 것이다. **창의적인 환경에서 성공하기 위해서는 자유로워야 한다.**

건축 공부를 하면서 영감 받은 건축이나 건축가가 있나?

도날드 저드, 부홀렉 형제, 콘스탄틴 그리치치, 모리슨, 끌로즈 엔 칸, 렘 쿨하스, 아키라 사카모토, 세지마 카즈요+니시자와 류에… 좋은 작품 활동을 하는 건축가들의 리스트를 만들자면 너무 길다. 이들의 공통점은 작품들이 자연스럽다는 것이다. 너무 지나치거나 노골적이지 않으면서 영향력 있는 경험을 유발한다.

제일 좋아하는 공간은 어디인가?

우리 둘 다 스파와 사우나를 매우 좋아한다. 그래서 언젠가 스파 디자인을 꼭 하고 싶다.

자신만의 특별한 건축언어는 무엇인가?

모든 프로젝트를 진행할 때, 가구부터 작은 물체들까지 최대한 많이 디자인을 하려고 노력한다. 상황마다 다르기 때문에 문제 별로 각각 특정한 해결책을 필요로 한다. 우리는 대부분 가구를 통해 해결을 하려고 하기 때문에 우리에게 가구는 특별하다. 이것은 매우 실용적이면서도 새로운 상황으로 안내하고, 바로 이것이 우리 디자인에 있어 획기적인 부분이다. 맞춤 양복이라고 생각하면 된다. 자기가 직접 사지는 않겠지만 누군가의 도움으로 모험을 해볼 수도 있다. 그러고선 점점 더 익숙해지면서 그 진가를 알아보게 된다. 입었을 때 기분이 좋고 매일 입고 싶어지는 것이다!

자기 프로젝트 중 인상 깊었던 것은 무엇인가?

우리는 항상 무언가를 도전하게 만드는 힘을 가지고 있다. 그래서 대부분의 프로젝트들은 우리에게 큰 도전으로 다가온다. 선을 넘고, 새로운 길을 만들어내면서 말이다. 목표를 높게 잡는다면 작은 숙제 같은 것들도 재미있고 다루기 힘들어질 수도 있다.

What are your hobbies? What do you do during your free time?

As both of us are ambitious designers as well as father of two children it is a management challenge to get attention always at the right place. So the days are starting early and end early to be fresh, creative and open-minded the next day.

Does your work stress you a lot?

No, we never get stressed. It is about having all kind of possibilities that brings you to creative success. If you can do or think whatever you want to do, without any restrictions, you simply have more options. **You need freedom to be successful in a creative setting.**

Any architect or architecture that inspired you during your studies?
Any episodes related to them?

Donald Judd, Bouroullec brothers, Konstantin Grcic, jasper Morrison, Claus en Kaan, Rem Koolhaas, Akira Sakamoto, Sanaa.. there's a long list of people who make really nice work. What they have in common that the work seems so natural. Not overdone or too much in your face but at the same evoke a powerful experience.

Where or what is your favorite space?

We are both a big fan of spa- and sauna rituals. We would still love to design a spa one day.

Any unique architectural language of your own?

We try to design as much as possible in all our interior projects, so this means also the furniture and smaller objects. We believe that every situation is different and therefore asks for particular solutions, not standard but on the contrary personal and specific. Furniture actually takes a special place since we like to solve much of our solutions in them. This leads to often very practical, but also new situations. For us this is also the innovative aspect of our design work. Look at it as a tailor made suit. You might never buy one on your own but with the help of someone you trust you are just a littlebit more daring. And when you start getting used to it you start to apreciate it more and more. You feel great in it, and want to wear it every day!

What is your favorite project that you worked on? Any reason?

Often projects are very challenging to us because we have the power to make it challenging for ourselves. Even small assignments can be exiting and hard to tackle if you try to push the boundaries, go of the paved path and set your goals high.

Any project with many episodes? What were they?

A special project to us is the interior design of the new building for a social workplace This is a government funded institution where people work who are socially disabled or who have to deal with a kind of limitation. This way they can earn a living if they can't find work by them selves.

We made a design for all the public spaces in a unique building designed by VMX Architects. When we where at the location, it was a special experience to meet all these people who probably did not ever meet anyone like an interior designer or architect who was interested in what kind of area they would like to work in.

Home 9

작업을 하면서 재미있었던 에피소드가 있었다면 무엇인가?

우리에게 특별한 프로젝트는 새로운 사회 복지 건물의 인테리어를 디자인하는 것이었다. 정부 지원 기관으로 사회적으로 장애가 있거나 제한이 있는 사람들이 일하러 오는 곳이었다. 자신들이 직접 일을 찾지 못했을 때 생계를 유지할 수 있는 방법을 마련해 주는 것이었다.

VMX Architects가 디자인 한 독특한 건물의 모든 공공공간을 우리가 디자인 했다. 그곳에 직접 가서 그 사람들을 직접 만나보는 것은 특별한 경험이었다. 그들은 아마도 자신들이 어느 분야에서 일하고 싶은지에 대해 관심있어 하는 인테리어 디자이너나 건축가를 만나보지 못했을 것이다.

프로젝트 수주는 어떻게 하는 편인가?

세계 곳곳에서 클라이언트들의 의뢰를 받기만 하는 우리는 매우 운이 좋다고 생각한다. 우리는 한 길을 선택했고, 지난 몇 년을 뒤돌아 보면 잘한 선택이라고 생각한다. 우리는 남들처럼 디자인하지 않고, 그 곳에 있는 것을 스타일링하지 않는다. **우리가 정말 하고자 하는 것은 공간 그 자체를 말 그대로 디자인하는 것이다.** 물리적으로 존재하지 않는 것을 말이다. 그리고 이것을 할 수 있는 방법은 물리적인 재료를 디자인하는 것 밖에 없다.

하지만 완전히 다른 접근 방법이고 예상치 못한 결과물을 가지고 온다. 또 하나 얘기하자면 마치 음악 구성처럼 생각하려고 한다. 음악에서 정적은 음악 그 자체만큼이나 중요하다. 공간도 마찬가지이다. 우리는 페션과 스타일이 아닌 가장 기본적이고 가장 추상적인 방법으로 구조와 리듬을 가지고 작업한다.

둘 다 다른 사무실에서 일한 경력은 거의 전무하다. 하지만 우리 주변에 경쟁자들은 많다. 바로 옆에 강력한 경쟁자가 있다는 것은 아마 매우 좋은 일일 것이다. 왜냐하면 우리가 계속 새로운 것을 하도록 해준다. 반대로 인터넷 사용으로 인해 자신이 어디서 작업을 하든지 상관이 없어졌다. 모두 세계 어디서든지 자신의 사무실에 접속 할 수 있다. 우리도 네덜란드 밖에 있는 다른 창의적인 것들을 찾는다.

특별한 클라이언트가 있나?

작년에 우리 클라이언트였던 Gummo 광고 회사에 중고 가구로 사무실 인테리어를 디자인하는 컨셉을 제안했었다. '재활용 사무실' 아이디어는 적은 예산과 임시 장소라는 점을 고려해 생각해냈는데, 아이디어를 발전시키는 중에 중고 가구를 사용해 새로운 환경에서 새로운 가치를 부여해보자는 생각을 하게 되었다.

프로젝트가 임시적인 것이라는 것을 감안해 아예 새로운 인테리어를 한다는 것은 여러 방면으로 낭비일 것이라고 생각했다. '친환경적인 디자인'을 하는 것이 목표가 아니라, 상식적으로 생각했다. 만약 지속 가능성에 대해서만 생각했다면 아마도 '잘 알려진' 전통적인 결과물이 나왔을 것이다. 아름다운 발견이었다. 창의성과 지속 가능성은 서로를 증폭시킨다.

당신이나 당신 사무실의 직원들은 야근을 많이 하는 편인가?

아니다. (거의) 야근을 하지 않는다. 사실 이게 문제가 되기도 한다. 우리 사무실이 매우 바쁘기 때문이다. 직원들이 야근하게끔 하기에는 우리가 너무 여유로운 성격인 것 같다.

직원과 어떻게 소통하는 편인가? 특별한 노하우가 있는가?

우리는 매우 열린 커뮤니케이션 방침을 두고 있다. 모든 사람들은 계급 없이 동등하게 스튜디오에 자리잡고 있다.

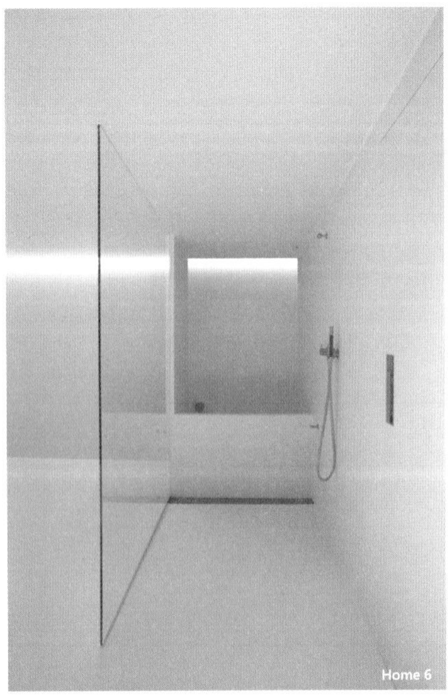

Home 6

Home 6

Any memorable clients? What happened?

Last year we proposed a concept of making an office interior from second hand furniture to our client, Gummo advertising agency. The 'recycled office' idea was born from a low budget and temporary location briefing. Along the way we thought of using second hand furniture, and giving this a new life in a new setting.

From the beginning it was clear to us that due to the nature of the project (being temporarily) it would be a waste in many ways to make a completely new interior. It was not our aim to make an 'eco friendly design', it was just common sense. The outcome is interesting because it is creative on more than one level. I don't think we got to the same result if our focus was entirely on sustainability, probably we would have ended up a more 'well-known' traditional path. This is beautiful; creativity and sustainability amplify each other!

How do you win projects? Any special methods on increasing the chances of winning?

We are in the lucky position that we are just asked by clients, from all over the world. We have chosen a path, and looking back from the last couple of years it seemed to be the right choice. **We do not design things as most do, we do not style what is there.** What we truly try to do is to literally design the space; the stuff that is not physically there. And we can only do this by designing the physical material.

But it is a completely different approach and it obviously leads to surprising results. One more thing we can say about it is that we try to look at it as a composition as in music. As in music the silence is essential to the music itself. It is the same way with space. We work with structures and rhythms in an elementary and almost abstract way, not with fashion and style.

We both have next to none experience working in another architecture office. But we do have a lot of competitors in our working field. It is probably a good situation to have strong opponents working next door, it keeps us fresh. On the other hand, by the use of internet it doesn't really matter where you are based anymore. Everybody can have acces to work from other offices all over the world. We look to the work of other creatives from outside The Netherlands anyway.

Do you or your employees work overtime a lot?

No! They (almost) never work overtime.. This is actually a problem for us, as we do are very busy. We are just to relaxed to manage them getting to work late hours. haha

How do you communicate with your employees? Any special methods?

We have a very open communication policy. Everyone is the equally placed in the studio, without any hierarchy.

Home 6

heren
dames

School

인테리어와 도시, 조경, 그리고 건축에 대한 생각을 알려달라.

물론 스케일 차이가 크지만 서로 서로 관련 되어 있다고 생각한다. OMA같이 다양한 스케일과 분야에서 일하는 곳이 가장 흥미로운 작품들을 만들어내는 편이다.

미래의 건축 변화에 대한 생각은?

지속 가능한 디자인과 삶에 대한 사람들의 인지도가 더욱 더 사회와 함께 어우러지고 있다. 그래서 지속 가능한 디자인에 대한 의뢰가 늘어나기를 바라고 있다. **인테리어 디자이너로서 클라이언트가 우리에게 주는 영향력은 크다는 것을 잊지 말아라.** 생태적이고 지속 가능한 인테리어의 필요성을 더 많은 사람들이 느낄수록 더 좋은 것이다.

건축가를 꿈꾸는 학생에게 해주고 싶은 말은?

어떠한 예술적인 직업이든지 삶 그 자체에 대한 강한 비전과 경험을 필요로 한다. 자신이 바라보는 세상에 대한 표현이자 해석이다. 그러므로 그 비전이 더 다양하고 뚜렷할수록 자신의 작품은 보다 복잡하고 흥미로울 것이다. 그렇다고 작품 그 자체가 복잡해 보여야 한다는 것이 아니다. 오히려 그 반대로 작품의 핵심은 매우 심플한 편이다.

건축가란 직업은 무엇이라고 생각하는가?

우리에게 건축가란 꿈을 갖고 그것을 이루려고 하는 사람이다. 많은 시간과 돈을 투자해야하는 힘든 일이다. 하지만 만질 수 있고, 살 수 있고, 일할 수 있는 곳을 만들어낸다는 것이 대단한 것이다.

우리가 정말 하고자 하는 것은 공간 그 자체를 말 그대로 디자인 하는 것이다.

We do not design things as most do, we do not style what is there.

Is there a boundary between interior, urban, landscape, and architecture?

Of course there is a big scale difference, but it is all related to each other. Offices working in different scale and in different areas like OMA are often producing the most interesting work.

Any prospects on the changes in architecture in the future?

Awareness of people towards sustainable design and life becomes more and more integrated into society. Therefore, hopefully we will be asked more often to make sustainable designs. **Don't forget, that our clients have a great influence on the choices we make as interior designers.** The more people think it is needful to make ecological and sustainable interiors, the better.

Words of wisdom for those wishing to become architects.

Any artistic profession has to be based on a strong vision and experience of life itself. It is an articulation and interpretation of the world as you see it. So the more diverse and refined this vision is the more complex and interesting your work will be. That does not mean that the work itself have to appear complex, rather the opposite, you will find that it is just the art to get to the core of things which is often very simple.

What are your thoughts about the job, Architect?

Being an architect to us means having a dream and trying to make it real. It's hard work, with lots of hours and not a lot of money (most of the time). But what is great that you are really creating something which is there, can be touched and lived or worked in.

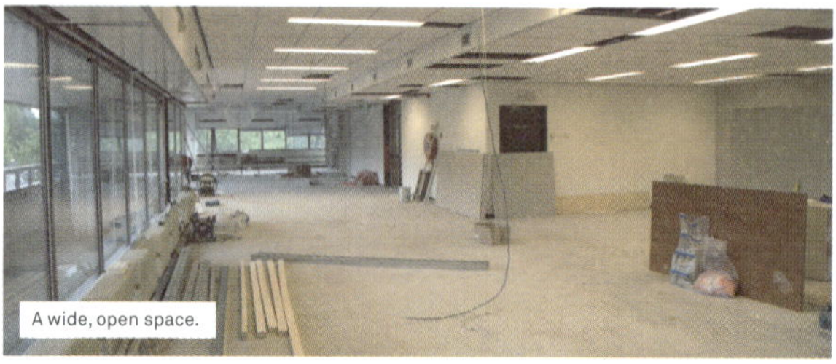

A wide, open space.

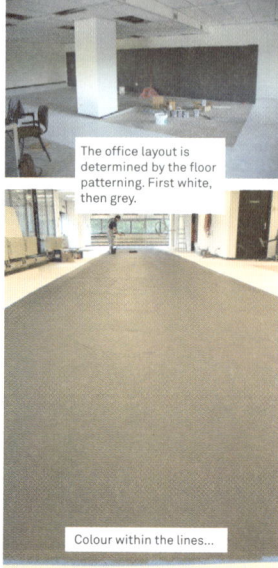

The office layout is determined by the floor patterning. First white, then grey.

Colour within the lines...

The Kringloopwinkel, a 2nd hand shop in West Amsterdam. Great furniture for a great price.

On Marktplaats, the Dutch eBay, we found a piano for 20 euros.

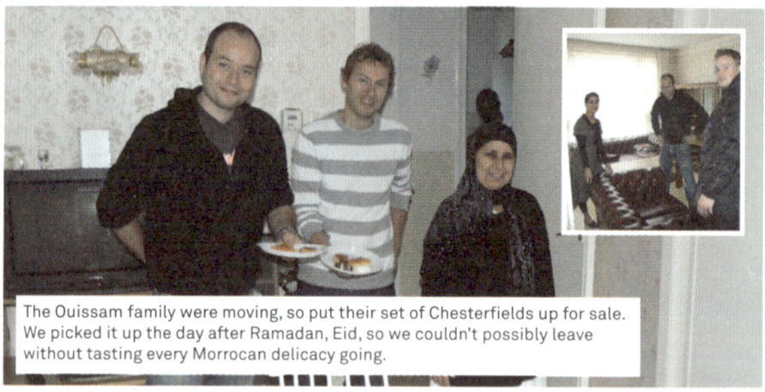

The Ouissam family were moving, so put their set of Chesterfields up for sale. We picked it up the day after Ramadan, Eid, so we couldn't possibly leave without tasting every Morrocan delicacy going.

Gummo would like to thank the Kringloopwinkel, Marktplaats and Ikea for furnishing our new office.

Three lorries were sent to Krimpex in Krimpen a/d Ijssel with everything we'd acquired for the office.

Krimpex sprayed everything with an indestructible, solvent-free RAL 7024 (Grey to you and me) colour coating.

When they were done, the three lorries, now full of grey stuff, returned to Amsterdam.

The ultimate test – Tommaso finds out if the Krimpex can withstand a fiery Italian temperament and boiling water.

office 3

건축과 디자인은 정확한 음을 찾는 것으로 다양한 분야에 밝아야 한다는 점이 우리가 건축에 끌린 점이다. 모든 질문에 맞는 답을 찾고 가장 도전적인 방법으로 해결해보려는 것. 우리에게는 이것이 가장 잘 하는 것이자 가장 오래하고 싶은 것이다. 창의적인 것은 그 무엇이든지 괜찮았을 것이다. 어떠한 분야에서든지 창의적일 수 있고 그 접근 법 또한 비슷할 것이다. 단지 건축에서는 그것이 공간, 재료, 그리고 무언가를 만들어내는 것과 관련이 있을 뿐이다. 요리가 되었을 수도 있는 것이다.

Searching for the right solutions for every question, and try to solve these in the most defiant way. For us, it is what we ended up doing best and preferred doing the longest. It could have been anything creative. You can be creative in every discipline and the approach to it is similar. But basically it is just an affinity with matters such as space, materials and creating something... but it could have been cooking as well.

Tilleman

CASE 03

나의 아버지는 뛰어난 건축가이자
나에게는 가장 큰 영감을 주는 사람이셨다.
내가 아버지에게 건축을 공부하고 싶다고
얘기 했을 때, 아버지는 나에게,
"정말이냐? 정말 건축을 하고 싶은 것이냐?"
라고 물으셨다.

My father was a brilliant architect, and was a great inspiration to me.
Even so, when I told my father I wanted to study architecture,
his reaction was, "Are you really sure?
Are you really sure you want to get into this?"

Miro Rivera Architects

4

Who is

NL Architects

www.nlarchitects.nl

나는 과거에 농장으로 사용된 곳으로, 18세기 지어졌으며 짚으로 만든 지붕이 있던 곳에 살았다.
그 곳에는 커다란 벽난로가 있었으며 동물들의 사료를 준비하기 위해 이용되기도 했다.
내 침실의 목 구조는 매우 흥미로웠다. 비뚤고, 기하학적이며, 자유로운 형태로 가공되지 않아 보였다.
바닥은 곧지 않고 부분적으로 기울어졌다. 어떤 보들은 너무 낮아서 아버지는 항상 머리를 부딪히기도 했다.
이것은 매번 너무 재미있었다. 따라서 나에게 좋은 건축이란 머리를 치는 무언가 이기도 하다.

건물은 둑 옆에 위치했다. 내 방은 전형적인 네덜란드 풍경인 평평하고 검거나 흰 소들로 가득 찬 끝없는
푸른 초원을 바라보고 있었다. 장애물없이 5km까지 내다볼 수 있었다. 그래서 그런지 나는 여전히
넓은 시야를 너무 좋아한다. 그리고 나무보다 큰 건물들도…

I grew up on what used to be a farm, build in the 18th century, with a straw roof.
It had a supersized fire place, that used to be used to prepare food for the animals that
initially lived under the same roof. But by my father turned the stable into a living room.
The wooden structure of my bedroom was very inspiring: crooked, supple geometry,
free form, raw, the floor was not really straight, partly sloping. Some beams were so low that
my dad always bumped into it with his head. Every time it became more funny.
So to me good architecture is something that hits your head.

The building was placed along a dike. My room was overlooking a typical Dutch landscape,
flat, endless green meadows specked with black and white cows; I had an unobstructed view of
5km. Still I'm a big fan of wide views. And as such of buildings taller than the trees...

당신의 취미는 무엇인가? 여가 시간에는 무엇을 하는가?

이론적으로 건축, 계획 또는 사람이 만드는 거의 모든 것이 나의 취미이다. 특히 갤러리에 가는 것을 좋아한다. 하지만 갤러리에 가기위해 시간을 거의 내지 못 한다. 아이가 생긴 이후에는 일주일에 4일 정도 일한다. 나의 아들 또한 갤러리에 가는 것을 무척 좋아한다. 아이들에게 현대미술이 어떻게 느껴지는지를 보는 것도 꽤 흥미로운 일이다.

건축가가 아니었다면 당신은 무슨 일을 하고 있을 것 같나요?

축구 선수가 되는 것도 너무 좋았을 것 같다. 하지만 실력 부족으로… 베이스 기타 연주가가 되는 꿈도 있었지만 난 박치에 음치였다!

건축가는 가장 바쁜 직업 중 하나이다. 당신은 어떻게 결혼 생활을 유지하고 있는가? 잘 유지하는 비결이 있는가?

나는 건축가에게 필요한 자질이 전혀 없다고 생각한다. 그래서 생산성을 높이기 위해 모든 분야의 사람들에게 일을 나누어 주는 편이다. 나는 똑똑한 조직, 즉 우리 회사에 전적으로 의존한다. 결과적으로 나는 여가시간이 많으며 아주 편안하다. 스스로 그리거나 만드는 고통없이 함께 일하고 있는 사람들이 내가 반응할 수 있는 대안들을 만들어 준다는 것을 훌륭한 특권이라고 생각한다. 어떤 면에서 나는 그늘에서 온종일 쉬고 가끔 일어나 먹이를 잡는 사자 같다고 할 수 있겠다.

이전에 말했듯이 나는 지난 6년간 일주일에 4일만 일했다. 이는 너무나도 행복한 사치였지만 암스테르담에서는 흔치 않은 일이다. 알다시피 건축가는 피곤해 쓰러질 때까지 일하도록 요구 받고 정년을 훨씬 넘어선 나이까지 일하기 때문이다.

*Bike Pavilion_Sanya lakeside park

당신의 작업이 스트레스로 다가오기도 하는가? 만약 그렇다면, 어떻게 스트레스를 푸는가?

이전에 나 스스로 무언가를 알아내야 할 때 실패에 대한 스트레스가 무척 심했고 공격적이었다. 그래서 때때로 주변에 있는 것을 발로 차곤 했다. 어린 아이로서 처음으로 새집을 지었을 때 내가 원하는 대로 맞춰지지 않자 너무 괴로워서 워크샵에서 여러 번 망치를 던지기도 했다. 결국 Piete는 화가 나서 드릴로 움푹 패인 곳을 아름다운 구멍으로 만들어 버렸다. (극단적인 분노 조절!) 그러나 우리 직원들이 모든 것을 처리하면서부터 나는 앉아서 쉴 수 있게 되었다.

이제서야 우리 분야에서는 실제로 나이가 드는 것이 아주 중요하다고 깨닫고 있다. 비교적 젊은 건축가의 표현에 관대한 문화에서도 그들의 작품을 찾기가 매우 어렵다. 실제로 원하는 것을 짓기 위해서는 적어도 150살은 되야 한다! Rem이 이것을 명확하게 보여줬으므로 어쨌든 건강을 잘 유지하는 것이 중요하다. 몇 십 년간의 비만 후에 현재 체육관에 다니고 있다. 이것은 스트레스를 완화시키는데 아주 도움이 된다.

당신이 가장 좋아하는 공간은 무엇인가?

이불 아래이다. 하하 (마치 나의 아이들 처럼…)

What are your hobbies?
What do you do during your free time?

In principle architecture is my hobby, or planning, or almost anything man made. I like to go to galleries. I never took the time for it, but since I have kids I allow myself to work only 4 days a week. One day I look after them and together we go to playgrounds and art shows. My sons love that too. It is funny how contemporary art appeals to kids!

Did you, or do you have anything else that you wanted to pursue other than architecture?
If yes, why?

I would have loved to be a soccer player, for there is nothing more inspiring than a ball... but lack of skills. I dreamt of becoming a bass player, but I turned out to be a-rhythmic and tone deaf! Damn.

Architects are one of the busiest occupations; how do you maintain your married or dating life?
Any methods on keeping them well?

I do not have all the skills required to be an architect, in order to be productive I had to outsource virtually all aspects of the profession... I totally depend on the smart organism that is my office. As a consequence I have a lot of spare time... Very relaxed. It is a great privilege that the people I work with create the alternatives that I can react to without the 'pain' of having to actually draw or make it myself. In a way I live like a lion: rest all day in the shade and only now and then get up to try and catch pray.

And as I mentioned earlier I've only worked 4 days a week for the last six years. This is a mind blowing luxury, but not uncommon in Amsterdam. You'll see many fathers on the playgrounds, with mobile phones and mobile coffees. And knowing that as an architect you will probably be forced to work till you drop, far beyond the regular age to retire, I consider it an early pension...

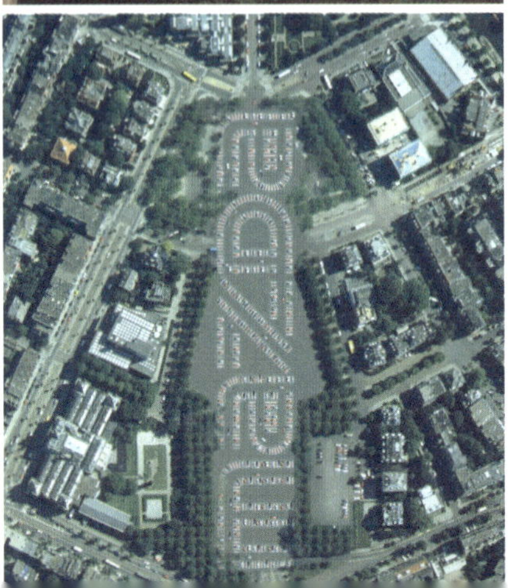

Does your work stress you a lot? If so, how do you relieve it?

In the early days when I still had to figure things out myself I used to get very stressed and aggressive with my own failures. So I used to kick things around occasionally. When I built my first bird houses as a kid and they wouldn't fit together like I had hoped I got so frustrated that I more then once threw hammers through the workshop! In our previous office we had a door that had many dents as a result of kicks and punches. Eventually Pieter, when he got mad, got a drill and made the dents into beautiful holes: sublime anger management! But since our workforce handles everything I can sit back and relax...

Only very late I realized that in our profession it is very important to get really old. Even in a culture that is relatively open to the expressions of young architects it proofed very difficult to find work If you want to get things done you should become at least 150! Rem made it clear that somehow you have to keep in shape. So after several decades of obesity, now I go to the gym once in a while. That works very well to relieve stress.

Where or what is your favorite space?

Under the blanket, haha (like my kids)

Block K

당신이 가장 좋아하는 프로젝트는 무엇인가? 이유는?

이는 조금 어려운 질문이다. 마치 "당신이 좋아하는 아들은?" 처럼… 하지만 그 중에서도 몇몇 프로젝트들이 다른 것들 보다 좀 더 성공적이었다고는 생각한다. 예를 들어 Ornament and Crime 은 그저 하나의 이미지로 이루어진 프로젝트다. 이는 건물을 반달리즘(vandalism, 공공 기물 파손죄)으로부터 보호하기 위해 실, 바늘, 철사와 같은 각각의 요소들을 과장된 방법으로 재 배치 시키는 아이디어였다. (실제로 반달리즘은 네덜라드에서 큰 문제다. 아마도 한국에서는 상상하기 힘들 것이다.) 우리는 고정용 빗으로 건물 전체를 감쌌다. Ornament and Crime은 부정적인 것을 심지어 아름답게 변화시킨 시도였다.

또 실현되지 못한 프로젝트는 Twente 대학교 캠퍼스의 학생들을 위한 주거 프로젝트다. 건물이 남쪽과 마주보고 있고 운동장을 바라보고 있었기 때문에 계단형 프로파일이 논리적으로 옳다고 판단되었다. 건물은 커다란 계단과 닮았다. 정말 멋있다. 단면은 마치 고질라(Godzilla)를 닮았다.

또한 Funepark에 위치한 푸른 골짜기와 같은 지붕이 있는 Block K 프로젝트와 작은 건물인 Gate house IPKW프로젝트를 아주 좋아한다. 아주 투명하고 추상적이지만 상호 작용적인 상부가 매력적이다. 체육관인 TNW 건물은 매우 성공적인 프로젝트 중 하나다. 상부가 주광을 끌어들이는 방식이 멋진 분위기를 만들어낸다. 아주 기능적이고 단순하며 숨이 멎을 듯이 멋지다. 나에게는 이외에도 많은 프로젝트들이 있다. **그래서 나는 건축 일을 멈출 수가 없다.**

What is your favorite project that you worked on? Any reason?

It a bit like asking: which is your favourite son? … But I have to admit that some projects are more successful then others. Some favorites are build other just remain projects, paper architecture. Ornament and Crime for instance, is a project that consists of just one image. The idea was to deploy the hardware to defend your property -needles and pins, barbed wire- in an exaggerated way to protect an utility building from vandalism (which is a big problem in the Netherlands, I know: it is almost unimaginable for Koreans). We entirely wrapped the building in spike combs. Ornament and Crime was an attempt to bend negativity into strangeness, beauty even. Another unrealized example is a student home on the Campus the University of Twente. Since it was facing south and overlooking the sports fields a stepped profile seemed logic. The building resembled a super sized Grand Stand. Really cool, the section looked like Godzilla…

But I'm a big fan of Blok K in Funenpark with the green valley as a roof, and the Gate house IPKW, a small building, very transparent and abstract but with an interactive reflective top, very sexy. Gymhall TNW is one of our most successful buildings, the way it let's in daylight from the top creates a 'divine' atmosphere: very functional, and simple, breathtaking. But there are so many, I can't stop…

나는 건축 일을 멈출 수가 없다.

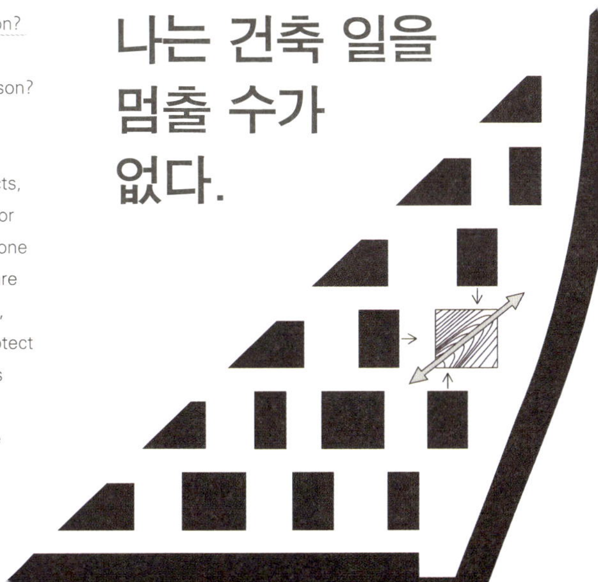

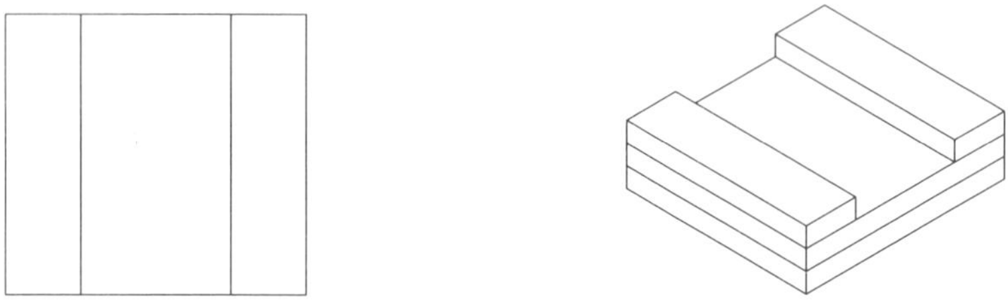

1 **2 + ½ Stories** Given envelope: The first two stories should be build in alignment (100 %), the third with a setback: 50% building + 50% roofgarden. Average building height = 7,5 meters. Total volume = 6336 m³.

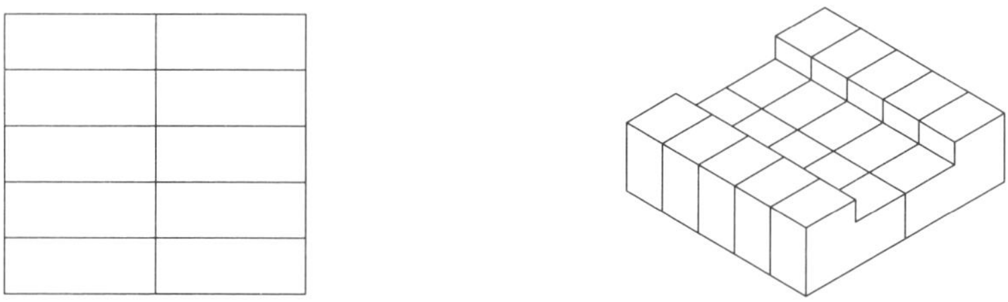

2 **Back to Back** Conventional building technique: 10 'ground related' identical houses.

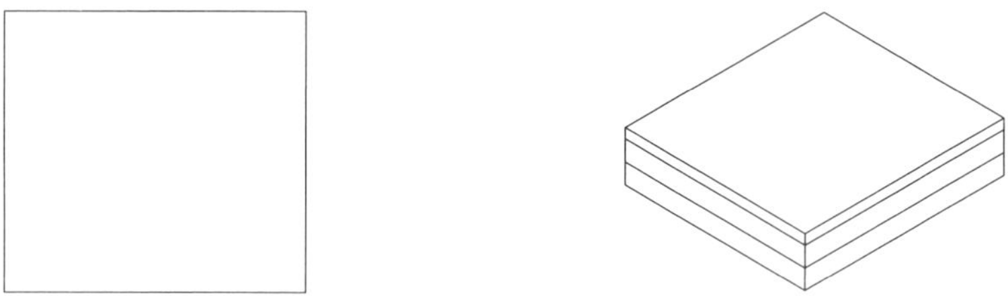

3 **Being John Malkovich** Re-interpretation of given envelope: 2½ stories (100% roofgarden): a block waiting to be touched.

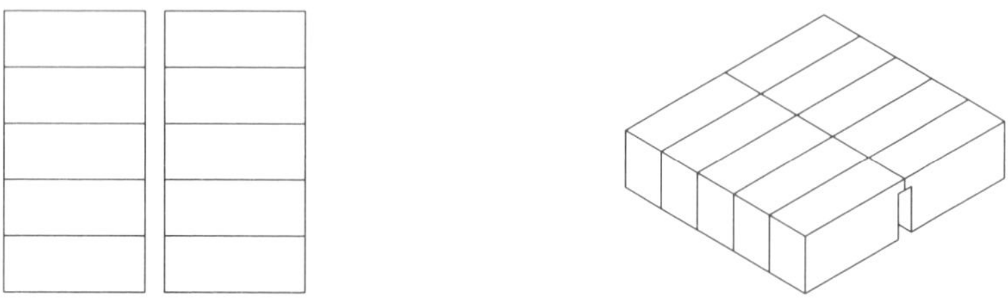

4 **Alley** The obligatory storage spaces, technical facilities and hallways are absorbed in and accessed from the 'center' of the block: the facades open up to the light and the 'park'.

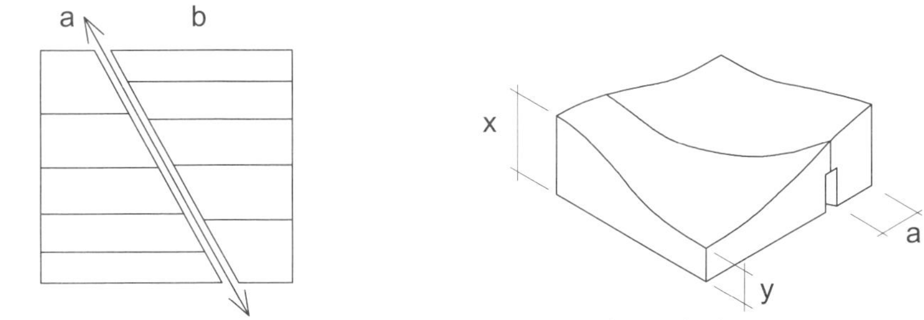

5 **Shortcut** By orienting the alley towards the two open spaces instead of two 'blind' walls an atttactive shortcut is created. As a consequence the block is deformed: northwest and southeast corners rise whereas northeast and southwest corners lower. The typology becomes elastic, a range from 1 ½ to 4 stories. Average building height remains 7,5 meters.

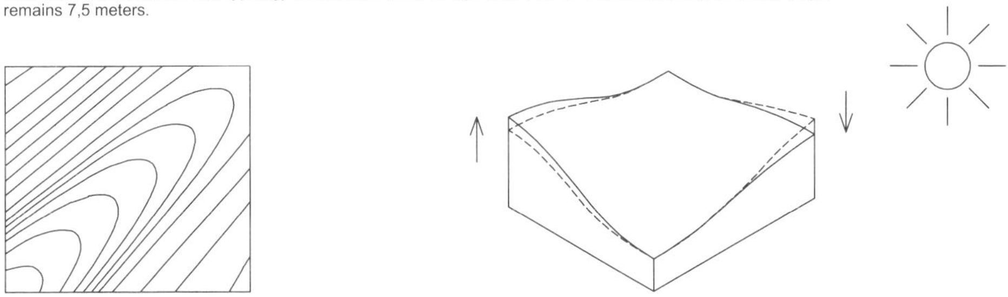

6 **Flex** Strategically positioning the volume towards the sun results in a lower south and higher north section. Amplitude of the building varies from 5 to 15 meters.

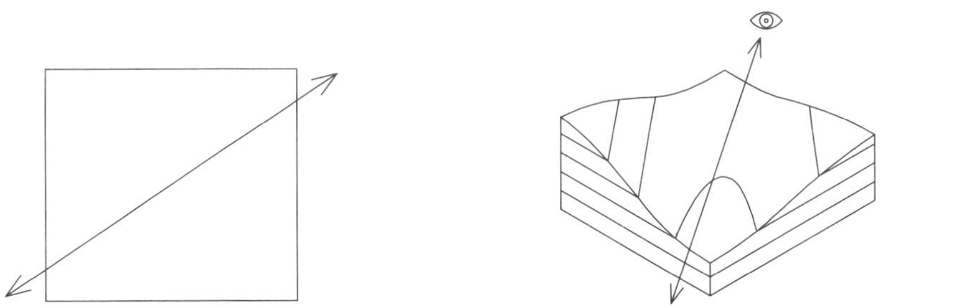

7 **Vista** The deformation as a consequence of the diagonal shortcut creates a 'void' in the otherwise dense master plan.

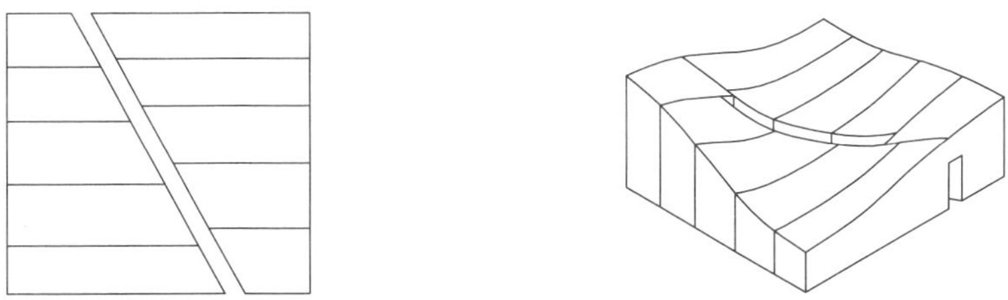

8 **Elastical Building Bay** The block is divided up in ten unique individual houses with equal volume (633 m^3) but different floor areas. The houses on the north and south sides get daylight from two sides, whereas the six in the middle depend on only one facade (and the patio). The extra width is a positive side effect of the "equation".

이야기를 담고 있는 프로젝트가 있는가? 무엇이었는가?

요즘 우리는 Kleiburg라는 흥미로운 프로젝트를 진행하고 있다. 원칙적으로 리노베이션 프로젝트인데 400mm 길이에 10+1층 높이 그리고 500세대의 아파트를 디자인 하고 있다. 건물은 아름다운 공원을 감싸고 있다. 건축주의 아이디어는 원래 기존의 건물을 부수고 층이 낮은 교외 주택들로 대체하는 것이었다. 그러나 경제상황이 악화되었고 새로운 모델이 필요하게 되었다. Kleiburg는 Bijlmer Museum 이라 불리는 비교적 작고 상직적인 지역이 포함되며 큰 도시 재생 프로그램기간 동안 철거되지 않았던 건물이다. Kleiburg는 도시에서 중요한 역할을 한다. 우리는 기존의 건물을 철거하려는 몇몇의 경우에 반대한 적이 있다. 그리고 우리의 생각을 표현하기 위해 Virtual Realities와 블로그를 이용하여 현재 그 건물을 재생시키고 싶어하는 사람들의 모임에서 우리를 팀에 합류시키고자 초대했다. 우리의 주된 관심은 본질적인 미를 살리는 것이다. 기존의 건물 자체가 원래 무척 아름답다는 생각을 드러내고 싶었다. 우리는 강한 수평성과 추상성을 강조하고자 노력하고 있다. 기본 아이디어는 기존의 주된 구조를 보수하고 모든 아파트를 미래의 구매자를 위해 남겨놓는 것이다. 그들은 마감처리가 되지 않은 집을 아주 싸게 구매할 수 있을 것이다. 난방 시스템, 부엌, 화장실과 같은 내부는 모두 소비자가 직접 디자인할 수 있다. 그들은 구조를 자신들이 원하는 아파트로 바꿀 수 있다. 초기 예산은 아주 적은 채로 아직 유지되고 있으며 따라서 현재 경제 규모에 이러한 아

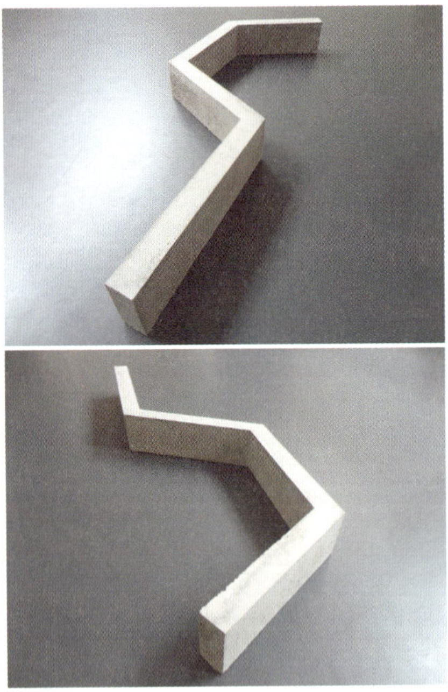

Kleiburg

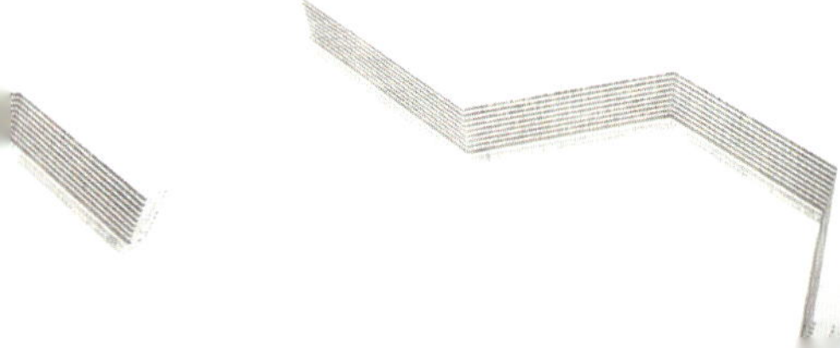

이디어는 아주 현명한 것이다. 만약 이것이 성공한다면 주거 개발의 새로운 유형이 될 것이다.

Kleiburg는 그 자체로 아름답지만 여기 저기 발전시켜야 할 부분들이 많다. 예를 들어 건물을 지은 후에 추가된 3개의 외부 엘리베이터를 없애고 그것을 내부로 갖고 들어와 켜켜이 쌓인 '랜드스케이프'라는 초기의 아이디어가 더 잘 보일 수 있도록 했다. 또한 외부의 인도 또는 갤러리들이 우리가 생각하기에 다소 방어적인 성격의 입면들로 둘러 쌓여져 있으며 내부와 외부의 경계가 폐쇄적이다. 우리는 이것을 개방하고 싶었다. 미래 거주자가 구매할 수 있는 파사드 요소의 카탈로그를 제공할 것이다. 이는 특정 레이아웃과 평면에 꼭 들어 맞을 것이다. 개인화되고 다양한 '인터페이스'들이 만들어 질 것이다. 이러한 디자인 접근은 유대감, 통일감 그리고 각자의 개성들을 만들어 낼 것이다.

현재 우리는 갤러리 조명을 계획하고 있다. 갤러리 조명은 매우 중요하며 반복적이다. 90년대 중반에 Digital Graffiti라고 불리는 계획안을 제안한 적이 있다. 갤러리 조명을 컴퓨터에 연결하여 사람들이 문자를 보내면 그것이 파사드에 나타나는 아이디어였다. 전체 건물이 빌보드가 되는 것이다. 또 다른 대안도 있었다. '만약 갤러리 조명이 동작 감지기와 함께 작동한다면 어떠할까' 라고 생각했다. 이러한 아이디어에 우리는 1974년에 찍힌 사진을 이용하였는데 이 사진은 지금 우리가 작업하고 있는 건물에서 찍은 사진이다. 역사는 너무나도 멋지게 제자리로 돌아오곤 한다.

Any project with many episodes? What were they?

Currently we're working on a very interesting project called Kleiburg. In principle it is the renovation of a huge block from the sixties: 400 meters long, 10 + 1 stories high, 500 apartments. The building beautifully wraps around a beautiful park. The idea of the housing corporation that owns it was to demolish it, and replace it with market driven, low rise, suburban houses. But then crisis kicked in, market collapsed, new models become necessary.

Kleiburg is part of a relatively small, emblematic area -the so-called Bijlmer Museum- that was not demolished during the big urban renewal program. Kleiburg plays a pivotal role in the remaining urban ensemble. We've resisted in several occasions to the idea of bulldozing the area. We used Virtual Realities and our BLOG to express our appreciation. And now a consortium of people that believe the building can be brought back to life invited us to become part of the rescue team. Our concern is to strengthen the intrinsic beauty. We hope to reveal that the building actually is gorgeous; we try to emphasize the powerful horizontality, enhance its abstraction. The basic idea is to renovate the main collective parts of the structure and leave all the apartments to the future buyers. They can obtain a very cheap house with no finishing; they have to do build in the interior including heating system, kitchen, bathroom: DIY. They can turn the structure into a dream apartment. Initial investments can remain very low, so in the current economy it is a very smart approach. If it becomes a success, it is a new business model for residential development the old world.

However beautiful Kleiburg is to us, it can be improved here and there. For instance, we intend to remove 3 external elevator shafts, that were added later, and bring them inside the main body so that the initial idea of stacked 'landscapes' can be made more

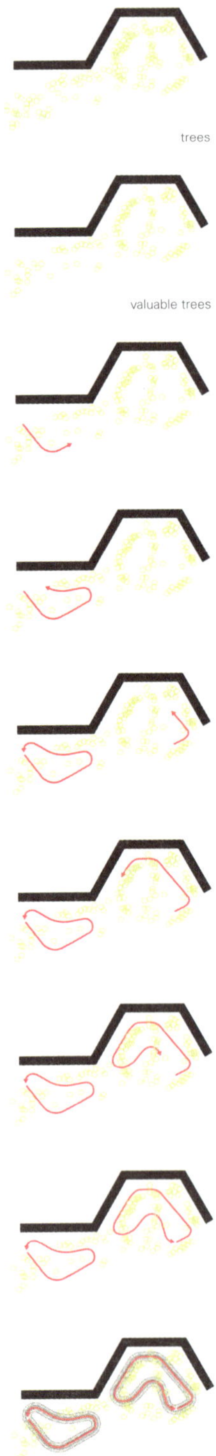

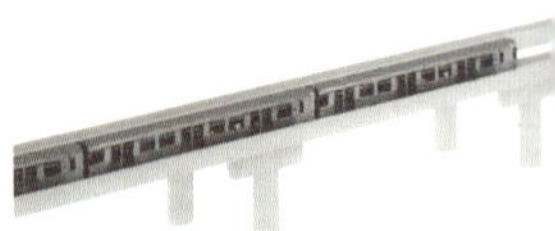

visible. Also the walkways or galleries on the outside are flanked by what we consider a defensive facade, the separation between inside and outside is relatively closed. We would like to open it up. We will offer a catalogue of facade elements that can be ordered by the future residents. It will fit their specific layouts and floor plans. As such a personalized and diversified 'interface' will come into being. The design approach contributes to a sense of community, unity and individuality at the same time.
Right now we have to plan the gallery lighting. Gallery lights have a tendency to be very dominant, very repetitive. In the mid nineties we made a proposal that we called Digital Graffiti. The idea was to connect gallery lights to a computer so that you could send text messages that would be displayed on the facade: the entire building would become a billboard. We also thought of an alternative. What if all the gallery lights would work with motion detectors? Every passer-by a shooting star! The amazing thing is that we used a photograph from 1974 that was shot from the building that we are now working on. History nicely folds back onto itself...

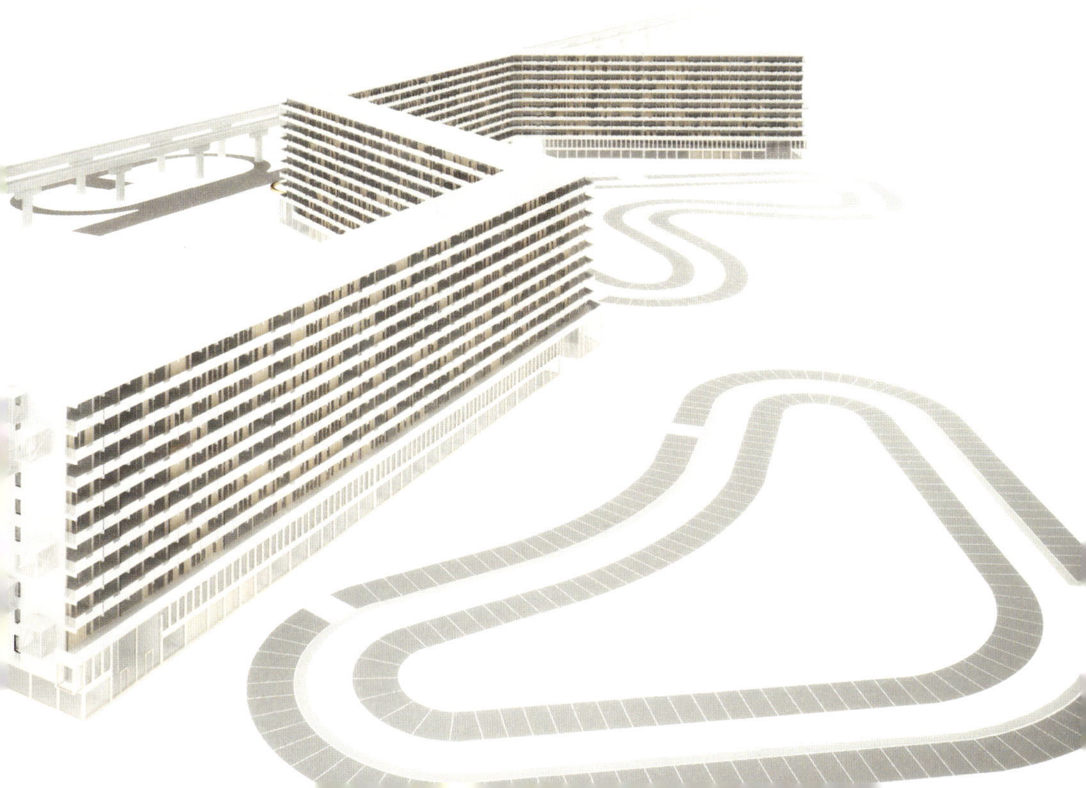

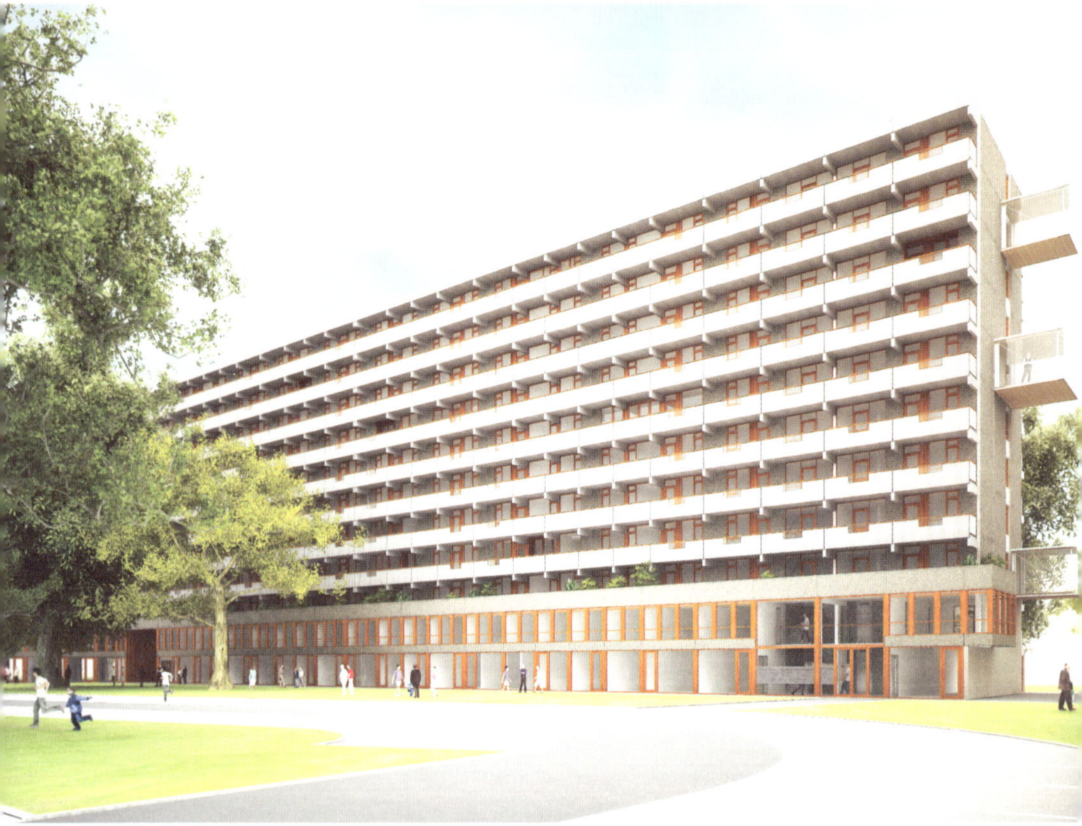

프로젝트를 어떻게 따는가? 프로젝트가 당선될 확률을 높이는 특별한 비결이 있는가?

이길 때 도 있고 질 때도 있다. 특별한 비결이 없다는 것이 두려울 때도 있다. 오늘날 네덜란드를 비롯해 여러 곳에서 건축가들은 재정적으로도 경쟁한다. 그것은 굉장히 짜증스러운 일이다. 건축가에게 주는 비용은 사실 건물을 짓는데 필요한 전체 비용에 영향을 미치지 않는다. 전체 비용에 대해 경쟁을 하는 것이 더 합리적이다. 몇 번의 입찰에서 진 이후 우리는 해결책을 강구해야 했다. 런던의 두 개의 타워에 대한 공모전을 위해 우리는 복제품 같아 보이지 않게 반복될 수 있는 하나의 건물을 디자인 했다. 우리는 일반적인 비용의 50%만을 요구했고, 이는 아주 현명한 방법이었다고 생각했다. 그러나 심사위원들은 Chipperfield의 디자인을 원했고 우리가 아주 싼 가격을 제시했기 때문에 우리의 디자인에 낮은 점수를 주었다. 창피하다!

기억에 남는 건축주가 있는가? 어떤 일들이 있었는가?

클라이언트들은 계획, 피드백, 협조, 수정, 비판 등에 있어서 아주 중요하다. 우리에겐 아주 좋은 클라이언트들이 많았다. 예를 들어, Utrecht대학의 캠퍼스 계획안의 책임자였던 Aryan Sikkema가 있다. 그는 회계에 있어서 아주 똑똑했다. 옥상의 BasketBar는 공공장소를 위한 예산을 사용하였으며 모든 돈이 재 할당되었다. 그러한 아이디어가 없었다면 아마 건물은 지어지지 못했을 것이다.

때때로 우리의 건축주 또는 그들의 대표들이 오히려 교육받은 건축가일 때도 있다. 이 때에는 커뮤니케이션이 쉽고 양방향 소통이 부드럽게 이루어지곤 한다. 또한, 건축주가 내,외부사정을 잘 아는 개발 전문가들인 경우도 있고, 어떤 건축주는 우리의 팬이기도해서 계속 함께 일하고 싶어하는 경우도 있다. 현재 Groningen의 '시 건축가'인 Niek Verdonk는 항상 우리의 능력을 전적으로 믿어주고 응원해주는 사람이다.

당신과 당신의 직원들을 초과 근무를 많이 하는가?

보통 나는 그렇지 않기 때문에 잘 모르겠다. 나는 이미 잠을 자고 있을 테니까. 하하..

직원들과 어떻게 소통하는가? 특별한 방법이 있는가?

우리는 사무실은 수평적인 조직이 되어야한다고 생각한다. 그래서 우리는 기본적으로 모두가 같은 위치에서 능력을 발휘할 수 있다. 그리고 팀 단위로 프로젝트를 진행한다. 사무소는 오랫동안 일을 해왔던 약 열 명 정도의 직원들로 구성되어 있고 그들이 프로젝트와 3-6개월 정도 머물게 되는 인턴들을 관리한다. 가끔 대화하는 데에서 생기는 오해로 인해 작품이 탄생하기도 한다. 우리는 많은 대안들을 발전시키기 위해 어떠한 답이 최선인지 토론하고 결정하는 과정이 길어질 때도 있다. 물론 결국에는 지위가 가장 높은 사람이 결정한다. 그러나 가끔 신기하게도 만장일치로 결정되기도 한다. 이는 Dutch Way이기도 하다: 위원회를 통해 결정하는 것!

팀원들과 갈등이 생기면 어떻게 해결하는 편입니까?

매우 좋은 질문이다. 놀랍게도 디자인에 관련된 진지한 갈등이 일어나는 일은 드물다. 축복받은 것이다. 여러 주제에 대해 서로 의견이 다를 때 우리는 논리적으로 해결하려고 한다. 야기되는 다양한 옵션들을 논의해 성과, 경제, 규제로 거르고 나눈다. 대부분 가장 좋은 방향으로 모두 합의 보는 편이다. 어떤 때에는 당연히 보이지만 어떤 때에는 고르지 못해 고민할 때도 있다. 그럴 때에는 여러 방면으로 발전시킬 수 있도록 한다. 결국 일이 추가되는 것이지만 결정을 미루는 것이 좋은 결과를 이뤄내는 것을 도와주기도 한다.

이러한 논의를 할 때에는 팀의 모든 사람들이 함께 참여하고 함께 결정한다. 물론 핵심적인 것을 결정하는 데에는 소장들이 최종 권한을 가지고 있다. 그래서 직원들은 자신들이 선호하는 것들을 얻기 위해서는 로비를 좀 해야 한다(웃음). 소장들을 그만큼 잘 설득시켜야 한다는 것이다. 어떤 건축가는 어느 순간 자신의 결정을 가지고 사무실을 떠나 다른 곳으로 가서 자신의 선택을 시험해 보기도 한다.

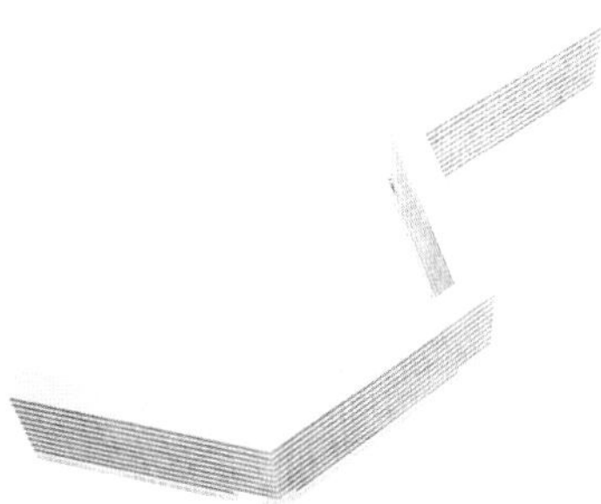

How do you win projects? Any special methods on increasing the chances of winning?

You win some and you loose some. I'm afraid we don't have a recipe… These days in the Netherlands and elsewhere architects also have to compete financially. That is very annoying; the difference in architect's fee doesn't really affect the outcome of the total building costs. It is more sensible to compete on total costs. But since we lost some bids on that basis, we had to find an answer.
For a competition for two unique towers in London we created one building that could be repeated twice without looking like a clone. As such we could offer our services for 50% of the regular fee. Very clever! But the jury wanted Chipperfield and since we were so cheap the jury had to give us very, very low grades for our design! Humiliating… ah!

Any memorable clients? What happened?

Clients are of course crucial: initiative, feedback, support, editing, criticism. We've had many inspiring clients, like Aryan Sikkema who was responsible for the very cool developments on the Campus of the University of Utrecht. He was smart enough for creative book keeping. The roof of the BasketBar was partly funded from a budget for public space, the money was re-allocated. Without that trick the building would have never been build…
Often our clients, or their representatives, are actually educated Architects. That makes communication easy and collaboration smooth, very much a two way relationship. Sparring. Also many of our clients are professional developers, knowing all the in and outs.
Some of clients are big fans and try to get us on board again and again. Niek Verdonk, who now is the 'City Architect' of Groningen, has always had a very stimulating fatherly believe in our capacities.

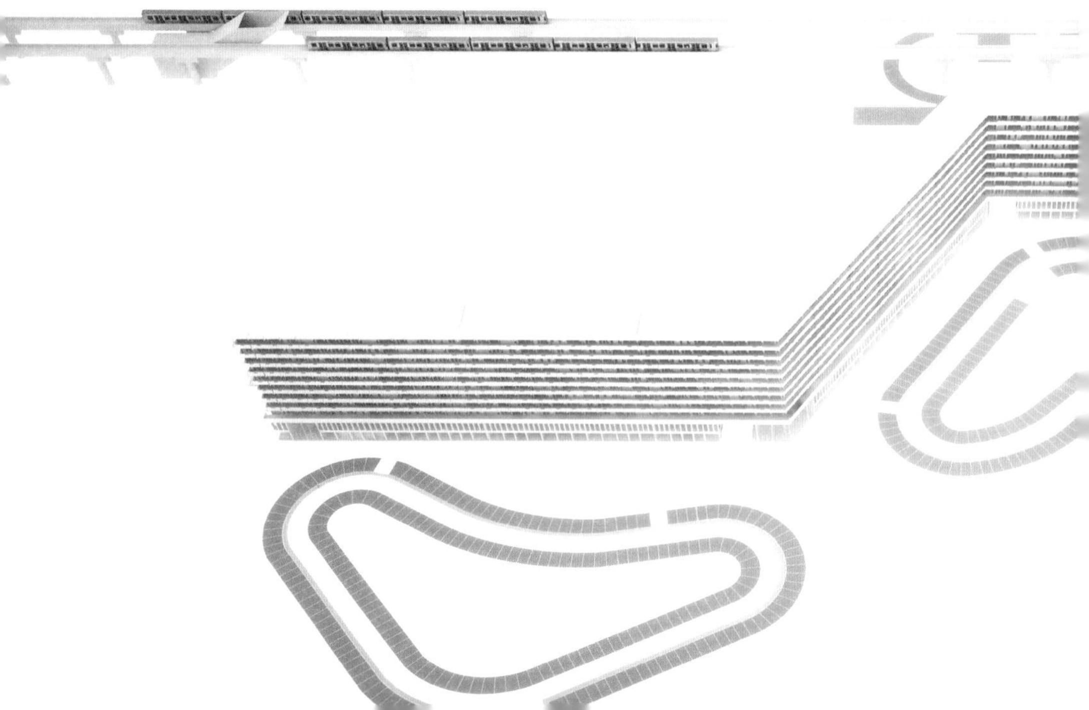

Do you or your employees work overtime a lot?

I'm not sure, normally I'm no longer around... already nicely snoring, haha...

How do you communicate with your employees? Any special methods?

We like to think that the office is organized in a 'horizontal' way. In principle everybody can contribute on an equal basis. We organize the work in teams. We have a compact staff of a bout 10 people that have been around for a long time. They coordinate the projects and a small army of interns that only stay for about 3 – 6 months. And then we sit down for brainstorms and evaluations, and create something beautiful. Often beauty emerges from misunderstanding. We develop many alternatives and often we only very late in the process decide which version is the best answer in our opinion, based on arguments, if possible. Of course in the end the bosses decide. But the magic of the office is that we often all agree, in a way it is the Dutch Way: rule by committee!

If you have some conflicts of opinion among co-workers, how do you deal with conflicts of opinion?

That is a very good question. Surprisingly enough, real conflicts about design issues are quite rare. We're blessed. If you work together, you can expect disagreement about many topics. We tend to follow logic: we discuss the many different options that come on the table, filter them through 'performance', economy, regulations. In almost all cases we agree on what is the best direction. Sometimes this is instantly evident, sometimes however, we can't choose... then we settle for developing multiple solutions. It means a lot of extra work! But postponing judgment helps to get a good result.
These discussions are with the whole team involved. We decide collectively. But In principle the three partners have the final say, of course. The employees will have to lobby for their preferences; they have to convince the bosses of that particular solution to get their way... Some of them at some point want to take their own decisions and leave, to try their luck elsewhere...

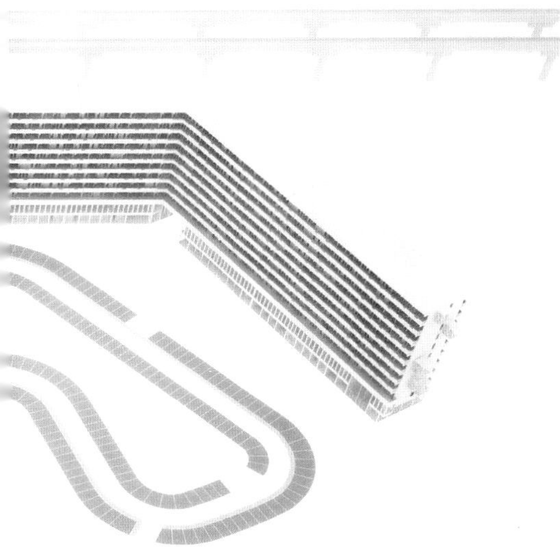

Architecture is a balancing act between the desires of the client, the interests of the general public and personal obsessions of the architect.

건축은 건축주의 요구, 일반 대중의 이익
그리고 건축가 자신의 관심 간의
균형점이다.

한국에서 서울이라는 도시에 대해 어떻게 생각하는가?

서울은 매우 인상적이다. 나는 서울의 팬이다. 한 동네에서 다른 동네로 가기까지 하루 종일 교통체증을 겪게 되기도 한다.

도시에서 한강의 역할은 나에게 수수께끼와도 같다. 내가 생각하기에 한강을 잘 활용하지 못하고 있는 것 같다. 강이 교통을 위해 효율적으로 이용되지도 않을 뿐만 아니라 오락을 위해 이용되고 있지도 못하는 것 같다. 사실 이는 단지 도시의 커다란 보이드(void)와 같다. 그러나 강 옆에 수많은 도로가 있음에도 불구하고 둑이 여가와 스포츠를 위해 점점 더 잘 활용되고 있는 것을 보는 것은 즐거운 일이다.

또 하나 도시의 충격적인 측면은 하나의 유형이 끝없이 반복되는 거대한 주거지역 개발이다. 유닛(unit)이 조합되는 방식이 흥미롭지 못하다. 대지, 경관, 일조에 대해 크게 고려를 하지 않은 것처럼 보인다. 그저 대지에 유닛들을 가능한 많이 만들어내는 것에만 관심이 있어 보인다. **나는 집을 짓는 과정에서 건축가가 큰 역할을 하는 문화에서 자랐다. 하지만 한국에서는 대형 회사들의 역할이 크다. 이로 인해 개인의 건축가가 시장에 개입하는 것이 불가능하다.**

그러나 다른 예들과 새로운 개발 프로젝트들도 있다. 청계천 복원 프로젝트는 도시 열섬(urban heat islands)이라 불리는 밀집된 도시의 지역에 대한 해결방안으로서 매우 흥미롭다고 생각한다. 사실 한국에 대한 나의 경험을 블로그에 몇 번 포스팅한 적이 있다. 대표적으로는 가평에서 했던 프로젝트의 건축주였던 Kolon E&C에서 지은 아파트 모델하우스에 대한 이야기인데, 그 내용은 다음과 같다.

"아파트 평면은 건축에서 보통 간과되고 있는 수납의 측면에 집중하고 있다. 내부는 매우 실용적이다. 이는 creative 팀 리더인 서현주씨와 일본 건축가 Kondo Noriko씨가 디자인한 것으로, 일본의 제한된 공간의 효율성과 변형 가능성을 높이는 아이디어들을 접목시켰다. 분해된 Frankfurter Küche이다."

나는 한국음식 또한 매우 좋아한다. 그리고 소주, 싸이... 강남 스타일은 네덜란드에서도 큰 히트를 쳤다. 나의 아이들도 온 종일 춤추며 가사의 일부를 외우고 변형하여 부르기도 한다!

What do you think about the city of Seoul, Korea?

Seoul is very, very impressive. I'm a big fan. You can be in a traffic jam all day if you travel from one end of town to the other!

Han River and its role in the city always puzzles me, it seems very much under used: the river isn't deployed for transportation, nor for recreation. In fact it is just a huge void in the city. This emptiness in itself is perhaps a big quality too. But it is nice to see that in spite of the bundles of highways that flow next to river, the banks more and more are used for leisure and sports.

One of the striking aspects is the massivety of the residential developments: endless repetition of one single typology. The way the units are placed together seems uninspired; it seems to lack consideration for the site, the view, orientation to the sun... The only parameter that seems to be optimized is number of units on the available plot.

I grew up in a culture where architects have played an important role in the production of houses. In Korea the big companies rule. It seems virtually impossible as an independent architect to enter that market. That is a huge pity because we can bring love and dedication and smart solutions. And soon also in Korea dwellers will become consumers! The desires of the future inhabitants will determine the demand. Architects will hopefully regain a position in translating en hopefully evoking those desires.

But there are other examples and new developments. The way the Cheonggyechon River has been reintroduced into the city forms a very inspiring example for how to solve the warming up of dense urban areas, the so-called urban heat islands.

I have actually posted several blogs about my experiences in Korea. For instance about a visit to a model apartment produced by Kolon E&C, our client for a project in Gapyong that we were working on. "The entire loft seems to be developed from the one aspect normally overlooked in architecture: storage. The residence is hardcore practical. The design is made by the in-house creative team lead by Hyun-Joo Seo in collaboration with Japanese designer Kondo Noriko. It combines Japanese resourcefulness in optimizing limited space and transformation during the day with actual spaciousness. An exploded Frankfurter Küche".

Also I very much like Korean food. And Soju. And Psy. Gangnam Style is a big hit in the Netherlands too. My kids dance to the tune all the time, they even partly know the lyrics and sing variations on it!

Loop house

한국에서 했던 프로젝트가 있는가? 어떻게 일을 얻게 되었는가?

우리는 한국에서 몇 개의 프로젝트를 진행했다. 우리의 좋은 친구인 yo2의 김영준씨는 때때로 우리를 만나러 온다. 우리는 함께 서울 근교에 Loop House라는 아주 흥미로운 주택을 디자인 했다. 나는 아직도 그 프로젝트에 대한 자부심을 갖고 있으며 김영준씨가 함께 일할 수 있는 기회를 준 점에 대해 매우 감사하게 생각한다. 이후에 우리는 몇 개의 다른 프로젝트들을 함께 진행 했다. Gapyong Space Invader 와 Love Slide 프로젝트가 그것이다. 이는 두 곡선형 계단이 위에서 만나게 되는 형태이며 밑 부분에서 파트너를 마주칠 수도 있다. 후에는 죽음이 갈라놓기 전까지 떨어지지 못한다. 그리고 나는 다시 새로운 모험을 위해 전화벨이 울리기를 희망한다.

한국에서 건물을 디자인하고 짓는 과정은 어떠했나? 다른 나라들과 비교해서 다른 점이 있었는가?

지구촌에서 수 많은 다양한 나라들을 보는 것은 언제나 흥미롭다. 우리와는 다른 점이 많기 때문이다. 예를 들어, 착공식 때 사용하는 웃는 돼지머리를 아주 좋아한다. 우리에겐 없는 것이다. 또한 일하는 방식도 다르다. 제 3자의 입장으로 흥미로운 측면을 발견하고 자유롭게 이야기 할 수 있기 때문에 마음을 열어 놓는 것이 중요하다.

한국에서 장남은 부모님을 모셔야 하기 때문에 배우자를 찾는 것이 어렵다는 것은 잘 알려진 사실이다.

사실 Loop House는 그들의 부모님까지 고려하여 설계해야 했다. 그러나 부모님들은 건물의 일부가 지하인 점 때문에 디자인을 좋아하지 않았고, 결국 그 집으로 이사하지 않았다. 그리고 심지어 건축주는 얼마 지나지 않아 결혼을 하게 되었다. 건축이 할 수 있는 것이란….

But I surely hope that the phone soon will ring again for a new adventure!

How was the process of designing and building in Korea? Are there any differences compared to other countries?

It is always very inspiring to see that there a so many different neighbourhoods in the Global Village. There are plenty of differences. I love the smiling pig head at ground breaking ceremony for instance, we don't have that. But they way things work is quite different. So you need a good guide. At the same time it smart to remain as open as possible., as an outsider you can actually notice interesting aspects and address the freely.
It is a well-known fact that the oldest sons in Korea experience difficulties finding a partner for they have to look after the parents. In principle the Loop House had to accommodate the parents as well, but they didn't like the design much since part was semi basement. They didn't want to be buried yet. So they did not move in. Astonishingly our client got married pretty soon after! What architecture can do...

Any projects that you worked on in Korea? How did you win them?

We've worked on several projects in Korea. Our very good friend Kim Young Joon of yo2 flies us in now and then. Together we've designed a very interesting Villa near Seoul, the Loop House. I'm still very proud of it and very grateful for the opportunity Young Joon gave us to collaborate. After that we tried several other projects too, Gapyong Space Invader and the Love Slide; a small playful heart shaped device for Jeju Do. Two curved stairs lead to two slides pointed towards each other, at the bottom you might crash into your partner; inseparable until death do us part...

Gapyong Space Invader

건축가들은 대중에 대한 책임감을 갖기 위해 무엇을 하는가?

건축은 건축주의 요구, 일반 대중의 이익 그리고 건축가 자신의 관심 간의 균형점이다. 네덜란드에서는 감독자가 개인의 계획이 대중에게 어떠한 영향을 미치는지 관리하는 아주 흥미로운 모델이 기획되고 있다. **건축가의 역할은 대중과 개인의 이익을 조정하는 것이다.**

우리는 건축주들이 그들에게도 해당되는 상호 이익들을 창조시키며 공공의 의무를 확대시키길 바란다. 그리고 간혹 어떤 건축주들은 실제로 그러한 책임감을 느끼며 '도시 생태학'에 많은 관심을 갖기도 한다.

건축가가 되기를 희망하는 사람에게 교훈이 될 수 있는 말을 해 달라.

호기심을 계속 가지고 있어라! 아니면 가져라. 올바른 질문들을 물어봐라. 아, 올바른 질문들만은 아니고… 자신의 실력을 높이면서 (매우 중요) 열린 생각을 가지고 있어라. "가지고 놀지 않는 이상 좋은 것은 없다" (George Clinton)라는 말도 있지 않은가.

Does architects have responsibilities to the public? If so, what are you doing to keep those responsibilities?

Architecture is a balancing act between the desires of the client, the interests of the general public and personal obsessions of the architect. In The Netherlands a very interesting model has been developed in which private initiatives are 'filtered' through a 'super visor' that oversees the public consequences of those plans and proposals. **The role of the Architects is to mediate between these public and private interests. We hope to entice clients to stretch their public duties by creating mutual benefits that will serve both. But very often they actually already feel the same responsibilities and are very much interested in creating 'urban ecologies'.**

For most people who are about to beginning with designing architecture(s), please advise them.

Stay curious! Or become curious. Ask the right questions. Oh, not only the right questions… While improving your skills (very important) keep an open mind. For "Nothing is good unless you play with it" (George Clinton).

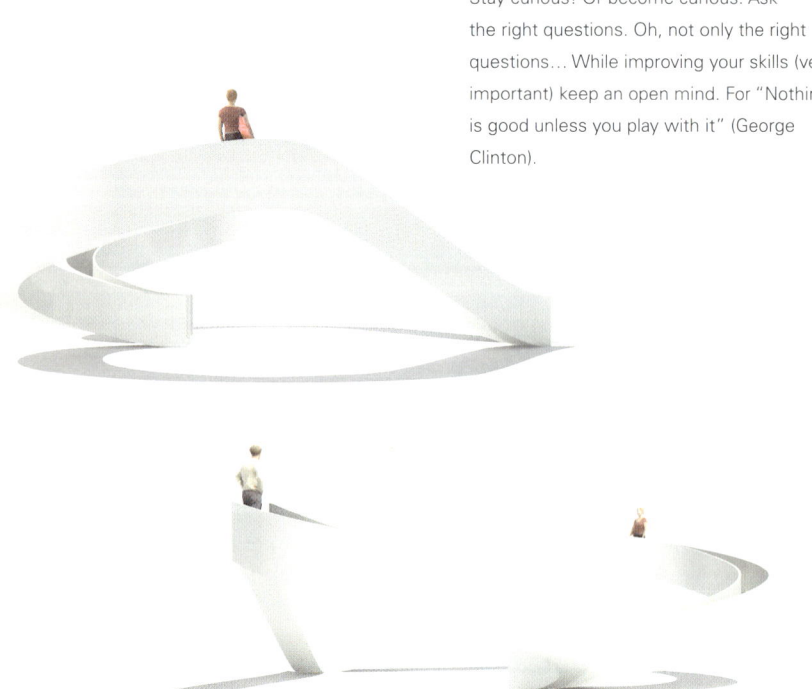

건축가의 역할은
대중과 개인의 이익을
조정하는 것이다.

The role of the Architects is to mediate between these public and private interests.

Gymhall TNW

건축가는 건축가 혼자 건물을 짓거나
도시를 디자인하는 전체 과정을 감독하고
관리할 수 있다는 생각을 버려야 한다.
이 시대의 건축가는 하나의 컨설턴트일 뿐이다.
그러나 간혹 일을 복잡하게 만드는 사람으로
부당하게 취급 당하기도 한다.
우리는 이러한 부정적인 이미지를 바꿔나가야 한다.
그리고 우리는 우리들의 직업을 훨씬 더
지지하고 응원해야 한다.

We have to defend (or perhaps reclaim) our position.
For the Architect is Dead.
The Architect being an entity that embodies the power to oversee
and coordinate the entire process of creating a building
or urban plan is becoming an illusion.
The architect now is just one of the consultants...
and unjustly considered just a complicating factor.
We will have to bend this negative public image;
we should advocate our profession much,
MUCH better. For we can actually make a better world!

Who is

BETILLON DORVAL BORY architects

www.betillondorvalbory.com

나는 건설기술사셨던 아버지와 함께 시골에서 자랐다. 외롭게 자라나 혼자 숲 속에 들어가 나무 위에 오두막을 짓기도 하고, 버려진 농장이나 폐허가 된 곳들을 찾아 다니기도 했다. 난 다른 아이들보다 자연 속에 있는 것이 매우 편했다. 그때 나는 그렇게 사교성 있는 아이는 아니었다.
가끔은 아버지를 따라 공사장이나 도시에 있던 사무실에 갔었다. 그 곳은 나의 기억 속에 깊이 자리하였다. 건축과 기사 사무실로 사용되고 있던 나무 바닥에 대리석 벽난로와 거울들이 가득했던 19세기 아파트. 온 공간에 가득했던 담배 연기와 청사진의 화학 냄새가 아직도 나의 코 끝을 자극한다. 아버지는 시간이 지나 그 곳의 사장이 되었고 나에게는 또 다른 집같이 그 곳이 편안해져 연필과 모형, 그리고 컴퓨터로 자주 놀곤 했다. 그 시절 이런 것들은 건설 사업에 있어서는 매우 새로운 것들이었다.

I grew up in the countryside, with a father being a construction engineer. I was a very lonely boy, so I spent a lot of time by myself in the woods, most of the time building tree houses or exploring abandoned farms and ruins. I really felt comfortable in nature, much more than with the kids at school; one could say I wasn't a social person back then.
Sometimes I would join my father on his construction sites or at his office in a larger town, a place that left me a very deep feeling : a ninetieth century apartment with wooden floor and marble fireplaces and mirrors converted into an architecture and engineering office, filled with cigarette smoke and the chemical smell of blueprints. He eventually became the owner of this small company so I really felt at home in there, and was often playing with pencils, scale models and computers – something extremely new at the time in construction business.

오랜 시간 동안 나는 건축가가 될 생각이 없었다.
처음에는 천체 물리학자, 그 다음에는 컴퓨터 과학자가
되고 싶었었다. 학부 때 컴퓨터 공부를 하는 것이
나에게는 막다른 골목이라는 것을 깨닫고서야 건축을
공부하기 시작했다.

For a long time I didn't really consider being an architect : I wanted to be an astrophysicist and then a computer scientist. I actually turned to architecture when I realized my college studies in computing were going nowhere...

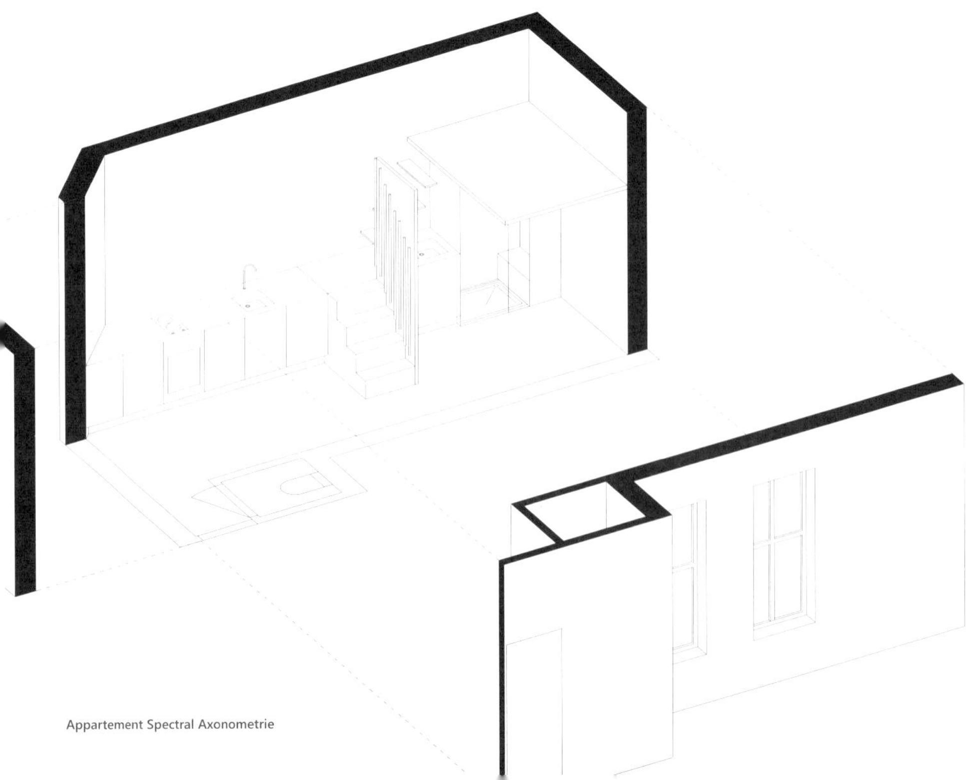

Appartement Spectral Axonometrie

건축가가 된 계기가 있나?

나의 아버지가 물론 영향을 끼쳤지만 그는 건축가가 아니었고 항상 후회하기도 하셨다. 하지만 아버지가 항상 건축가들과 일을 하셨고, 그 중 한 분이 나에게는 매우 흥미로워 보였다. 내 기억이 맞는다면 그는 힘들 일도 항상 재미있게 작업하였고, 시적이었으며 조금은 우울해 보일 때도 있었다. 나에게 장난감을 주면서 추상적인 것에 대한 얘기들을 하시곤 했는데, 나에게는 이것이 매우 이상한 일이었다. 내 주변의 모든 사람들, 특히 시골 사람들은 일상적인 문제들로 인해 매우 실용적인 것에 대해서만 이야기했기 때문이다.

아버지에겐 매우 존경하던 화가이자 작가였던 친한 친구 한 분이 계셨다. 내가 본 아버지의 행복했던 모습은 그 친구분과 밤새도록 술잔을 기울이며 대화를 나누셨을 때였던 것 같다. 그는 배우였던 그의 아내와 함께 우리를 찾아오시곤 하셨다. 그리고 그 친구분께서 돌아가셨을 때 아버지의 슬픔은 내가 본 중 가장 컸을 것이다.

매우 지적이셨던 그 친구분께서는 유화를 정말 잘 그리셨다. 그 친구 내외분께서는 우리 남매에게 매우 친절히 대해주셨고 나는 파리 몽마르트르에서 지낸 그분들의 보헤미안 라이프 스타일에 매료되었다. 박물관이나 극장에 새로 들어온 연극, 또는 세계적인 친구들과의 밤을 얘기해주실때면 시골 아이였던 나에겐 그저 넋이 나갈 정도였다.

하지만 오랜 시간 동안 나는 건축가가 될 생각이 없었다. 처음에는 천체 물리학자, 그 다음에는 컴퓨터 과학자가 되고 싶었다. 학부 때 컴퓨터 공부를 하는 것이 나에게는 맞지 않다는 것을 깨닫고서야 건축을 공부하기 시작했다.

건축가가 아니었다면 어떤 일을 하고 계셨을 것 같은가?

나는 항상 과학과 예술을 동시에 해보고 싶었다. 한 때 천체 물리학자가 되고 싶었다가, 컴퓨터 과학자가 되고 싶기도 했다. 만약 내가 건축가가 아니었다면, Olafur Eliasson (덴마크 출신의 설치미술가) 같은 프로파일이 나랑 어울렸을 것 같다.

나는 가끔 건축이 미적 감각이나, 기술, 또는 철학적인 면에서 조금 '뒤쳐진다'라고 느낄 때가 있다. 나는 과학자와 예술가 둘 다 매우 독창적일 수 있는 특권을 가지고 있다고 생각한다. 자신이 하고 있는 것이 진정 전위적인 것이라는 것 조차 모르면서 말이다.

여가시간에 무엇을 하나?

나는 독서 시간을 많이 갖는 편이다. 주로 건축에 대해서 읽지만, 예술, 사진, 정치, 그리고 천체 또는 전반적인 과학에 대해서도 읽는 편이다. 부모님 댁에 작은 망원경이 있는데, 그 곳이 실제로 프랑스에서 아마추어 천문학을 공부하기 가장 좋은 지역이다.

파리나 다른 곳에 작은 아트 갤러리를 방문하곤 하는데, 큰 박물관에서 여는 회고전들에는 관심이 없는 편이다. 요리하는 것이나 친구들과 함께 와인 한 잔을 하며 식사하는 것을 즐긴다. 물론 여행할 수 있을 땐 여행가는 것을 정말 좋아한다.

미혼인가, 기혼인가?

건축가이자 아티스트인 아내와 11년 동안 함께해왔다. 그녀는 지금 우리의 첫째 아이를 임신 중이다.

건축가는 매우 바쁜 직업이라고 다들 알고 있는데, 어떻게 결혼생활을 유지할 수 있나?

나는 최대한 야근을 줄이고 아내와 시간을 보내려고 한다. 같은 건축가여서 우리는 건축에 대한 대화를 많이 하는 편이지만 절대 일을 같이 하지는 않는다. 하지만 여유시간이 있을 때 그녀는 나의 사무실에 들르는 것을 좋아한다. 주말에 조용할 때면 마치 두 번째 집 같이 편안해서 그런 것 같다.

스트레스를 많이 받는 편인가? 그렇다면 그 스트레스는 무엇으로 푸나?

스트레스를 많이 받는다. 그래서 스트레스를 풀면서 일에 집중할 수 있도록 좀 더 지적인 것에 시간 보내는 것을 좋아한다. 그래서 책을 많이 읽는 편이다. 또 루앙에 있는 노르망디 건축 대학에서 (파리에서 1시간 반 거리) 1주일에 한번씩 스위스 건축가 필리프 람과 함께 실험적 설계 프로젝트를 진행하고 있다. 일상적인 일로부터 휴식을 취하는 것 같아 좋다. 기차를 타고 학교로 가는데, 그 여정이 나에게는 글도 쓰고, 휴식을 취하며 조용히 생각할 수 있는 시간이다. 학생들과 작업할 때면 현실적인 예산, 행정, 일정 같은 문제들로부터 벗어날 수 있어 매우 즐거운 시간을 보낸다.

Is there a trigger or a role model that made you decide to become an architect?

My father certainly influenced me, but he wasn't an architect and always had this regret. He was working with architects though, and one of them kind of intrigued me because – even if he mostly had a difficult time with business – he was surprising and fun, always poetic and a bit melancholic as I can remember. He would offer me original toys and talk about abstract things, which was very strange for me because everybody around me, especially in the countryside, was very pragmatic, dealing with daily problems…

My father had a close friend, a painter and a writer, that he respected a lot. I think the happier I saw my father was when he spent time with him, usually talking and drinking all night long, when he would come to visit us with his wife, an actress. I never saw my father as sad as the day this friend passed away.

This man was an intellectual and a very skilled oil painter, he and his wife were extremely kind to me, and my sister and I were fascinated by their artist and bohemian life in Montmartre in the 80's, in Paris where I had never been to. They would talk about museums or a new play at the theatre or crazy nights with some cosmopolitan friends. For a countryside kid, it was just mesmerizing…

But for a long time I didn't really consider being an architect : I wanted to be an astrophysicist and then a computer scientist. I actually turned to architecture when I realized my college studies in computing were going nowhere…

Did you, or do you have anything else that you wanted to pursue other than architecture? If yes, why?

I always wanted to work both with science and art. Once I wanted to be an astrophysicist, later a computer scientist. I think a profile like Olafur Eliasson, if I wasn't an architect, would fit well to me.

I feel sometimes that architecture is a bit "late" in terms of aesthetics, technology, or even philosophy. I believe both scientists and artists have the privilege to be extremely inventive, to work in a true avant-garde without even noticing it sometimes.

What are your hobbies? What do you do during your free time?

I spend a lot of time reading : about architecture mostly but also about art, photography, politics, and astrophysics or science in general. I own a small telescope at my parent's place, which is for real the best spot in France for amateur astronomy.

I often visit small art galleries in Paris or anywhere, but I don't feel comfortable with big retrospective exhibitions in huge museums. I love to cook, have a good meal with friends with an old bottle of wine. Obviously I love to travel when I can, if I can.

Are your married, or dating?

I am with someone – an architect and artist, no surprise – for 11 years, she's currently pregnant with our first child.

Architects are one of the busiest occupations; how do you maintain your married or dating life? Any methods on keeping them well?

I really try not to work overtime, and spend as much time I can with her. As she is an architect we also talk a lot about architecture, but we never work together. However she likes to come in her spare time to the office when I'm there, it's like a second home when it's quiet on the weekend for example.

Does your work stress you a lot? If so, how do you relieve it?

Yes it does. To help me concentrate and relieve the pressure, I like to focus on more intellectual things, that's why I like to read a lot. I also teach an experimental project in the School of Architecture of Normandy, in Rouen (1:30h away from Paris) with Swiss architect Philippe Rahm once a week, and it really helps to make a break with regular office issues. We take a train to go there, and it's a quiet moment during which I can write a bit, relax and think calmly. Working with the students provides a very stimulating experience, miles away from the budget/administrative/schedule difficulties that we all face in and architecture business.

Appartement Spectral Plan Concept

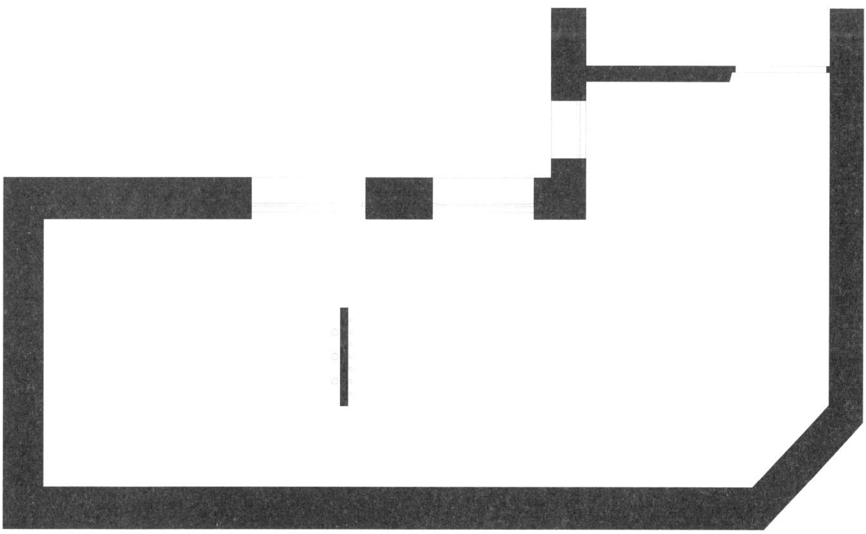

건축 공부를 하면서 영감 받은 건축이나 건축가가 있나?

건축학과 학생이었을 때, 나는 프랭크 로이드 라이트에 빠졌었다. 그 당시 주요 근대주의자의 길을 걷지 않고 자연을 대하는 자신만의 방법을 사용한 것에 감명받았다. 나중에는 대부분의 학생들처럼 렘 쿨하스에 관심을 갖기 시작했다. 하지만 후기 작품들 보다는 그의 초기 작품들에 더 관심을 갖게 되었고, 그 계기로 Superstudio나 Archizoom 같은 이탈리아의 아방가르드한 사무실들을 관심 있게 보기 시작했다. 그들이 사용한 추상적인 관점, 특히 급진주의적인 면들이 매우 인상 깊었다.

4학년 때 (2003년도) 거의 동시에 SANNA 및 일본의 여러 현대 건축가들, Diller & Scofidio, 그리고 Décosterd & Rahm (지금 내가 함께 일하는 필립 람)을 알게되었다. 건축 공부를 시작하고 처음으로 무언가 제대로 된 건축을 본 것 같았다. 이는 매우 감동적이었다. 나는 특히 Diller & Scofidio의 예술적이고 상호적인 작품들과 Décosterd & Rahm의 생리적인 건축이 인상 깊었다. 대부분 설치미술이었는데 나에게는 너무 신선한 주제여서 그들의 길을 따라가기 시작했다. 그러다 논문심사 때 필립을 만나게 되었고, 몇 년 후 나에게 자기와 함께 수업을 가르쳐보지 않겠냐며 제안해 왔다. 나는 그를 멘토로 생각하기도 한다.

제일 좋아하는 공간이 있나?

내 기억에 가장 남는 건물은 스위스 이베르동 레 방에 위치한 Diller&Scofidio의 Blur Building이다. 직접 가보지도 못했고, 지어진 후 1년 뒤에 알게 되었지만 이 건물은 건축에 대한 나의 관점을 완전히 바꿔놓았다.

좀 더 평범한 쪽으로는 파리에 있는 Palais de Tokyo를 매우 좋아한다. 끝없이 탐구해볼 수 있는 근대의 폐허 같은 곳이지만 오늘날 만큼 잘 사용된 적도 없을 것이다. 모두 건축사무소 Lacaton&Vassal 덕분이다.

자신만의 특별한 건축 언어가 있나?

우리 둘 다 그리드와 급진적인 형태에 집착하는 편이다. 비록 그들만큼 강열하고 정확하지는 않지만, 아마 Superstudio나 OM Ungers의 영향 때문 일 것이다. 또한 **빛, 소리, 그리고 온도 같은 추상적인 요소들을 가지고 작업하는 것을 좋아한다. 공간의 기본적인 것들을 가지고 디자인하는 것이 건축의 역할이라고 믿기 때문이다.**

자기 프로젝트 중 가장 인상 깊었던 것은 무엇인가?

Appartement Spectral 프로젝트를 매우 즐겁게 작업했었다. 작년에 지어진 작은 프로젝트인데, 인공 빛의 스펙트럼 요소들을 사용해 디자인했다. 꽤 급진적이면서도 실험적이었지만 결과적으로 매우 흡족한 동시에 놀랍기도 했다. 클라이언트가 매우 좋아했다.

작업을 하면서 재미있었던 에피소드가 있었다면 무엇인가?

졸업 후 프랑스를 떠나 처음에는 칠레, 그 다음에는 아르헨티나에서 살았었다. 부에노스아이레스에 살고 있던 당시 남부 프랑스에 살고 있던 학교 친구 Raphael이 나에게 작은 공모전을 같이 해보자고 했었다. 예술적인 프로젝트 공모전이었는데 우리는 인공 안개를 사용해 기후 인스톨레이션을 디자인했다. 이것으로 우리는 공모전에서 수상을 했고, 그것이 우리 지금 사무실의 첫 시작이었다. 인스톨레이션을 완공하기까지 6개월이 주어졌고, 크기는 크지만 예산이 적어 반 이상은 우리가 직접 만들어야 한다는 것을 알고 있었다. 툴루즈에 도착한 후 2주 동안 우리는 밤낮으로 일하며 인스톨레이션 만들기에 박차를 가했다. 이 프로젝트는 기준이란 것이 없었다. 우리 둘이서만 그때 그때 문제 해결을 하며 작업해야 했다. 매일 40도가 넘는 날씨에 작업하면서 힘들었지만, 해질녘에 안개로 가득 찬 그린하우스 안에서 빛나는 50개의 형광 튜브들을 봤을 때의 기분은 이루 말할 수 없었다. 매우 성공적이었던 우리 프로젝트는 4일 동안 열렸던 이벤트에서 명소로 지명되었다. 이제 막 시작하는 사무실에게는 너무나도 좋은 기회를 준 프로젝트였다.

프로젝트는 어떻게 수주 하나?

우리는 많은 공모전에 참여하는 편이 아니라, 대부분 클라이언트에게 연락이 오는 편이다. 주로 잡지나 책에서 우리를 보거나 주변 지인들에게 소개를 받아 연락을 한다. 공모전에서 수상을 하거나 프로젝트를 따내는 특별한 방법은 없지만, 우리가 우리 자신에게 확신이 든다면, 클라이언트 또한 우리에게 확신이 들 것이라고 믿기 때문에 우리가 하고자 하는 아이디어를 최대한 잘 표현해 보여주려고 노력한다.

Appartement Spectral Plan Final

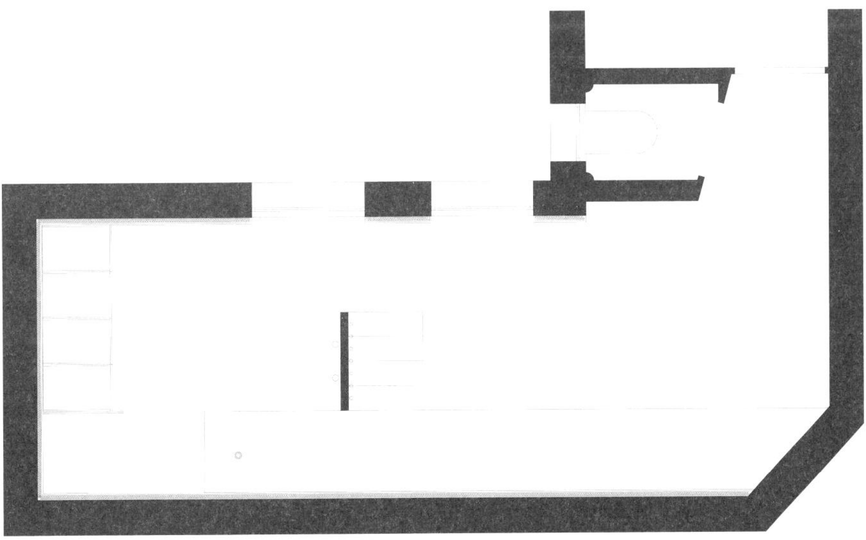

Any architect or architecture that inspired you during your studies?
Any episodes related to them?

As a young architecture student, I was fascinated by F.L. Wright, his way of dealing with nature without following the mainstream modernist path kind of made sense to me. Later – like many students at that time – I developed an interest for Rem Koolhaas, but especially his early works, which led me to Italian Avant-Gardes like Superstudio or Archizoom. I was very impressed by the abstract dimension of their projects, the radicalism of them.
When I was in 4th year (2003), I discovered almost simultaneously SANAA and contemporary Japanese architects, Diller & Scofidio, and Décosterd & Rahm (the same Philippe Rahm whom I eventually teach with). For the first time in architecture, I really felt that something was very right here, something extremely relevant and touching. I was particularly impressed with the artistic and interactive work of Diller & Scofidio, and the physiologic architecture of Décosterd & Rahm. It was mostly art installations, but it was so fresh that I started to follow their paths. I eventually met Philippe Rahm for our final thesis and, getting to know each other a little bit more through years, he finally invited me to teach with him. I sort of consider him my mentor today.

Where or what is your favorite space?

Following previous questions, the building that impressed me most was the Blur Building by Diller & Scofidio, in Yverdon les Bains (Switzerland) in 2002. I actually didn't visit it, and discovered it one year after, but it totally changed my views on architecture.
In a more conventional way, I love the Palais de Tokyo in Paris, it's like a modern ruin that you can endlessly explore but it has actually never been as well used as today, thanks to the recent work of architects Lacaton & Vassal.

Any unique architectural language of your own?
How is it reflected on the projects?

My partner and I share some kind of obsession for grids and radical forms. We were very probably influenced by Superstudio or OM Ungers while we were students, even if we feel much more approximate and shy... This being said, **we also like to work on abstract components of space like light, sound and temperature, and we believe that designing these basic spatial qualities should be the role of architecture.**

What is your favorite project that you worked on?
Any reason?

I enjoyed a lot working on Appartement Spectral, which is a very small project we built last year involving spectral qualities of artificial lights. It was quite radical and experimental, but the result was very satisfying and surprising at the same time, and the client was amazingly happy with it.

Any project with many episodes? What were they?

After graduating, I left France to live first in Chile then in Argentina. My friend from school Raphaël, living in the south of France, then proposed me to work on a small competition, me still being in Buenos Aires. It was a call for artistic projects, and we designed a climatic installation, mostly made of artificial mist. We actually won the competition and it was the starting point of our office.

We had 6 months to organize the construction of the installation, but we knew we would have to build half of the project ourselves as it was so big and the budget so low. So I flew back to Toulouse and during 2 week we worked nights and day to build it. There was nothing standard on this project, we had to design custom solutions and realize them immediately just the two of us. It was 40°C all the time, we were extremely tired, but when the mist first came out of the nozzles and filled up the long greenhouse, lightened at dusk by 50 watertight fluorescent tubes, the feeling was intense. The event lasted four days, our installation was a huge success and ended the main attraction of the event…

It was a good project to start a practice.

How do you win projects? Any special methods on increasing the chances of winning?

We don't enter in many competitions, and we usually get contacted by clients. They may have heard from us through magazines and publications, or through common friends or acquaintances. We don't have a specific technique to win projects, we try to present ideas the way we want to build them, because we believe that if we are truly convinced, the client will probably be too.

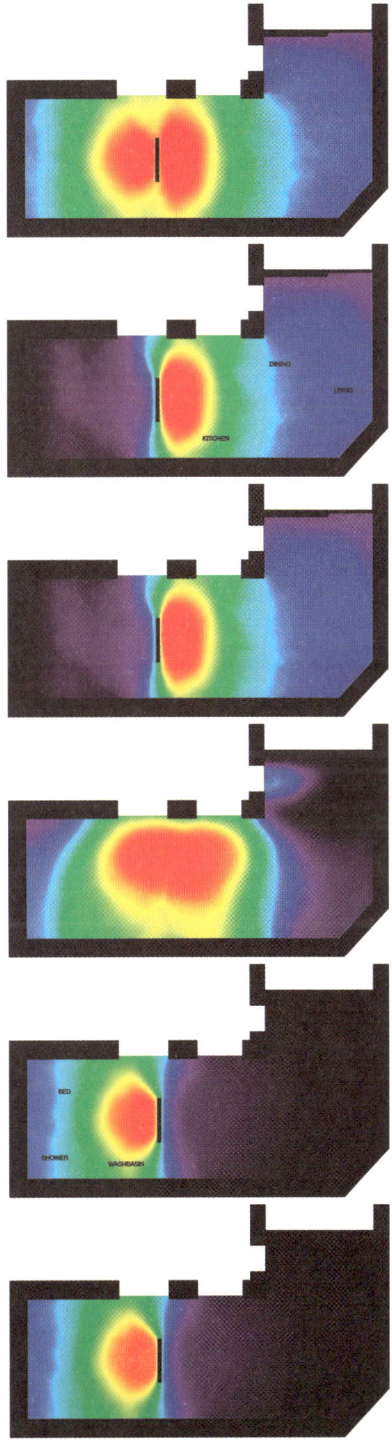

LIGHT FLUOS + SOX
LIGHT FLUOS descrip
LIGHT FLUOS
LIGHT NATUREL
LIGHT SOX descrip
LIGHT SOX

사무실을 시작하게 된 경위는 무엇인가?

나의 첫 클라이언트 Wes Anderson 덕분에 나는 졸업하자마자 건축가로서 홀로서기를 할 수 있었다. 혼자 일한지 1년 후, 프랑스를 떠나 칠레, 그 다음에는 아르헨티나에서 살았었다. 프랑스로 다시 돌아왔을 때 나의 친구 Raphael과 함께 파리에 새로운 사무실을 차리기로 결심했다. 우리의 프로젝트 Paysages en Exil이 그 시작점이었다. 가장 힘들었던 점은 새로운 프로젝트 자체를 얻는 것이었다. 특히 Raphael이 전에 살아보지 않았던 파리라서 더욱 힘들었다.

특별한 클라이언트가 있나?

기억에 남을 수 밖에 없는 나의 첫 클라이언트는 미국의 영화 감독인 Wes Anderson이었다. 2주 동안 그의 개인 조수였던 친구 덕에 막 졸업을 앞 두었던 나에게 감독이 연락을 해왔다. 얼마 전에 파리에 위치한 아파트를 매입했는데 그 곳을 개조해달라는 요청이었다. 전에 건축가 Laurent Deroo 밑에서 일한 적이 있었는데, 클라이언트가 주로 프랑스 패션 브랜드인 A.P.C와 그 사장 Jean Touitou였고, 가끔 Sofia Coppola를 위해 프로젝트를 맡기도 했었다. 이 경험과 나의 친구를 보고 Wes 감독은 내가 적합한 건축가라고 생각을 했다. 그래서 졸업 1주일 뒤 나는 그와 함께 프로젝트를 진행했다. 그는 매력적이고 똑똑하고 우아한 사람이었고, 그 무엇보다도 매우 정확하고 요구가 많은 사람이었다. Wes 감독은 아파트의 모든 부분마다 매우 특정한 아이템들과 디자인을 원했고 나 또한 그렇게 경험이 많은 편은 아니었기 때문에 조금 힘든 프로젝트이기도 했지만 우리는 끝내 프로젝트를 완성 했고, 그는 만족스러워했다.

다즐링 주식회사라는 영화가 (삼형제가 인도를 여행하는 이야기) 상영될 때쯤 함께 일하던 포르투갈 사람이랑 있던 에피소드가 있다. 배관공이었던 그는 가끔 벽돌공으로 일하기도 했는데, 시공사 사람들에게 무시를 당하고 있는 것 같아 보였다. 하지만 그는 좋은 사람이었고 영화나 사진에 대해 이야기 하는 것을 좋아했다. 어느 날 그는 나에게 Wes Anderson 감독의 영화들을 모두 봤다고 이야기 하며 최근 영화, 다즐링 주식회사를 정말 좋아한다고 했다. 롤라이플렉스를 가지고 혼자 인도를 여행했던 그는 영화가 촬영되었던 곳들을 대부분 알고 있었다. 그리고 그는 François Truffaut의 팬이자 매우 교양 있는 사람이었다. 시공 비즈니스의 실용적인 세계에서 헤매며 동료들에게 무시 받고 있던 이 사람이야 말로 프로젝트에 그 누구보다도 Wes 감독과 가장 가까운 사람이었던 것이다. Wes 감독에게 이 이야기를 해줬을 때 감동을 받았지만, Wes 감독은 프랑스어나 포르투갈어를 하지 못했고, 벽돌공은 영어를 하지 못해 둘이 직접적인 대화는 하지 못했다.

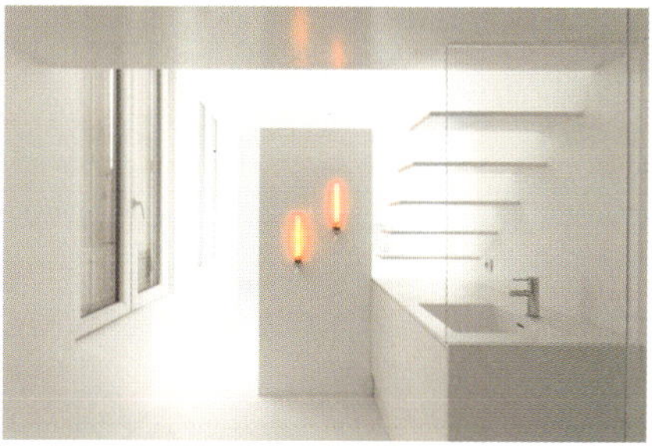

What made you decide to start your own office? What was the biggest challenge during the start up?

I settled as an independent architect right after graduating, thanks to my first client Wes Anderson. After one year working alone, I left France to live first in Chile then in Argentina. When I came back my friend Raphaël and I decided to join forces to create a new office, based in Paris. The starting point was our project Paysages en Exil.

The biggest challenge was to actually find new projects, especially in Paris where Raphaël never lived.

Any memorable clients? What happened?

My very first client was American film director Wes Anderson, and he was indeed memorable. I was about to graduated when he contacted me to renovate/refurbish the apartment he had just bought in Paris, thanks to a good friend who was his personal assistant for 2 weeks only. I had previously worked for architect Laurent Deroo, whose clients are mostly French fashion brand A.P.C. and its owner Jean Touitou, but he did a few projects for Sofia Coppola as well. With this experience on one side, and my friend as his assistant on the other side, Wes felt confident that I was the right architect to do the job.

So I graduated and the next week I started to work with him of the project! He is a fascinating man, very clever and elegant, but most of all extremely precise and demanding. The project was a bit difficult because Wes really wanted specific items and design for every single elements of the apartment, and I was actually quite inexperienced as well, but we finally made it through, and I think he was satisfied with the result.

It was at the time of the screening of The Darjeeling Limited (a story about 3 brothers travelling all the way through India), and one funny episode was with one of the Portuguese workers. He was a plumber but also a bit of a bricklayer, and was somehow underestimated by the rest of the builders' team. But he was a very nice guy, and liked to talk about cinema and photography. One day he told almost naively me he had in the past seen all Wes Anderson's movies, and liked a lot the new one, The Darjeeling Limited. He knew well the regions where the film had been shot, as he had traveled extensively in India, alone with his Rolleiflex. He was most of all an admirer of François Truffaut, and an extremely refined person. This worker, lost in a very pragmatic world of the construction business and mocked by his fellows, was actually closer to Wes world than anyone else in the project. I remember was kind of touch when I told him, but he could speak neither French nor Portuguese and the worker couldn't speak English, so they never had a direct exchange...

빛, 소리, 그리고 온도 같은 추상적인 요소를 가지고 작업하는 것을 좋아한다. 공간의 기본적인 것들을 가지고 디자인 하는 것이 건축의 역할이라고 믿기 때문이다.

We also like to work on abstract components of space like light, sound and temperature, and we believe that designing these basic spatial qualities should be the role of architecture.

미래의 건축의 변화에 대한 생각을 말해달라.

(비즈니스로서) 건축의 미래를 생각해보면, 건축가를 거의 쓸모 없는 전통적인 구상으로 바라보고 있는 세상 속에서 건축가인 우리가 없어서는 안될 사람이 될 수 있는가에 달려있다. **우리 건축가는 '다시 숙련'되어야 한다. 이 말은 곧 우리가 다른 사람들 보다 우리 환경의 변화를 빨리 알아차리고 모든 면에서 전문가가 되어야 한다는 것이다. 그저 좋은 조경 건축가, 그저 좋은 렌더가, 그저 좋은 수동 주택 전문가가 아니라, 모든 것을 잘 해야 한다.** 하지만 이것은 거의 불가능하기 때문에 우리는 빨리 배우는 법, 그리고 각 상황마다 필요한 사람을 찾는 법을 배워야 한다.

건축가를 꿈꾸는 학생에게 해주고 싶은 말은 무엇인가?

여행을 많이 하고, 항상 호기심을 가지고, 자신을 위해 생각하고, 절대 무료로 일하지 말고, 열심히 일하되 쉬는 것을 잊지 말아라. 그리고 프로젝트마다 필요로 하는 건축적인 해결책을 어떻게 이루어낼 수 있을까에 대한 가장 일반적인 방법들을 생각해 봐라. 그리고선 그 방법들 중에서 어떠한 것이 단순한 습관인지, 바보같은 공간 구성인지, 아니면 괜찮은 시공 기술인지를 생각해 본 후, 완전히 그 반대를 만든다면 어떨지 생각해 봐라. 기본 해결책과 그 반대를 알아낸 후에는 각각의 원칙을 적용하며 더욱더 발전시킬 준비가 되어있을 것이다.

그렇다면, 건축가란 누구라고 생각하는가?

비즈니스로 생각한다면 건축가는 용기있고, 체계적이고, 재능이 많고, 열려있으면서도 비판적이어야 한다. 좀 더 넓게 얘기하면, **건축가가 꼭 건축을 만들어내는 사람은 아니다. 위대한 건축물들은 건축가 없이도 매일 만들어지고 있고, 위대한 건축가가 항상 진짜 건축물을 짓는 것도 아니다. 하지만 건축가는 건축을 알아보고, 밝혀내고, 평가할 줄 알아야 한다.** 몇몇 직업을 얘기하자면, 자신이 무엇을 하고 있고 그로 인한 결과가 무엇인지를 잘 알고 있어야 한다. 예술가처럼 건축가가 된다는 것은 명확한 역사적인, 지리적인, 그리고 화학적인 맥락에서 정확히 무엇을 만들어내려고 하는지 안다는 것이다. 그저 무작위로 만들어진 것이 아니라는 것이다.

Any prospects on the changes in architecture in the future?

Following the previous question, I believe the future of architecture (as a business) depends on our ability to become indispensable in a world where the classic figure of the architect is almost useless. **We need to get "re-skilled", that means learning faster than the others what our environment is made of, to become experts on it on every level.** Not just a good landscape architect, not just a good render artist, not just a good passive house builder, we have to be quite good at everything. This being almost impossible, we need to learn how to learn quickly and how to find the right people for each situation. It is thus mostly an art of improvisation.

Words of wisdom for those wishing to become architects.

Travel a lot, be curious and think for yourself, never work for free, work hard but don't forget about the rest!

And, think about what would be the most common way of designing the architecture solutions for such a project. Then wonder what in these solutions are simple habits, dumb space organization, or even good construction techniques, and wonder what it would be to create the total opposite. Once you determined what the basic solution and its opposite are, you are ready to elaborate a catalog of intermediate solutions, each one based on one principle.

Who is Architect?

As a business, an architect must be courageous, organized, talented, open and critical.

Then in a broader meaning, **an architect is not necessarily the one who produces architecture. Great architectures are produced every day without architects, and great architects sometimes never build real architecture. But an architect is always someone who can recognize, reveal or evaluate architectures.**

To define some professions, you need to be aware of what you do and the consequences of it. Like being an artist, being an architect means that you know what you are aiming to produce, given a specific historical, geographical, and chemical context, it's not random creation.

건축은 사람이 만들어낸 환경 속에 우리가 살고 있는 빈 공간을
디자인 하는 것이다. 그것은 옥외 구조물일 수도, 집일 수도,
또는 산업시설일 수도 있다.
나는 건축이 건물 그 자체라고 생각하지 않고
건물의 위치와 크기를 정하는 공기, 빛, 소리와 같은 특성들로
이루어져 있다고 생각한다. 건물은 그저 결과물일 뿐이다.

Architecture is the design of the void we inhabit in
any human-built environment, may it be an open air structure,
a house, or an industrial facility. I believe architecture is
not directly the solid matter which buildings are made of,
but rather the air/light/sound qualities coming from
the position/size of this matter. Buildings are just a result.

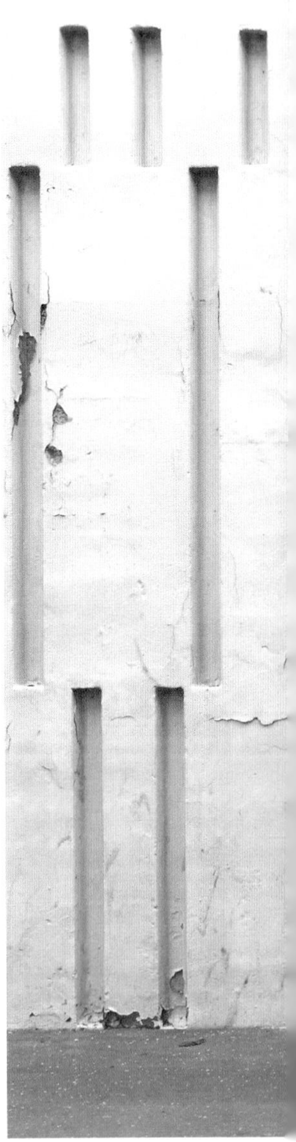

Who is

RICARDO BOFILL TALLER DE ARQUITECTURA

www.ricardobofill.com

나의 아버지가 건축가이자 건축업자이셨기 때문에 자연스레 건축을 공부하고 싶었다. 10대 때부터 아버지의 일에 관심을 두기 시작했는데 정말 많이 배웠던 것 같다.

My father was an architect and a builder, I wanted to study architecture and since my teens I became interested in his work and I learned a lot.

내가 어렸을 적, 나의 부모님께서는 예술의 정점을 보여주기 위해 나를 이탈리아로 데려가셨다. 걸작이 많이 전시되어 있는 로마와 피렌체, 비첸차와 팔라디움의 궁전들이 있는 지역 등으로 말이다. 그래서 나는 우리 가족이 갖고 있는 시각 예술에 대한 관심이 내가 건축가가 되는 데 많은 도움이 되었던 것 같다.

As a child my parents took me to Italy to discover the best works of art in Rome, Florence, where the best pieces are exhibited, Vicenza and his region where Palladium's palaces are, etcetera. The interest of my family for the visual arts helped me a lot to make the decision to become an architect.

취미가 무엇인가?

독서와 클래식 음악 감상을 좋아한다. 특히 요한 제바스티안 바흐를 선호한다: 아트 갤러리와 박물관에도 자주 간다.

건축가는 매우 바쁜 직업이라고 다들 알고 있는데, 어떻게 결혼 생활을 유지할 수 있었나?

내 아내는 인테리어 디자이너라서 나와 내 팀과 함께 공동 작업을 한다. 쉽게 짐작하겠지만 우리는 같이 보내는 시간이 정말 많다.

스트레스를 많이 받는 편인가? 그렇다면 그 스트레스는 무엇으로 푸나?

바다나 사막같이 탁 트인 넓은 대자연으로 여행을 가곤 한다.

건축가가 아니었다면 어떤 일을 하고 있을 것 같은가?

내 일만으로도 너무 바빠서 다른 것을 할 시간은 없다.

건축 공부를 하면서 영감 받은 건축이나 건축가가 있는가?

다양한 건축가들을 존경했고 아직도 존경한다. 예를 들면 많은 현대 건축가들 외에도 프랭크 로이드 라이트, 루이 바라간, 안토니오 가우디 등이 그러하다.

제일 좋아하는 공간은 어디인가?

내가 사는 곳이다: 이곳은 내가 2년에 걸쳐서 재단장한 엄청나게 오래된 시멘트 공장이다. 대 작업이기도 했지만 내 취향대로 공간을 만들 기회가 되었다.

자신만의 특별한 건축 언어는 무엇인가?

내 건축적 언어가 가장 잘 표현될 때는 도시에 시민의 복지를 위한 공간을 주입하는 일을 할 때이다.

당신 프로젝트 중 가장 인상 깊었던 것은 무엇인가?

모든 프로젝트는 꼭 자식 같다. 지나간 프로젝트들은 내 경력의 일부분이고 하나하나가 내 성장에 도움이 됐기 때문에 애정이 간다. 새로운 프로젝트는 해결하기 힘든 새로운 도전이 자주 주어져서 즐겁고, 곤란스러운 일은 오히려 날 더 강하게 만드는 것 같다.

작업을 하면서 재미있었던 에피소드가 있었다면 무엇인가?

너무 많아서 고를 수가 없다…

사무실을 시작하게 된 경위는?

주거 지역 생성에 관련된 공간적 기하학의 연구에 기반을 둔 내 아이디어를 좀 더 개발하고 싶어서 개인 사무실을 내기로 결정했다.

What are your hobbies? What do you do during your free time?

I read I listen to classical music, being Johan Sebastian Bach one of my preferred composers; I often visit the art galleries and the museums.

Architects are one of the busiest occupations; how do you maintain your married or dating life? Any methods on keeping them well?

My wife collaborates with me and my team, she is an interiors designer. As you can imagine we spend most time together.

Does your work stress you a lot? If so, how do you relieve it?

Travelling to the open spaces of nature as the sea or the desert.

Did you, or do you have anything else that you wanted to pursue other than architecture? If yes, why?

I am too occupied with my work, I have no time for anything else.

Any architect or architecture that inspired you during your studies? Any episodes related to them?

I admired and admire various architects as, for example, Frank Lloyd Wright, Luis Barragan, Antonio Gaudi among many contemporary others.

Where or what is your favorite space?

The one where I live: an ancient cement factory which I was refurbishing during two years. It was a great task and the opportunity to mold the spaces at my taste.

Any unique architectural language of your own? How is it reflected on the projects?

Where my language is best expressed is projecting urban spaces for citizens' welfare.

What is your favorite project that you worked on? Any reason?

Projects are like sons, I love the old because they are part of my professional career, each one has been a step forward in my progress. I'm excited by the new because they involve new challenges often difficult to resolve. The difficulty makes me stronger.

Any project with many episodes? What were they?

There are so many that I am not able to make a choose...

What made you decide to start your own office?

I decided to found a personal workshop to develop my own ideas which then were mainly based on the investigation of geometry in space related to the creation of residential neighborhoods.

How do you win projects? Any special methods on increasing the chances of winning?

I have no secrets, I always work projects, in competition or not, taking into account all constraints and the needs of each one of them.

Any memorable clients? What happened?

My memorable clients has been mainly politicians: not always architecture and politics are good friends.

Any stories behind the name of your studio/office?

"Taller" in Spanish means Craft Workshop: I thought it was the most appropriate name.

Casablanca Twin Towers*

프로젝트는 어떻게 수주 하는가?

비결같은 건 없다. 공모전이든 아니든 항상 프로젝트를 진행하면서 프로젝트마다 딸려오는 모든 제약과 요구를 고려할 뿐이다.

특별한 클라이언트가 있나?

내 인상에 남았던 의뢰인은 주로 정치인들이다: 건축과 정치가 언제나 좋은 친구는 아니기 때문이다.

사무실 이름엔 어떤 의미가 있나?

스페인어로 "Taller"는 공예 작업장이라는 뜻이다: 이는 우리 사무실 이름으로 가장 적합한 이름이라고 생각한다.

당신이나 당신 사무실의 직원들은 야근을 많이 하는 편인가?

우리는 항상 일이 많고 동업자분들은 나와 목표가 같다. 그래서 그분들 일정에는 손 대지 않는 편이다.

직원들과 어떻게 소통하는 편인가? 특별한 노하우가 있나?

서로 아이디어에 대해 소통하고 맞서는 것이 내 방식이다. 그러면 가능한 모든 해결책이 나오기 때문이다.

동료들과 작업 중에 의견이 안 맞을 경우, 이 갈등을 어떻게 해결하나?

내 생각에 갈등은 유용하기도 하고 일하는데 자극제가 되어 주기도 한다.

미래의 건축 변화에 대한 생각은?

건축가들의 의지가 어떠하든 간에 건축은 새로운 기술이 나오면 같이 바뀌어야만 한다고 생각한다.

건축가를 꿈꾸는 학생들에게 해주고 싶은 말은?

가능한 한 최대한 자유로워지세요.

건축이란 무엇인가?

르 코르뷔지에가 말했듯 (Toward a New Architecture, 1923) "건축은 공리주의의 사실적 요인들 그 너머에 있고 플라스틱으로 만들어진 것이나 다름없다. (…) 건축은 빛 아래에 존재하는 볼륨에 관한 현명하고 정확하며 훌륭한 게임이다. (…) 기능이 간단한 유용성, 편안함, 그리고 실용적인 우아함이라고 볼 때 건축의 의미와 그 의무는 건물을 반영하고 기능을 흡수하는 것만이 아니다. 모든 관계성의 정비례성 덕분에 건축은 최고의 예술이고 수학적 체제이며 순수 이론이자 완벽한 조화가 된다: 이것이 건축의 '기능'이다."

Do you or your employees work overtime a lot?

We has always worked a lot, my collaborators take the same goals as mine. For that reason I leave to them flexible schedules.

How do you communicate with your employees? Any special methods?

My method is to communicate and confront ideas and all the possible solutions to the problems.

If you have some conflicts of opinion among co-workers, how do you deal with conflicts opinion?

I think that, in a certain way, conflicts are useful and a stimulus during the work.

Any prospects on the changes in architecture in the future?

In spite of architects will, the architecture must change as new technologies are discovered.

Words of wisdom for those wishing to become architects.

Try to be free as far as possible.

What is Architecture?

As Le Corbusier said (Toward an Architecture, 1923) "The architecture is beyond the utilitarian facts. Architecture is a plastic made. (...) The architecture is the wise, correct, magnificent game of volumes under the light. (...) Its meaning and his task is not only to reflect the building and absorb a function, if function is understood that a simple utility, comfort and practical elegance. Architecture is art in its highest sense, it is mathematical order, is pure theory, complete harmony thanks to the exact proportion of all relationships: this is the "function" of architecture".

건축가는 어떻게 해야 미학적으로 신세계에 입성할 수 있는지를 알고 있는 사람이며,
창조적 세계를 경험할 줄 아는 사람이다.

An architect is the one who knows how to enter a new world
of aesthetic experience a world of creativity.

W Barcelona Hotel

Who is

OPARCH

www.oparch.net

나는 1970년도에 미국 마사추세츠 케임브리지에서 태어났다. 부모님 두 분 모두 MIT를 졸업했고, 아버지는 과학자, 어머님은 건축가셨다. 배경은 북쪽 유럽과 동쪽 유럽인 에스토니아, 폴란드 그리고 헝가리, 이렇게 세 곳이 섞여있다. 미국 그리고 EU 시민권 둘 다 가지고 있다. 1975년에 우리 가족은 캘리포니아주 버클리로 이사를 해서 70-80년대에 캘리포니아 북쪽에서 자라났다.

건축적으로 봤을 때 나는 어린 시절, 극과 극을 경험했다. 하나는 그 시절 텅 비어있던 캘리포니아로, 역사로 인한 문제도, 위대한 건축도 없는 그곳은 무한대의 가능성을 가지고 있었다. 그리고 다른 하나는 수많은 건축 책들로 가득했던 우리 집. 특히 유럽 건물에 대한 책들이 많았다. 80년대 어느 때부터 건축 저널들을 보기 시작했다. 특히 기억에 남는 것은 Progressive Architecture Awards라는 연례적인 건축 상이었는데, 포스트모더니즘의 시작과 끝을 그려주기도 하였다. 이 시대에서 가장 뚜렷하게 기억나는 것은 아이젠먼의 1987 Guardiola House다. 나에게는 하나의 계시와도 같았다. 대각선의 대칭, 믿기 어려울 정도의 캔틀리버 그리고 사람이 느끼는 초조함까지, 모든 것을 갖춘 프로젝트였다. 잘 맞는 클라이언트만 있다면 나는 아직까지도 이러한 요소들을 넣어 작업해 보려고 하고 있다.

I was born in Cambridge, Massachusetts in 1970. Both of my parents attended MIT. My father is a scientist and my mother is an architect. Culturally, my background is a mixture of northern and eastern Europe: Estonia, Poland and Hungary. I am both an American and EU citizen. In 1975, my family moved to Berkeley, California. So I grew up in Northern California in the 1970s and 80s.

Architecturally, my childhood was an odd mixture of two extremes: (1) the emptiness of California at that time – with its attendant sense of open-ended possibility unburdened by history or significant Architecture; and (2) an extensive architecture library at home, with a focus on European buildings. At some point in the 1980s, I started to follow the architectural journals. In particular, I remember the annual drama of the Progressive Architecture Awards, which kind of broadly charted an arc into and out of post-modernism. My clearest memory from this period is of Eisenman's 1987 Guardiola House. It was a revelation: diagonal symmetries, implausible cantilevers, jittering – the works. I am probably still trying to work out many of these issues (with the right clients!) to this day.

San Francisco

건축적으로 봤을 때 나는 어린 시절, 극과 극을 경험했다. 하나는 그 시절 텅 비어있던 캘리포니아로, 역사로 인한 문제도, 위대한 건축도 없는 그곳은 무한대의 가능성을 가지고 있었다. 그리고 다른 하나는 수많은 건축 책들로 가득했던 우리 집이었다.

Architecturally, my childhood was an odd mixture of two extremes:
(1) the emptiness of California at that time – with its attendant sense of open-ended possibility unburdened by history or significant Architecture (2) and an extensive architecture library at home, with a focus on European buildings.

Maria Ogrydziak

건축가가 된 계기는?

우리 어머니께서는 MIT를 졸업하시고 자기 사무실을 운영하고 계신 건축가이시다. 덕분에 나는 집 곳곳에 있는 건축 용품들에 둘러싸여 스튜디오 문화가 무엇인지 느끼며 자랄 수 있었다. 하지만 정작 대학갈 때에는 자연 과학을 전공할 계획으로 입학했다. 그런데 어쩌다 건축을 하게 되었냐 하면 나는 1학년 때 건축 설계 수업을 들었는데, 듣자마자 빠져나올 수가 없었다. 프린스턴 대학은 특히나 설계 스튜디오 문화가 강했는데, 이것이 전공을 바꾸게 된 계기가 되었던 것 같다. 그때에는 아방가르드한 느낌의 단체의식이 조금은 컬트적이었다.

그리고 그 때에도 물론 OMA은 우리 모두의 머릿속에서 맴돌고 있었다. 나는 아직도 학부 시절 들었던 쿨하스의 강의가 뚜렷하게 기억난다. 유일하게 건축대 규모보다 컸던 강의였다. 로테르담 건축 박물관 제안을 설명하면서 금색 빛깔의 자갈 지붕을 보여줬었다. 왜인지는 모르겠지만 이 강의는 단순한 역사나 이론이 아닌 실제 건물에 대한 나의 관심도를 높여주었다. 물론 금색 지붕은 조금 웃겼다. 하지만 동시에 희망적이기도 했다. 순진하거나 향수를 불러 일으키지 않으면서 낙관적인 요소였다. 그리고 다이어그램을 통해 나온 것도 아니었다. 디자인 개발의 특정 요소들을 가지고 지적으로 발전시킬 수 있는 건물을 디자인 한다는 것이 매우 재미있어 보였다.

하지만 현재 나의 가장 중요한 롤모델은 아마 Bruce Nauman일 것이다. 그의 작품들은 새로운 장을 열고 질문을 던지는데, 이는 모범적이라고 생각한다. 그리고 걱정거리들을 전달하는 그의 작업 방식 또한 마음에 든다. 또 어떤 면에서는 우리 고향의 자랑거리이다. 그는 내가 자라난 캘리포니아주 데이비스에서 공부했다.

취미가 무엇인가?

캘리포니아 주니어 테니스 대회에서 활동을 했었고 요즘에도 꾸준히 테니스를 치는 편이다. 특히, 시간이 갈수록 점수가 펼쳐지듯 올라가는 전략적인 면이 좋다. 테니스에서 희한한 점은, 테니스 게임 자체는 매우 규율적이고 제한되어 있는데 선수들의 게임 스타일은 자신들의 캐릭터를 따라 제각각 이라는 것이다. 그래서 흥미롭고 심리적인 면이 있는 것 같다. 또한 매일 어느 정도 책을 읽으려고 노력한다. 요즘은 가면 갈수록 미디어의 소리가 높아지는 것 같아, '쓸데없는 이야기'는 최대한 하지 않으려고 하는 편이다. (스포츠 라디오를 듣는 것은 빼고 말이다.) **주로 문학, 철학, 그리고 건축 이론관련 책들을 읽는다.**

건축가는 매우 바쁜 직업이라고 다들 알고 있는데, 어떻게 결혼 생활을 유지할 수 있나. 가정을 잘 꾸려나가는 자시만의 특별한 방법이 있나?

건축사무소를 운영하면서 파트너와 함께 두 아이를 키운다는 것은 매우 '바쁜'일이다. 다행히도 우리는 이러한 상황과, 사생활과 일 사이의 경계선이 흐려지는 것을 즐기는 편이다. Zoë와 내가 가장 중요하게 생각하는 것은 우리 작품과 상황을 보는 관점을 더욱 키우기 위해 주말마다 도시 밖으로 나가 꽤 많은 시간을 보낸다. 주로 드넓은 야외를 찾아가게 되는데 다행히도 캘리포이나 북쪽에서는 자연과 문화를 짧은 시간 안에 연달아 경험할 수 있어 좋다.

스트레스를 많이 받는 편인가?

어느 프로젝트에서나 항상 스트레스 받는 것은 단순한 가능성을 특정한 해결책으로 바꾼다는 것을 의미한다. 이러한 스트레스를 풀고 싶지 않은 것은 아니지만, 바로 풀려고 노력하기 보다는 그 증상들을 알고 쓸모 있게 사용하려고 한다. 사실 생각해보면 조금 웃긴 질문이기도 하다. **성공적인 건축가는 두 개의 다른 것들을 동시에 받아들일 수 있어야 한다고 생각하기 때문이다. (1) 오랜 시간 동안 안개 속 디자인 공간에서 편하게 있을 줄 알면서도, (2) 특정 방법에 대해 결단력이 있어야 하고 예상치 못한 순간들을 해쳐나갈 수 있어야 한다.** 이 두 가지의 경우는 서로 다른 정신적 공간에서 존재하고 서로 다른 종류의 스트레스를 가지고 온다. 희화시켜 이야기 하자면: "재미있고 아름다운 것"(디자인 스트레스) vs. "합법적으로 지을 수 있는 것"(실행 스트레스)로 말 할 수 있다. 결국 다양한 종류로 스트레스를 많이 받는다는 것이다. **마치 주기적인 관심이 필요한 친구처럼 스트레스가 항상 옆에 있는 것도 괜찮다고 생각한다. 내가 어디서 읽은 바로는 스트레스가 없을 때가 진짜 걱정할 때라고 한다.**

Is there a trigger or a role model that made you decide to become an architect?

My mother is an architect with a degree from MIT and her own practice. Consequently I grew up with architectural paraphernalia around the house and some familiarity with studio culture. But I actually went to college (at Princeton) planning to major in a hard science. What happened? As a Freshman I took an architecture studio and was immediately hooked. Princeton has a very strong studio culture, so I think that played a big part in my decision to switch majors. Back then, there was a kind of cultish belief in a collective avant-garde project which was very sustaining.

And of course, even then, OMA was lurking in the background of everyone's thinking. I vividly remember a lecture by Koolhaas when I was an undergraduate. It was the only lecture too big for the architecture school. He was describing the OMA proposal for the Architecture Museum in Rotterdam and showed the gold-pebbled roof. Somehow for me this lecture help solidify my interest in actual buildings, as opposed to pure history/theory. The gold roof was of course funny, but it was also somehow hopeful – optimistic without being naïve or nostalgic. And it didn't really derive from a diagram. It seemed exciting to think about developing buildings that could actually improve intellectually through the specifics of design development.

But the most important role model for my current practice is probably Bruce Nauman. His career is exemplary in terms of projects that explore new terrain, and open up questions rather than close them down.

And also his working method, which always conveys a kind of productive anxiety regarding the studio. He is also a kind of hometown hero since he studied at Davis, California where I grew up.

마치 주기적인 관심이
필요한 친구처럼
스트레스가 항상 옆에 있는
것도 괜찮다고 생각한다.
내가 어디서 읽은 바로는
스트레스가 없을 때가
진짜 걱정할 때라고 한다.

I think it is fine for the stress
to always be there, like a little friend
that needs periodic managing.
From what I've read, the real worry is
when you stop feeling stress.

duneAerial

What are your hobbies? What do you do during your free time?

I played competitive junior tennis in California, and still play regularly. I particularly enjoy the tactical aspect of the game, how points unfold over time. The curious thing about tennis is that while the game itself is totally rule-based and constrained, individual players' styles are creative and tend to mirror distinctive aspects of their character. So there is an interesting psychological aspect. I also try to make time every day for serious reading. There seems to be an every-increasing volume of media noise these days, 'idle talk' which **I do my best to ignore (with the exception of sports radio) – sticking mainly to literature, philosophy, and architecture theory.**

Architects are one of the busiest occupations; how do you maintain your married or dating life? Any methods on keeping them well?

Running a commercial architectural practice and having two small children with your business partner is, in fact, very 'busy'. Fortunately, we happen to enjoy this intensity and the erasure of conventional categorical boundaries in our personal and professional lives. That being said, I think one of the most important things for Zoë and I is to try and maintain some perspective on our work and situation by spending a significant portion of every weekend beyond the city. We tend to gravitate towards vast open spaces, and happily, Northern California is a pretty good fit for our desire to occupy both nature and culture in short succession.

Does your work stress you a lot?

For me, the most stressful aspect of any project is committing to the basic strategy – the transition from pure potential to a specific solution. I wouldn't say my goal is to relieve this stress, but rather to recognize the symptoms and try to make them useful. Actually, it is a funny question because I think that **a good successful architect can successfully reconcile two quite different activities: (1) comfortably occupying the murk of the design space, and 'not knowing' for an extended period of time and (2) being decisive and clear about a specific approach while guiding it through the vagaries of implementation.** These are quite different mental spaces, with quite different attendant stresses. As a caricature: "is it interesting/beautiful" (design stress) vs. "is it legal/buildable" (implementation stress). So yes, lots of stress – and of multiple types. **I think it is fine for the stress to always be there, like a little friend that needs periodic managing. From what I've read, the real worry is when you stop feeling stress.**

건축 공부를 하면서 영감 받은 건축이나 건축가가 있나?

마크 위글리, 마이클 그레이브스, 토마스 리져, 마리오 간델소나스, 그리고 피터 아이젠만과 함께했던 설계 수업들이 특히 즐거웠다. 아직까지도 나에게 영향을 미치는 에피소드가 각 설계 반마다 있었던 것 같다. 하지만 그 중 가장 영향력 있던 에피소드는 마크 위글리와 함께했던 설계였다. 겉으로 보기에 그의 과목 설명은 매우 단순했다. 각 학생에게 맨하튼 우편번호를 주고 자유롭게 디자인 해보라고 했다. 하지만 결과는 충격, 그 자체였다. 학생들에게 너무 많은 자유가 주어졌고 오히려 그 자유가 학생들을 삼키기 시작했다. 나에게 마크는 나만의 방법을 만들면서 프로젝트를 발전시키는 것을 도와주면서 흥미로운 프로젝트를 하기 위해서는 자기중심적이 되어야 한다는 것을 알려주었다. 설계 수업이 2/3정도 지났을 즈음, 마크는 학생들끼리 서로 크리틱을 해보라고 했었다. 그 때 나의 크리틱은 잔혹했다. 벽에 붙어있던 내용보다는 아쉬웠던 것들, 내가 더 할 수 있었던 것들에 대해서만 지적을 받았다. 마크는 어느 정도 지켜본 후 자신의 생각을 얘기해줬다. 자신이 봤을 때 나의 프로젝트에서 가장 흥미로웠던 점들이 가장 지적을 받은 이유는 그 때 당시의 생각(doxa)과 잘 맞지 않았기 때문이라고 했다. 프로젝트가 자연스럽게 흘러가는 것을 방해하는 요소들을 없애는 것이 필요해 보였다. 물론 마크는 건축적 담론이 어떻게 진행되는지 잘 알고 있었기 때문에 이것이 새로운 점은 아니었다. 하지만 특히 지적을 받는 입장에서 봤을 때 내가 깨달았던 것은 내 자신의 작품과 남들의 작품을 평가하면서 생기는 불편한 감정들을 얼마나 쉽게 오해할 수 있는지였다.

자신만의 특별한 건축 언어는 무엇인가?

요즘은 논리적으로 일관적이지만 완전히 다른 스케일과 뚜렷한 형태들도 받아들일 수 있는 언어를 가장 좋아한다. 이것은 갑자기 컴퓨터에 많이 의존하게 된 건축 속에서 사라진 것들을 다시금 되찾을 수 있는 방법 인 것 같았다. 특히 나는 대칭, 유사성, 그리고 수치 같은 관계들이 보였다 안보였다 하는 건축적 언어를 만들려고 노력한다. **그래서 결국 최종 결과물은 외부 과정을 통해 만들어진 것이 아니라 열린 결말을 가지고 계획적으로 좋은 기억을 떠올리게 만들어주는 형태를 종합시켜 만든 것이다.**

Any architect or architecture that inspired you during your studies? Any episodes related to them?

I particularly enjoyed my studios with Mark Wigley, Michael Graves, Thomas Leeser, Mario Gandelsonas, and Peter Eisenman. I feel like I had definitive episodes in each studio which influence me to this day. But probably the most influential episode was with Mark Wigley. His studio brief was deceptively simple. Each student was assigned a zip code in Manhattan to develop as he or she desired. Interestingly, the general result within the studio was paralysis. There was simply too much freedom and the void started swallowing up students. For me, Mark was really helpful in terms of moving forward by identifying through production my own 'pathologies' and emphasizing the importance of embracing ego-mania as an essential catalyst for any interesting project. At some point about two thirds through the studio we had a little informal pinup in a seminar room and Mark asked the other students to do the critique while he watched. The review for my project was pretty brutal, and (somewhat oddly) kept focusing on other things I could have done rather than what was on the wall. Mark let it go for a while, then stopped it and gave his analysis. Essentially, he said that from what he could tell, it was the moments of my project that were potentially interesting that were most brutally attacked because they did not fit nicely with the then-current doxa. As if the goal of the group was to locate and eliminate that which would disturb the smooth running of the discourse. Of course, Mark is great at locating and actually naming how the architectural discourse operates. So this is not a new point. But in this context, and being on the receiving end in particular, it made me realize just how easy it is to misdiagnose vague feelings of unease – both in evaluating one's own work and that of others.

Any unique architectural language of your own? How is it reflected on the projects?

Currently, I am most interested in formal languages which are logically consistent, but can embody radically different scales and even distinct figures. This seems like a way of recapturing some of the disciplinary knowledge that got lost in the hard turn towards computational architecture – issues of type, genericism, and even collage. In particular, I am aiming for an architectural language in which relationships (symmetries, parallelisms, figures) appear to flicker in and out of focus. **So the final project is not a frozen marker of an external process, but rather a synthesis of related formal themes which is in some way open-ended and deliberately evocative rather than completely resolved.**

Any project with many episodes? What were they?

The facade lattice of the Gallery House was developed throughout the course of construction. This gave us several years to explore a wide range of different approaches and techniques. Our research for this scope fills several binders and opened a number of threads we continue to explore. The final build version combines a contemporary simulation approach (self-avoiding active agents) with a classical tessellation algorithm (the 1934 Delaunay triangulation). The specific sizing and materiality of this lattice was informed by several iterations of full-scale site mockups at selected key locations. I remain extremely grateful to our clients (Lenore Pereira and Rich Niles) for the enthusiasm with which they engaged this process and their willingness to actually build it.

Shapeshifter

Gallery House Facade

작업을 하면서 재미있었던 에피소드가 있었다면 무엇인가?

Gallery House 파사드의 격자는 공사 도중에 개발해서 다양한 접근법과 기술들을 연구해볼 수 있는 시간이 몇 년 있었다. 이 연구 내용만 바인더 몇 권이 되고, 계속 알아보고 있는 주제 또한 여러 가지로 늘었다. 최종 디자인은 현대적인 시뮬레이션 접근법 (자기 회피하는 활동적인 에이전트)과 고전적인 모자이크 알고리즘 (1934 델로네 삼각 분할)을 결합해 만들어졌다. 이 격자의 구체적인 크기와 재료는 특정 장소에 만들어진 여러 버전의 1:1 스케일의 모형들을 통해 정해졌다. 나는 아직까지도 우리의 클라이언트였던 Lenore Pereira와 Rich Niles 에게 고마움을 느낀다. 이 모든 과정을 함께한 그들의 열정과 이 프로젝트를 현실화 시키려고 한 마음이 좋았다.

자기 프로젝트 중 가장 인상 깊었던 것은 무엇인가?

최근 몇 프로젝트에서 삼각형 모양의 메시를 (mesh) 집중적으로 사용했다. 각 삼각형의 면이 다른 삼각형의 면과 만나면서 만들어진 메시였다. Shapeshifter는 여기서 조금 변형된 것이다: 세 개 또는 네 개의 면을 가진 일반 메시다. 이러한 메시의 일관성은 디자인을 컴퓨터로 컨트롤 할 수 있다. 점과 포인트를 그려야 하는 디자인 과정이 컨트롤을 설정하는 과정으로 바뀐 것이다.

Shapeshifter는 현재 내가 가장 좋아하는 프로젝트다. 정확한 형태와 흐림 사이에 아직 해결되지 않은 긴장감이 있어서다. 지난 5년동안 작업했던 이론적인 프로젝트들과 실제로 지어진 프로젝트들의 다양한 면들을 합한다. 그리고 우리가 여태까지 작업한 프로젝트 중 가장 계산적으로 복잡한 프로젝트다. 클라이언트는 최소한의 제한만 준 채 우리에게 연구해보면서 가장 흥미로웠던 것을 알려달라고 했다. 그래서 계획설계 단계는 정말 순수 연구하는 느낌이었다. 이 기간동안 (2012년 가을) 파트너 Zoe와 함께 하버드 GSD에서 이와 관련된 주제를 가지고 설계 스튜디오를 가르치고 있었다. 그래서 더욱 순수 디자인을 할 수 있는 시간이 되었고, 정기적으로 사무실에서 나가있는 시간이 있어 프로젝트를 보다 더 순수하게 발전시킬 수 있었다.

What is your favorite project that you worked on? Any reason?

For several recent projects, I have been working exclusively with triangular regular meshes. That is, meshes composed exclusively of triangular faces where every edge is share with a neighboring triangle. Shapeshifter is a slight variation: a regular mesh with 3 and 4 sided faces.

The consistency of such meshes allows them to be computationally controlled at a deep level, shifting the design process from the placement of points and surfaces to the setup of controls.

Shapeshifter is my current favorite project, because of the unresolved tension between figuration and murk. It combines threads from a wide range of both theoretical and built projects from the past five years. It is also the most computationally intense built project we have worked on to date. The clients gave us an open-ended program brief, encouraging us to explore what we found most interesting with very little constraints. So the schematic process felt like pure research. During this period (Fall 2012) my partner Zoe and I were teaching a studio at the Harvard GSD addressing related conceptual issues. So it was a very rich period of pure design, and the routine of regular time and space away from the office helped protect the purity of the project development.

사무실을 시작하게 된 경위는 무엇인가?

나는 단순하게 무언가를 짓는 과정을 배우고 싶었는데, 이를 위해서는 사무실을 차리는 것이 유일한 방법이었다. 그리고 사무실을 시작하면서 여러 흥미로운 프로젝트에 참여할 수 있는 기회가 있어 운이 좋았다. 그래서 나에게는 자연적인 절차 같았다. 사무실을 운영하면서 가장 힘들었던 점은 바로 지불 능력이었다. 샌프란시스코에서는 계획이 승인되는 데까지 몇 년이 걸릴 수도 있어 새로운 사무실을 설립하는 것이 특히 어려운 편이다. 많은 프로젝트들이 긴 시간의 잠복기를 거치기 때문에 좀 더 자리잡은 사무실이 프로젝트 관리하기 편하고, 다양한 프로젝트를 할 수 있다.

프로젝트는 어떻게 수주하는가?

유럽과 달리 미국은 신생 사무실들을 위한 공모전 시스템이 잘 구축되어 있지 않다. 그래서 프로젝트 수주를 따는 일반적인 방법은 프로젝트를 받아서 (이것은 어떻게 하든지), 잘 할 수 있는 것을 잘하고, 이것이 또 다른 프로젝트로 이어지기를 바라는 것 뿐이다. **그냥 건물이 아닌 건축을 원하던 몇몇 클라이언트들과 시작할 수 있던 우리는 매우 운이 좋았다.** 전문적인 사무실인 우리는 우리가 직접 시공 도면도 그리고 디테일에 집중한다. 더해서 각 프로젝트마다 건축과 관련되어 일관성 있는 이야기를 하려고 노력한다. 그리고 가능한 한 시공 과정 자체도 통제를 해 프로젝트가 완전한 상태에서 끝날 수 있도록 한다. 효율성에 있어서 사무실 운영의 좋은 모델은 아니다. 하지만 전체적으로 봤을 때 건축적 가치가 있는 프로젝트를 하는 것이 또 다른 좋은 기회를 가지고 온다고 생각한다. 우리의 미적인 비전이 보다 더 일관성 있어져서 잠재적인 클라이언트를 표현해주는 벤 다이어그램이 조금 작아지긴 했다. 하지만 프로젝트가 들어왔을 때에 열정과 공동 비전을 가지고 접근한다. 이것이 우리가 추구하는 사무실 (그리고 삶)의 모습이다.

특별한 클라이언트가 있나?

Peter Stremmel. 어느 날 점심 때 사무실에 혼자 있었는데 그 때 마침 전화가 울렸다. 전화를 받았을 때 Peter는 자기 자신을 소개하면서 이렇게 얘기를 했었다. "나는 Peter Stremmel 인데요, Mark Mack이 설계한 나의 Reno 집을 잘 알 수도 있을 것입니다. 꽤 잘 알려져 있거든요… ." 사실 나는 그 집을 매우 잘 알고 있었다. 여러 가지 이유로 나에게 많은 영향을 준 집이었다. 특히 그 집에 사용된 exposed metal decking은 우리 프로젝트들에서도 많이 사용되었다. 새로운 프로젝트를 시작하면서 조금 믿기 어려우면서도 매우 기억에 남는 순간이었다.

당신이나 당신 사무실의 직원들은 야근을 많이 하는 편인가?

가끔 야근을 하는데, 거의 공모전이나 상을 받기 위한 서류 같은 마감이 있을 때 레이아웃이나 전체적인 이미지 위주로 집중 검토를 하는 편이다. 설계도나 프로젝트 관리는 기간에 걸쳐 집중하면서 꾸준히 작업해야 한다. 그래서 장기간으로 봤을 때에는 어느정도 합리적인 스케줄이 보다 좋은 결과를 가지고 온다고 생각한다. OMA "Content"의 206쪽을 보면 이 주제에 대해 좀 더 자세히 나와있다. 가능한 한 나는 흡연가가 아닌 오랫동안 조깅하는 사람이 되려고 노력한다.

건축주와 어떻게 소통하는 편인가? 특별한 노하우가 있나?

현재 우리 사무실의 PM들은 모두 나의 지난 학생들이었다. 그래서 우리는 공통되는 과거가 있고 프로젝트에 대해서도 잘 이해하는 편이다. 쉽게 얘기해 서로서로 관련 있는 사무실을 만들려고 노력했다. 이렇게 하면 그날 그날 소통하는 것이 훨씬 쉬워진다. 건축에서 가장 중요하다고 생각하는 것이 서로 일치하면 그 순간, 소통하는 것이 더 효과적으로 자리잡는다. 어느 정도 일반적인 사무실 프로토콜을 따르면서 말이다.

Triskelion

What made you decide to start your own office? What was the biggest challenge during the start up?

Quite simply I wanted to learn how to build. Starting an office is the only way to do this. I was lucky enough to have an opportunity to collaborate on some interesting projects getting started. So for me it seemed like a natural career progression. Our biggest challenge during start up was solvency. In San Francisco, it is particularly difficult to start a practice as planning approvals can sometimes take years. So many projects have long periods of latency. This is easier to manage as a more established firm, with a range of projects at different stages of development.

How do you win projects? Any special methods on increasing the chances of winning?

Unlike Europe, America really doesn't have a structured competition system for young firms. So the standard method for winning projects is to get a project (however that happens), do as good a job as you can, and hope it leads to another. **Our firm was extremely lucky to start off with a few clients who wanted Architecture rather than just building.** We are a professional office, do our own construction documents, are thorough detailers, etc. But in addition, with every project we try to tell a coherent story relative to the discipline of architecture. And to the extent possible, we try to control the actual building process so as to result in a project with integrity. This is not a great model for an office in terms of efficiency. But over time we believe that only doing projects with architectural value will lead to other good project opportunities. I think as our aesthetic vision has become more coherent over time the Venn diagram of potential clients has no doubt shrunk a little. But the projects we do get, we approach with real passion and a shared vision – which is the kind of office (and life) we are aiming for.

Any memorable clients? What happened?

Peter Stremmel. One day near lunch I happened to be alone in the office and the phone rang. I picked it up, and Peter introduced himself, saying something like "this is Peter Stremmel, you might be familiar with my house in Reno, by Mark Mack. It is fairly well known… ." In fact, I was intimately familiar with his house. It was a very influential project for me for a variety of reasons, in particular the use of exposed metal decking – an assembly we have used on many of our own projects. This was an extremely memorable, and slightly implausible, beginning to a new project.

Do you or your employees work overtime a lot?

We occasionally work overtime, mostly on representation-intensive charrettes with hard deadlines – for example, competitions and awards submittals. Construction documentation and project management tends to require sustained focus and effort over an extended period. So we believe in the long run a more reasonable schedule yields better results. See page 206 of OMA's "Content" for more elaboration on this topic. To the extent possible, I try to be the jogger, not the smoker.

How do you communicate with your employees? Any special methods?

Currently, all of our project managers are former students. So we have a shared history, and some clarity regarding a shared intellectual project. In other words, we have tried to construct an office with shared affinities. This makes day-to-day communications much easier. Having a common framework for what is important in Architecture effectively grounds more transient communication – which more or less follow typical office protocols.

Ourcadia Side walk

인테리어와 도시, 조경, 그리고 건축에 대한 생각을 말해달라.

갈수록 공간은 점점 더 유체적이고 지속적일 것으로 생각된다. 그래서 관례적인 경계선은 흐릿해졌다. 우리는 작업하면서 각 영역이 서로 섞이는 것을 경험하고 있다. 예를 들어 Shapeshifter에서 연결된 메시는 랜드스케입, 외벽, 그리고 인테리어의 형태를 만든다. 샌프란시스코의 교차로 네트워크를 위한 기반시설인 Sous les Paves도 비슷한 도시, 건축, 그리고 랜드스케입의 조화를 보여준다.
미국의 도시 디자인은 계속 문제가 있다. 그 이유는 계획설계가 건축보다 훨씬 더 보수적인 편이기 때문이다. 그리고 사각지대를 인지하는 능력이 부족한 것 같기도 하다. Sitte, Rowe, 그리고 Koolhaas 모두 "보이드 공간 전략"을 본질적으로 한 도시 이론에 대해 설명한다. 미국에서 도시는 그저 물체들을 축척해놓은 것과 비슷하다. 그래서 빈 공간을 지적으로 디자인하는 것이 드물다.

건축가를 꿈꾸는 학생에게 해주고 싶은 말은?

가장 좋은 건축은 긍정적이고 지적이면서 모험적이어야 한다. **건축가는 프로젝트를 진행할 때 다양한 곳으로부터 압박감을 받는다: 시장 상태, 도시계획 및 건축 법규, 클라이언트, 미디어, 등등. 하지만 지을만한 가치가 있는 프로젝트가 되기 위해서는 이러한 압박감을 느끼지 않고 원하는 시간과 공간이 자유롭게 펼쳐질 수 있도록 해야 한다.** 까다롭고 조심스러운 과정이 될 수도 있다. 그래서 프로젝트를 성공시키기 위해서는 디자인 공간에 관해서는 관대하면서도 실행하는데 있어서는 끈질겨야 한다.
물론 이 중 재미있는 사실은 사람들은 주어진 환경 속에서 표현할 수 없는 것들의 가치를 알아보지만 이 단계에 오기까지 몇 년이란 시간 동안 참을성을 가지고 프로젝트를 이끌어 와야한다. 이 문제와 관해 나에게 많은 도움과 영감을 준 책이 있다. 바로 Peter Sloterdijk의 〈냉소적인 이유의 대한 비판〉이라는 책이다. 진실된 의견과 '전략적인' 생각의 유혹간의 차이를 명확하게 얘기해준다.

최종 결과물은 외부 과정을 통해 만들어진 것이 아니라 열린 결말을 가지고 계획적으로 좋은 기억을 떠올리게 만들어주는 형태를 종합시켜 만든 것이다.

The final project is not a frozen marker of an external process, but rather a synthesis of related formal themes which is in some way open-ended and deliberately evocative rather than completely resolved.

Is there a boundary between interior, urban, landscape, and architecture?

More than ever, space is conceived as fluid and continuous. So conventional disciplinary boundaries have become blurred or murky. In our work, we are experiencing the collapse of the categories. For instance, in Shapeshifter a continuous regular mesh forms the landscape, shell, and interior. The same kind of conflation of urban, architectural and landscape realms is true of Sous les Pavés, an infrastructural proposal for a network of intersections in San Francisco. Urban design in America remains a problematic category. In part, because the planning climate tends to be much more conservative than architecture. But also because there seems to be a kind of structural inability to perceive negative space. Sitte, Rowe, and Koolhaas all articulate urban theories which are in essence "strategies of the void." In America, urbanism tends to equate to the accumulation of objects. As such, there is rarely an intelligent control of emptiness.

Words of wisdom for those wishing to become architects.

The best architecture is optimistic and intellectually adventurous. **As an architect, projects experience pressures from a range of sources: the market; planning and building codes; clients; the media; etc. But for a project to be worth building it needs to be protected from these pressures and allowed the time and space to unfold – which can be a tricky, delicate process.** So I believe the trick to enacting a successful project is to be both vulnerable (in the design space) and relentless (in the execution). Of course, the funny thing is that people do appreciate the ineffable things in built work, but shepherding projects to this point over the course of (typically) several years takes a single-minded patience. For me, a really helpful and inspiring book intimately related to this question is Peter Sloterdijk's "Critique of Cynical Reason." It clarifies the distinction between trying to embody an authentic voice versus the temptations of 'tactical' thinking.

Tetrastar

건축이란 무엇인가?

(1) 다루기 힘듦

가장 좋은 건축은 다루기 힘든, 다양하고 가끔은 모순되는 여러 가지 요소들을 종합해 놓은 것이다. 정식적인 관계들은 집중되었다가 말았다 한다. 그 중에 유형학적 조각들과 푸가풍의 장식용 디자인들을 알아볼 수도 있다. 하지만 모서리들과 연결점들은 흐릿해지고 애매모호한 채 다같이 흘러간다. 여러 스케일과 범위들이 섞인 흐릿한 콜라주처럼 말이다. 다루기 힘든 형태는 탁하고, 양끝을 가지고 있으며, 쉬운 다이어그래밍에 저항한다. 그리고 주마등같은 관계들은 여러 가지일 수도 있다: 깨진 균형, 떨어져있는 유사성, 색 또는 재료 관계, 기하학적인 일관성, 그리고 위상적인 지속성이 있다.

(2) 비움

지움만을 통해 디자인 하는 것이 가능한가? 물체들과 형태들의 끝없는 확산에 저항하고 공간 그 자체를 대면하는 것이 가능한가? 대부분의 디자인 공간들은 주로 보여지는 형태의 특권을 누린다. 나는 보이지 않는 빈 공간에게도 같은 비중을 두고 디자인의 주체가 되어 작업하는 디자인 방법과 프로젝트에 관심이 많다. 또한 이것은 새로운 형태를 끝없이 생산과 소비를 하는 주변 경제에 저항하는 하나의 방법일 수도 있다.

(3) 편안함

삼각 메쉬나 부드러운 곡선 같은 형식 체계를 좀 더 선호한다. 이러한 것들은 유클리드의 상태로부터 만들어질 수 있지만 건축은 직각적인 것들로부터 자유로울 때 보다 더 풍부하다. 마치 하나의 직선을 개념화하여 끝없는 곡률 반경을 가진 곡선으로 바꾸는 것이다. 시뮬레이션이나 확률적인 운동처럼 자유로운 형태나 통제 방법 대안을 연구할 때에 현시대와 보다 관련 있는 건축이 만들어진다. 기술적인 요소들을 제어하는 것이 늘어날수록 특정한 해결책으로부터 벗어나고 좀 더 추상적인 제어 방법에 가까워질 수 있다. 편안함은 규제와 특정한 해결책 사이를 느슨하게 만들어 준다.

(4) 무의식

건축적 무의식이란 무엇인가? 물론 건축이란 영역 내에 무의식이 존재한다. 역사와 종류에 대한 대화를 다시 시작할 수도 있다. 하지만 건축가 안에도 무의식이 존재한다. 그의 성향, 관심사, 특정한 이력, 꿈, 그리고 악몽들이 있다. 더 크게 보자면, 건축적 생각은 주로 이러한 것들을 억누르고, 그 대신에 좀 더 안전한 통설들로 대체한다. 나는 건축가의 무의식을 반영하는 디자인 과정, 예상치 못한 것들이 떠오르는 것을 보고 싶다.

What is Architecture?

(1) SLIPPERY

The best architecture is slippery, a synthesis of many different and sometimes even contradictory approaches. Formal relationships come in and out of focus. We might recognize typological fragments, and fugue-like decorative motifs. But the edges and connections are blurred, and everything flows together, with ambiguous edges: a kind of blurry collage, mixing scales and disciplines. Slippery form is impure, both-and, and resists easy diagramming. And the kaleidoscopic relationships may be multiple: broken symmetries, distant parallelisms, color or material relationships, geometric consistencies, and topological continuities.

(2) EMPTY

Is it possible to design simply through erasure? To resist the endless proliferation of objects and forms, and confront space itself? Most design spaces typically privilege positive forms. I am interested in design methods and projects which give equal weight to negative space, in which the void is the design subject. Also, this is perhaps one way of resisting the economy surrounding the seemingly endless production and consumption of novel forms.

(3) RELAXED

I generally prefer formal systems that can be relaxed, like triangular meshes and soft curves. Such states may flow out of more Euclidean states, but Architecture is richer when even the most orthogonal has latent within it more degrees of freedom. Like a straight line segment conceptualized as a curve with an infinite radius of curvature. Exploring free geometries, and alternative methods of control, like simulation and stochastic motion, results in an architecture more relevant to the current world. With greater technical control we can move further and further away from specific solutions into the realm of abstract controls. Relaxation allows for a loose fit between the controls and a specific solution.

(4) UNCONSCIOUS

What is the architectural unconscious? Surely, there is an unconscious to the discipline. We might resurrect discussions of history and type. But there is also the unconscious of the Architect himself. His proclivities, interests, specific personal history, dreams, nightmares. To a large extent, architectural production typically suppresses these issues, substituting instead various safer orthodoxies. I am interested in allowing the design process acting as a mirror for the Architect's unconscious, to see what bubbles up unbidden.

건축가가 누구냐는 질문에 대한 정확한 답은 없다. 건축에는 질문이 아닌 과정만 있기 때문이다. 다른 곳으로부터 받은 아이디어, 자명한 시장 지혜, 지적인 망설임, 그리고 전략적인 생각에서 오는 안전함을 버리고 건축가는 빈 공간을 향해 나아간다. 돌아올 때 무엇을 가지고 올 수 있을지를 기대하면서 말이다.

There is no definitive answer to this question, because there is no single question in architecture – just process. Abandoning the safety of received ideas, axiomatic market wisdoms, intellectual hesitations, and tactical thinking, the Architect gamely enters the void to see what he can come back with on his return.

Conway House Biprism Wave

Who is

Katsuhiro Miyamoto & Associates

www.kmaa.jp

한 스무 살 정도였을 때 난 항상 산을 탔다. 암벽 등반이나 겨울 등산 같은 조금 위험한 일도 포함되어 있었다. 왜 그렇게 위험한 일을 하는 데에 관심을 가졌는지는 나 자신도 정말 모르겠지만, 건축가로서의 내 일에 꽤 큰 영향을 받은 것 같은 느낌이 든다. 산 위에서는 누구 하나 도와줄 사람이 없어서 모든 상황을 혼자서 윤리적인 방식으로 헤쳐나가야 하기 때문이다.

Around the age of 20 I was always climbing mountains. This included quite risky undertakings like rock climbing and climbing mountains in the winter. I have absolutely no idea why I was interested in doing something so dangerous, but I have the feeling that it has had a considerable impact on my work as an architect. What I mean is that on a mountain, there is no one around to help you, so you're forced to deal with the situation by yourself and behave in an ethnical manner.

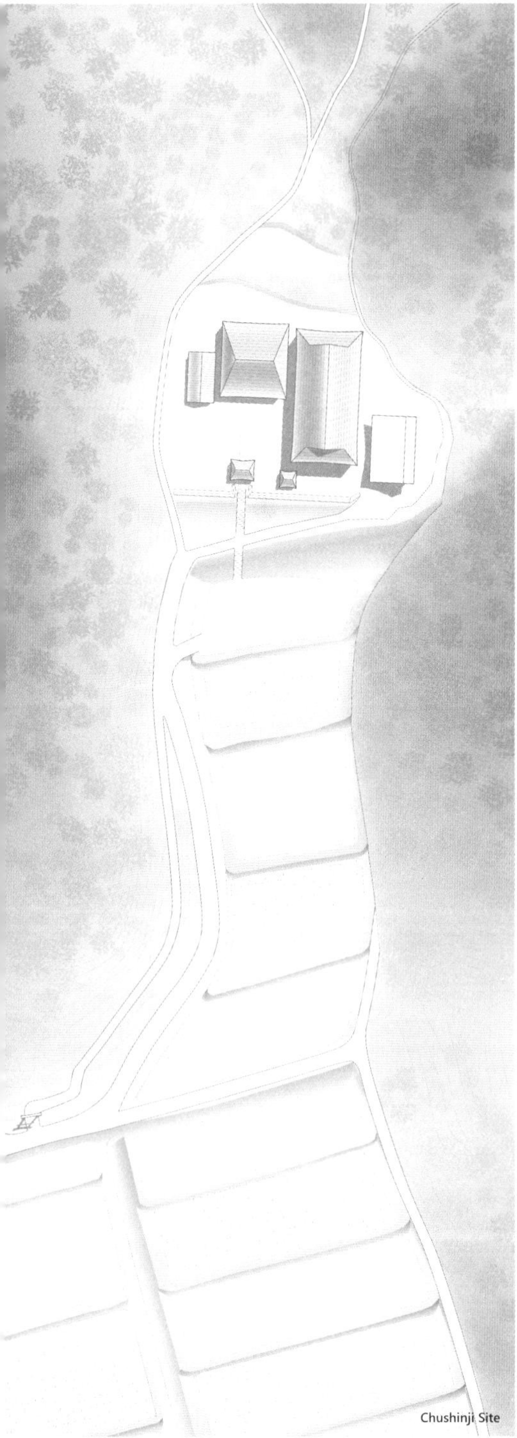
Chushinji Site

아버지께서 건축 사무소를 운영하셨지만,
건축가는 아니셨고, 구조 공학 전공이셨다.
그게 건축에 관한 내 유일한 영감이었다. 별 생각
없이 대학을 건축학과로 들어간 것도 있지만, 그보다는
학교에 들어가고 나서야 건축에 대한 관심이 생겼다.

My father ran an architectural office.
But he wasn't actually an architect.
His specialty was structural engineering.
That was my only inspiration, and I simply
entered the architecture department
in university without giving it much thought.
It wasn't really until I entered the school
that my interest in architecture was aroused.

취미가 무엇인가?

지금은 축구가 좋다. 경기 관람 말고 직접 뛰는. 축구를 하게 된 계기는 건축계의 다양한 사람들이 뛰는 ACUP이라는 축구 시합 때문이었다.

스트레스를 많이 받는 편인가? 그렇다면 그 스트레스는 무엇으로 푸나?

최근에 스트레스를 푸는 길은 오직 일하는 것밖에 없다는 것을 깨달았다.

건축 공부를 하면서 영감 받은 건축이나 건축가가 있나?

대학 시절에 건축가 마키 후미히코가 나의 교수님 중 한 분이셨다. 그분이 나에게 얼마만큼 영향을 끼쳤는지는 잘 모르겠지만 모든 학생이 그분을 존경했다. 그리고 아마도 나는 무라노 토고에 관심이 있던 얼마 안 되는 학생 중 하나였을 것이다. 어떨 때는 양식화 되어있고, 또 어떤 때에는 표현주의적인 무라노의 작품은 섹시했다. 일본에서는 거장으로 여겨지지만 아마 국제적으로는 잘 알려지지 않았을 것이다. 대부분의 건축가들 모두 한 사람씩 인기를 누렸었기 때문에 나는 대강이나마 그 사람들을 전부 공부했다. 그 중, 프랭크 로이드 라이트가 아직도 그런 인기를 누리지 못한 유일한 사람일 거라고 생각한다.

제일 좋아하는 공간은 어디인가?

도쿄 칸타에 있는 야부 소바집의 테라스 좌석은 내가 제일 좋아하는 공간이다. 나는 점심과 저녁 사이 같은 애매한 시간에 거기 가서 가볍게 한잔하는 것을 항상 좋아했는데 그 집이 불에 타버렸다. 최근에 내가 가장 행복했던 시간은 동일본 대지진의 피해자인 어부들과 항구 옆에 지어진 임시 회관에서 바다를 바라보며 한잔하는 것이었다. 결국 둘 다 낮술이 포함되긴 한다.(웃음)

What are your hobbies? What do you do during your free time?

Right now I like soccer – playing not watching. I started playing because of a soccer competition called Acup, which involves various people working in the architecture field.

Does your work stress you a lot? If so, how do you relieve it?

Recently, I've come to realize that the only way to relieve my work stress is to work.

Any architect or architecture that inspired you during your studies?
Any episodes related to them?

When I was in university, Fumihito Maki was one of my teachers. I'm not sure how much he actually influenced me, but all of the students admired him. And I was probably one of the only students who had an interest in Togo Murano. Sometimes stylized other times expressionistic, Murano's work was always sexy, and although he is seen as a great master in Japan, he probably isn't so well known internationally. A variety of different architects experienced a boom time one after another, and consequently, I studied all of their work in a general way. The only one who still hasn't enjoyed a boom is Frank Lloyd Wright.

Where or what is your favorite space?

The terrace seating at the Yabu Soba shop in Tokyo's Kanda district. I always enjoyed going there for a little drink at odd times, like between lunch and dinner, but it burned down. Recently, the most blissful time for me is sharing a drink with the fishermen who were victims of the Great East Japan Earthquake in a temporary meeting hall built next to the port as we look out at the sea. In the end, both involve drinking in the daytime.

Birdhouse

Any unique architectural language of your own?
How is it reflected on the projects?

Do-ken marriage, which is a combination of do (as in doboku, or civil engineering) and ken (kenchiku, or architecture). This is a design concept that traverses the two categories. As a lot of my work is done on inclines, I started to become more aware of nature. For example, in bird house (2010), rather than creating a flat lot with an exaggerated concrete retaining wall, I gently hooked a light, scampi-like foundation on the steep slope and nestled the building into the ground.

자신만의 특별한 건축언어는 무엇인가?

도-겐의 결합이다. 이는 일어로 토목을 뜻하는 도보쿠의 '도'와 건축을 뜻하는 겐치쿠의 '겐'을 합친 말이다. 이것은 두 분야를 가로지르는 디자인 개념이다. 내가 했던 많은 프로젝트가 경사면에 지어졌기 때문에 자연에 대해서 점점 더 흥미를 갖게 되면서 생각하게 됐다. 예를 들자면 2010년에 한 '버드 하우스'는 지나치게 큰 콘크리트 축대벽으로 평평한 땅을 만들거나 하지 않고 가파른 경사면에 가볍고 새우 튀김같이 기반을 부드럽게 휘어놓은 다음, 땅에 건물을 배치했다.

건물과 공간은 즐거웠던 일이나 슬펐던 일을 추억할 수 있는 곳이다.

A building or space is a place to reminisce about things that were enjoyable or sad.

Chushinji

프로젝트 중 가장 인상 깊었던 것은 무엇인가?

추신지 절(2009년)의 사제용 숙소도 역시 도-겐의 결합이란 콘셉트에 기반을 두었다. 이 경우에 나는 100년 이상 견디도록 만들어진 철근 강화 콘크리트 지붕 밑에 나중에 바뀔 것이라는 점을 고려한 가벼운 나무 골조를 지었다. 한마디로 말하면 지붕이 기반시설이고 그 밑의 나무 구조물이 공간을 채우는 충전재인 것이다. 시공 초기에 지붕이 처음 세워졌을 때는 나조차도 놀랐다.

작업을 하면서 재미있었던 에피소드가 있었다면 무엇인가?

1997년에 했던 우리 스튜디오 '젠카이 집'을 꼽고 싶다. 1995년 한신-아와지 대지진 때 '완전히 무너졌다'고 생각됐던 100년 정도 된 연립 주택을 철골로 보강한 곳이다. 스튜디오에서 작업하면서 공사를 하는 건 정말 너무 어려웠다. 대다수의 사무실 기기가 먼지에 뒤덮여 고장 나버렸고 지붕의 콘크리트를 부을 때 틀에서 물이 새는 바람에 물을 받으려고 다 같이 제도실에서 양동이를 들고 미친 듯이 뛰어다니기도 했다. 게다가 철골이 관통할 수 있게 정확한 치수에 맞춰서 뚫려야 했던 구멍들이 제대로 맞지 않아서 철골이 지어진대로 허겁지겁 구멍을 다시 뚫어야 했다. 그것도 모자라 시공 도중 하중 조건이 바뀌고 거의 매일 집의 경사까지 바뀌었다. 그리고 뼈대가 몇몇 반 고정 세간에 박힌 것을 몰랐다가 더 이상 움직일 수 없는 세간까지 생겼던 적이 있었다.

프로젝트는 어떻게 수주 하는가?

우리가 공모전에서 수상하는 건 굉장히 흔치 않은 일이다. 주로 완성한 프로젝트 하나가 다음 프로젝트로 이어진다. 달리 말하면 한 의뢰주가 다른 의뢰주에게 우리를 소개하는 식이다. 그래서 결과적으로 요 근래 우리 프로젝트 중 사찰 프로젝트가 연달아 있었다.

What is your favorite project that you worked on? Any reason?

Chushin-ji Temple Priest's Quarters (2009) was also based on the do-ken marriage concept. In this case, beneath a reinforced concrete roof, made to last over 100 years, I installed a light, wooden framework, based on the assumption that it would be modified at some point in the future. In other words the roof is the infrastructure, and the wooden structure underneath is an infill. When the roof was first erected at the beginning of the construction process, even I was surprised.

Any project with many episodes? What were they?

Zenkai House (1997), which is our studio, was restored by reinforcing the 100-year-old row house with a steel frame after it was determined to have "completely collapsed" in the Great Hanshin-Awaji Earthquake of 1995. It was very difficult to proceed with the construction project while we were still working in the studio. A lot of the office machinery broke after it was covered with dust, and when the concrete was being poured for the roof, water leaked out of the mold and we had to run madly around the drafting room with tubs to catch it. Also, the holes that should have been drilled according to precise measurements in the walls, which were penetrated by the steel frame, were drilled incorrectly, and we had to hastily re-drill them based on the way the frame was constructed. Moreover, the load conditions changed in the process, and the incline of the house changed almost daily. And not realizing that the frame pierced some of the fittings, we ended with fittings that could no longer be moved.

특별한 클라이언트가 있나?

쿠라쿠엔(2001년)의 의뢰인은 그가 땅을 찾기 시작할 때 만났다. 결국에 그 프로젝트는 가파른 30도의 경사면에 지어졌다. 그리고 주 건물이 완공된 지 겨우 2년 만에 증축을 했고 (쿠라쿠엔 증축 2003년) 5년 뒤에는 쿠라쿠엔 별관(2008년)을 추가했다. 전부 다 의뢰인이 가파른 경사면에서 찾은 작은 평평한 땅에 뭔가를 지어보려는 시도였다. 두 번째 확장을 했을 때 땅이 다 차버렸지만 (보기에는 그랬다) 지금 의뢰주가 일하는 대학과 병원의 인테리어 디자인 도면을 그리고 있다. 이 활기 넘치는 의뢰인과의 관계는 15년 이상 지속하고 있다.

건축주와 어떻게 소통하는 편인가? 특별한 노하우가 있나?

우리가 따로 특별히 하는 건 없다. 다들 전력을 다 할 뿐이다.

인테리어와 도시, 조경, 그리고 건축에 대한 생각을 알려달라.

이 네 가지 사이에 경계는 있지만, 언제든 바뀔 수 있다고 생각한다. 예를 들면 이런 것이다. 일라스티코(2010년)라는 미용실을 디자인할 때 나는 마감재에 대해 다시 생각해봤다. 건축은 대체로 건물 뼈대와 마감재로 이루어져 있다. 반면에 토목은 건물 프레임 그 자체로, 인테리어는 마감재라고 생각할 수 있다. 하지만 그 사이에 있는 칸막이 벽에 주목함으로써 모호하지만 굉장히 익숙한 시스템에 도달했다. 인테리어를 빌딩 프레임이 없는 건축으로 생각해봤을 때 칸막이 벽을 뼈대가 없는 피부로 볼 수 있다. - 생선을 바르는 것처럼. 미용실의 칸막이 벽을 밀면 살짝 흔들리도록 겨우 2.3mm밖에 안 되는 검은 강판으로 만들었다. 나는 이것을 '제치장 인테리어'라고 부른다. 제치장 콘크리트가 보통 콘크리트에서 마감재를 없앰으로써 만드는 것처럼 마감재가 없는 프레임이 '제치장 인테리어'가 될 수 있다고 생각다. 이는 '진실한' 인테리어라고 할 수도 있을 것이다.

가끔 인테리어 디자이너들이 건축에 관여하고 건축가들도 가끔 인테리어 디자인을 해달라고 부탁받는다. 하지만 각자 근본적으로 다른 자세로 임한다. 이 경우에 나는 완전히 건축적인 시각에서 인테리어에 새로운 빛을 던질 수 있을 것으로 생각했다. 인테리어 디자이너가 디자인한 인테리어와는 다르다; 건축가에 의한 실험이었던 것이다.

건축가를 꿈꾸는 학생에게 해주고 싶은 말은 무엇인가?

나는 젊은 사람들이 기억이란 주제에 대해 생각을 해봤으면 좋겠다. 건물과 공간은 그냥 기억을 보존하는 것만이 아니라 기억의 그릇 같은 역할을 한다. **건물과 공간은 즐거웠던 일이나 슬펐던 일을 추억할 수 있는 곳이다.** 나는 이 주제가 인간의 행복에 직결돼 있다고 생각한다.

How do you win projects? Any special methods on increasing the chances of winning?

It's rare for us to win a competition. Usually, one job leads to another. In other words, one client often introduces us to another one. As a result, there have recently been a series of Buddhist temple projects.

Kurakuen

Any memorable clients? What happened?

I met the owner of KURAKUEN (2001) when he began looking for a plot of land. In the end, the work was built on a steep 30-degree incline. Only two years after the main building was finished, we added the KURAKUEN addition (2003), and then five years after that, we made KURAKUEN annex (2008). All of them were attempts to build something on a small flat area that the client had discovered on the steep slope. The second expansion filled up the lot (or so it seemed), but I'm currently involved in making interior design plans for the university and hospital where he works. My relationship with this energetic client has continued for 15 years.

How do you communicate with your employees? Any special methods?

I don't do anything special. Everybody just does their best.

Is there a boundary between interior, urban, landscape, and architecture?

There's a boundary, but it can change. Take, for example, a hair salon I designed called elastico (2010). Here, I reconsidered the idea of finishing. Architecture is generally composed of a building frame and finishing. On the other hand, you might also say that civil engineering is a building frame in itself, and that the interior is finishing. But by focusing on the part in between them, the partitioning wall, I ended up with something ambiguous yet very familiar. I approached

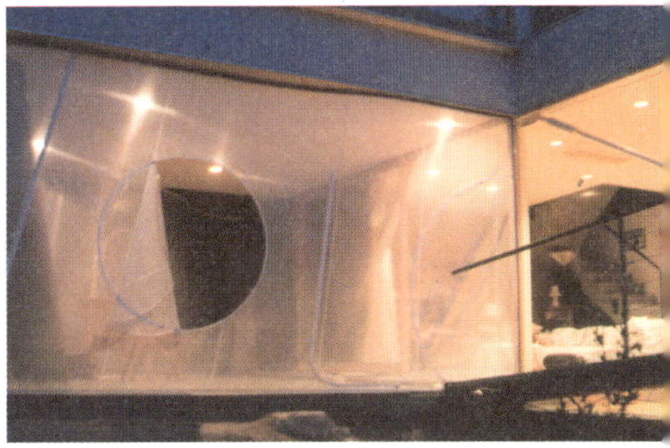

the interior as architecture without a building frame. From this perspective, the partitioning wall could be seen as a skin without a skeleton –it's like boring a fish. I made the partitioning wall in the hair salon out of black steel sheets with a thickness of only 2.3mm, so that it swayed gently if you pushed it. I call this a "fair-faced interior." In others words, in the same way that fair-faced concrete is created by removing the finishing from the concrete, I thought that finishing without a frame could be a "fair-faced interior." You might also call it a "genuine" interior. Interior designers are sometimes involved in architecture. And architects are sometimes asked to do interior design work. But each brings a fundamentally different attitude to the job. In this case, I thought I could shed new light on the interior from a thoroughly architectural perspective. It was different from an interior created by an interior designer; it was an experiment by an architect.

Words of wisdom for those wishing to become architects.

I would like younger people to give some thought to the theme of memory. Buildings and spaces function as vessels of memory. They do not merely preserve it. **A building or space is a place to reminisce about things that were enjoyable or sad.** I think that this theme has a direct connection to our sense of well-being.

가치에 대한 새로운 관점을 형성하는 것은 건축가의 의무이다.
건축가는 사회에 완벽하지는 않지만 새로운 가치를 내보이고 이것이 나중에는
구체적인 가치의 비상으로 이어진다. 완성도가 높은 건물을 지었을 때 '가치 있는 건축 작품'이라고 부른다.
가치를 내놓는다는 것은 여러 가지 상황의 상태에 대해 문제를 제기하는 길로 보일 수도 있다.
반면에 현존하는 문제들을 풀어 낼 만한 능숙한 방법을 제안할 수도 있다.

Elactico

It is an architect's duty to create a new sense of values. We present values that later lead to the emergence of concrete values. When we create a building with a high degree of completion, it comes to be referred to as a noted work of architecture. Presenting a value might also be seen as way of raising issues about the state of things. On the other hand, values can also suggest a skillful way of resolving existing problems.

Who is

Miro Rivera Architects

www.mirorivera.com

나의 인생은 나의 고향인 바르셀로나에서 시작되었다. 나는 일곱 남매 중 넷 째였다.
건축가였던 나의 아버지는 마드리드에 있는 프로젝트 의뢰를 받아 내가 한 살 때 우리 모두 이사를 했다.
그래서 나는 마드리드에서 자라났고 건축 공부를 했다. 학업에서 1년 앞서가던 나는 학위를 이례적으로 일찍 마치면서
스페인에서 가장 어린 건축가 중 한 명이 되었다. 나는 2-3학년 때부터 졸업을 하면 해외로 나가고 싶어해서
스페인에서 국방의 의무를 마친 후 예일대학교 풀브라이트대학원 장학 프로그램에 합격하여 곧바로 미국으로 떠났다.

We are curious about how you grew up. Any stories from the childhood or the school years to tell? My journey began in Barcelona, where I was born. I was the fourth of seven siblings. My father, an architect, was commissioned to do a job in Madrid, so he moved us there when I was a year old. I grew up and studied architecture in that city. I was a year ahead in school and finished my studies in an unusually short time, so I became one of the youngest architects in Spain. I knew since my second or third year at school that I wanted to go abroad after graduating. After completing the mandatory military service in Spain, I was awarded a Fulbright to do a post-professional masters degree at Yale University.

©Stuart Seeger

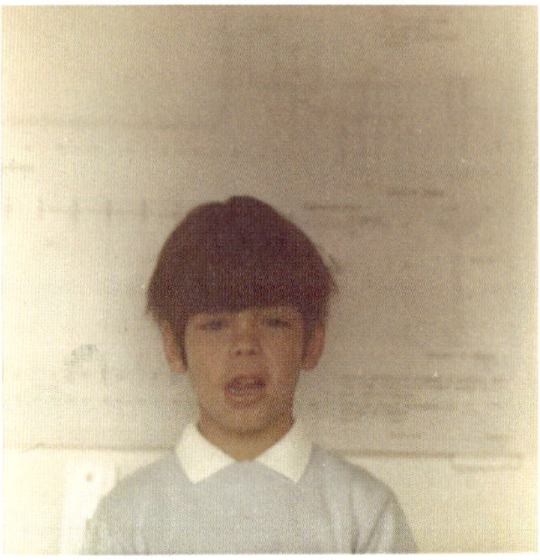

나의 아버지는 뛰어난 건축가이자 나에게는 가장 큰 영감을 주는 사람이셨다. 내가 아버지에게 건축을 공부하고 싶다고 얘기 했을 때, 아버지는 나에게, "정말이냐? 정말 건축을 하고 싶은 것이냐?" 라고 물으셨다. 아버지께서는 나에게 요구가 많은 직종이고 정말 좋아하지 않으면 할 수 없다는 것을 알려주시려 했던 것이다. 하지만 나는 그 이면에 아버지께서는 기뻐하고 계신다는 것을 알고 있다. 칠 남매 중 나 하나만 건축가가 된 것에 보면, 나 빼고 모두에게는 건축가에 대해 겁주는 것을 성공하신 것 같다. 또한 아버지께서는 매우 가정적이셔서, 일과 가족, 그 이상은 필요가 없는 분이셨다. 그리고 나 또한 그러하다.

My father was a brilliant architect, and was a great inspiration to me.Even so, when I told my father I wanted to study architecture, his reaction was, "Are you really sure? Are you really sure you want to get into this?" He was trying to be realistic about the fact that it's a demanding career and you need to be certain that it is what you want to do. But I knew that he was happy about it. I'm the only one of seven siblings who became an architect, so I think he was good at scaring off the rest of my siblings from becoming architects too. Another great thing my father had was that he was a family man. His work, his family—he did not need much more. I feel the same.

당신의 아이가 건축을 한다면, 당신의 아버지가 당신에게 물으셨던 것처럼, "정말이냐? 정말 건축을 하고 싶은 것이냐?"라고 물어볼 것인가?

아마도 그럴 것 같다. 아이들이 무엇을 결정하든지 나는 격려해줄 것이다. 하지만 나의 아내는 아이들이 건축에서 멀리 떨어지도록 하려고 노력 중이다.

건축가가 아니었다면 어떤 일을 하고 있을 것 같은가?

현재 학생들을 가르치고 있는데, 교육 쪽에도 계속 몸 담고 있을 예정이다. 그리고 글을 쓸 시간이 더 있었으면 좋겠다.

건축가는 매우 바쁜 직업이라고 다들 알고 있는데, 어떻게 결혼생활을 유지할 수 있나?

이 모든 것을 절대로 혼자서 다 할 수 없다는 것을 기억해야 한다. 그래서 주변에 나를 도와주는 사람들이 많은 나는 운이 매우 좋은 사람이라고 생각한다. 나와 항상 함께 한 나의 아내인 로사는 나에게 꼭 필요한 사람이다. 건축가는 아니지만, 사무실뿐만 아니라 나의 삶의 전반적인 것들을 모두 처리한다.

나에게 또 다른 중요한 사람은 나의 파트너 미겔 리베라이다. 그는 나의 파트너이자 나와 아내를 만나게 해준 처남이기도 하다. 우리 비즈니스에는 가족의 존재가 매우 강하다.

다른 직업과는 달리 건축가라는 직업이 사무실이나 스튜디오에 나왔다고 해서 일이 끝나는 직업이 아니라는 것을 나는 빨리 깨달았다. 아버지는 집에 오셔서도 남는 종이에 항상 스케치를 하셨고 주말에 공사장에 가실 때마다 나를 데리고 가셨었다. 나도 나의 아이들에게 똑같이 주말에 공사장에 데리고 간다. 이 때문에 나는 가족과 시간을 보내는 것과 일을 하는 것 두 가지를 동시에 모두 이루는 느낌이 든다.

또한 주어진 순간에 무엇을 하고 있는지, 그리고 그것을 잘하고 있는지 집중해서 하는 것이 중요하다고 생각한다. 나는 일을 위해 가족을 희생시킬 수 없다고 생각하기 때문에 가족과 있을 때에는 그들과 함께하며 소통해야 한다. 하지만 양쪽으로 밸런스를 맞추는 것은 사실 매우 힘든 일이다.

스트레스를 많이 받는 편인가? 그렇다면 그 스트레스는 무엇으로 푸나?

스트레스를 받기는 하지만 무엇을 하든지 집중해서 끝내는 편이다. 그리고 풀어야 할 문제들을 좋은 디자인을 할 수 있는 기회로 바꾼다.

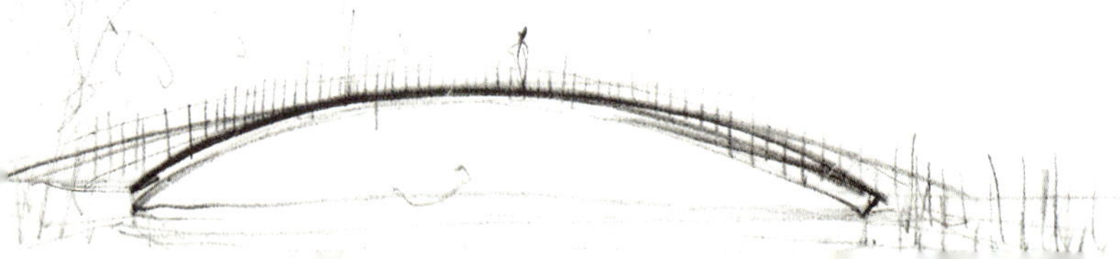

제일 좋아하는 공간이 있나?

내가 가장 좋아하는 공간은 아야소피아 성당이다. 이곳은 자유의 여신상이 들어갈 수 있을 크기의 공간이 5세기에 지어졌다. 사람들이 대부분 암흑시대라고 생각하는 때에 말이다. 나는 이때 이후로 이곳 이상의 업적을 남기지 못 했다고 생각한다.

If your kids want to study architecture, is it probable for you to say them "Are you really sure? Are you really sure you want to get into this?" as your father said?

Yes, probably. Whatever they decide, I would support them. My wife, on the other hand, is trying very hard to steer them away from architecture.

Did you, or do you have anything else that you wanted to pursue other than architecture? If yes, why?

I teach and I plan to continue teaching. I also wish I had more time to write.

Architects are one of the busiest occupations; how do you maintain your married or dating life? Any methods on keeping them well?

It's important to remember that you can't do these things by yourself. I am very lucky in that I have fantastic support around me. My wife Rosa is critical in coming along in the journey with me. She's not an architect, but she runs all other aspects of the office, and my life as well. The other person who is very important is my partner, Miguel Rivera, who is my brother-in-law and the one who introduced me to my wife. We have a very strong family presence in our business.

I realized early on that being an architect, more than other kinds of jobs, is a kind of life that doesn't really end when you leave the office or the studio. I could see it because my father kept sketching on every spare piece of paper when he got home, visiting job sites on the weekends and taking me with him.

I do the same with my kids: I take them to job sites on the weekends, and in a way feeling like you're spending time with the family and getting some work done at the same time.

I also think it's important to be very focused about what are you doing in a given moment, and focus on doing it well. When you are with your family, it's important to stay completely present and connected with them. I am very clear that I cannot sacrifice my family for my work, and it is not an easy balance.

Does your work stress you a lot? If so, how do you relieve it?

It is stressful, but I concentrate on what needs to get done, and on converting challenges into great design possibilities.

Where or what is your favorite space?

The Hagia Sophia is my favorite space. You could fit the Statue of Liberty inside it, and yet it's built only in the fifth century, a time most people think of as the Dark Ages. I don't think that we have created an accomplishment like it since.

Juan, his father, and Kevin Roche

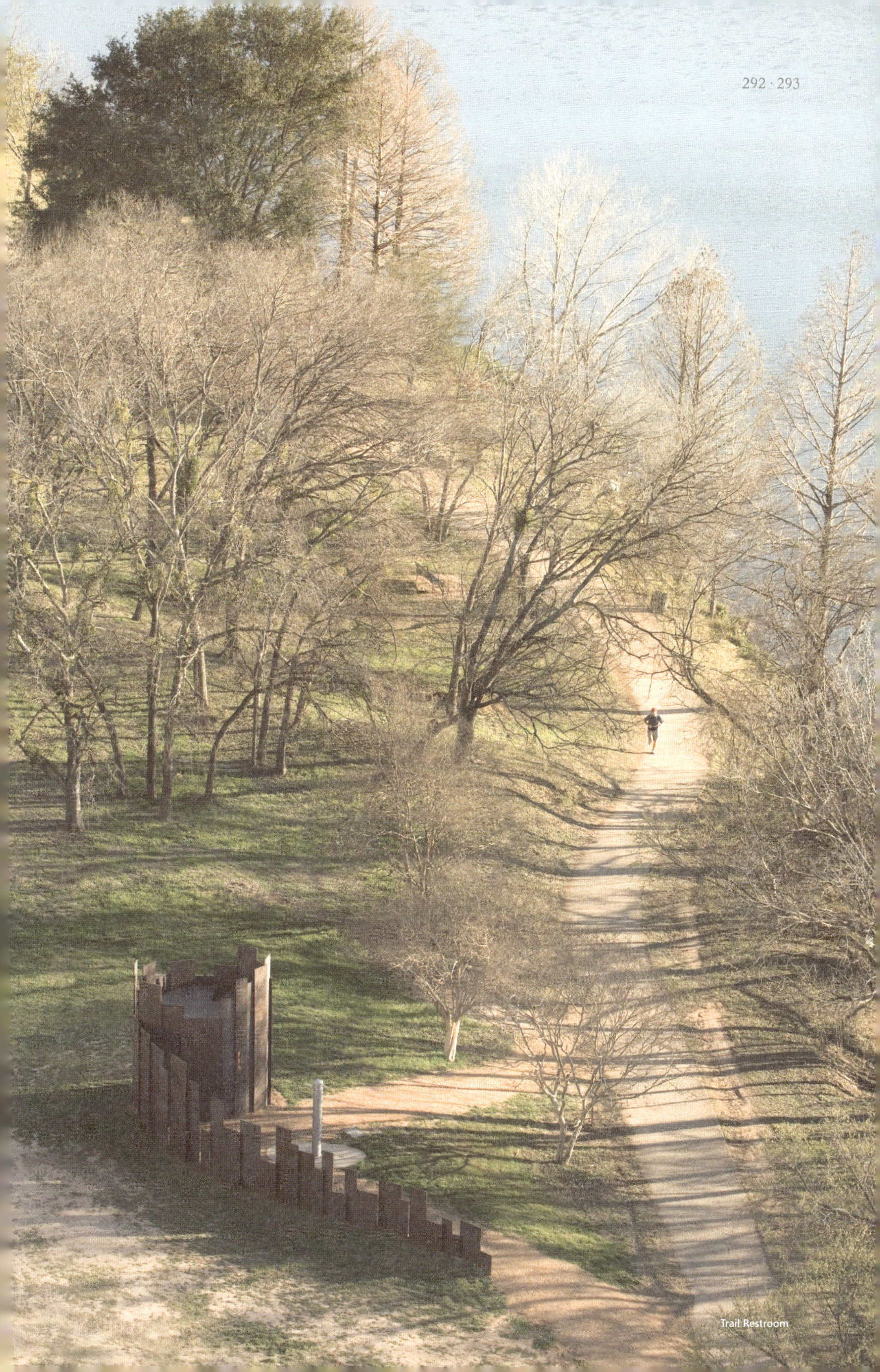

Trail Restroom

사무실을 시작하게 된 경위는 무엇인가?

뉴욕에 있는 Gwathemy Siegel 사무실에서 나의 일이 끝났다고 생각되었고, 내 사무실을 차리는 것이 자연스럽게 느껴졌다. Charles Gwathmey는 그런 나를 격려해주었다. 가장 힘들었던 점은 뒤돌아 보지 않고 현재 주어진 일에 집중하면서 잘 풀어나가는 것이었다. 하지만 아내 덕분에 혼자라고 느낀 적은 없었다. 몇 년 후 처남이 우리와 함께 일을 시작했다.

동료들과 작업 중에 의견이 안 맞을 경우, 이 갈등을 어떻게 해결하나?

서로 의견이 다른 게 문제 될 것은 전혀 없다. 함께 앉아 사안에 대해 얘기하다 보면 주로 타협점을 찾는다.

특별한 건축언어를 갖고 있나?

우리 사무실에서는 건물과 자연 사이의 관계를 매우 중요하게 생각한다. 프랭크 로이드 라이트처럼 주변 자연과의 뜻 깊은 관계를 만들어내는 작업을 많이 했다. **건축과 자연과의 특별한 관계를 이해하기 위해 지속가능성에 관련된 부분들을 함께 생각하는 것이 중요하다.** 우리 작품의 또 다른 독특한 부분은 바로 요소들이 어떻게 서로 연결되는지를 보여주는 구조다. 나는 건축에서 구조의 이해를 좀 더 프로젝트의 일부분으로서 강조하는 것도 괜찮다고 생각한다. 우리 **건축가들은 보통 구조는 주로 구조 기술사만의 문제라고 보는데, 그랬을 때에 우리가 많은 것을 잃는다고 생각한다. 구조 기술사와 건축가가 그저 나란히 함께 일을 한다고만 생각할 것이 아니라, 구조를 디자인의 일부분으로 만드는 것이 중요하다.**

자기 프로젝트 중 가장 인상 깊었던 것은 무엇인가?

현재 내가 가장 좋아하는 프로젝트는 최근에 진행중인 2개의 프로젝트들이다. 오스틴에 있는 포뮬라 1 트랙과 나의 11살짜리 딸아이의 방을 개조하는 것이다. 이 두 프로젝트 모두 마감 스케줄이 빠듯하고 매우 요구 사항들이 많은 클라이언트들이다. 하지만 그들과 함께 얘기를 할 때 보람이 있다.

건축가를 꿈꾸는 학생에게 해주고 싶은 말은 무엇인가?

건축을 사랑해야 하고 인내심이 많아야 한다.

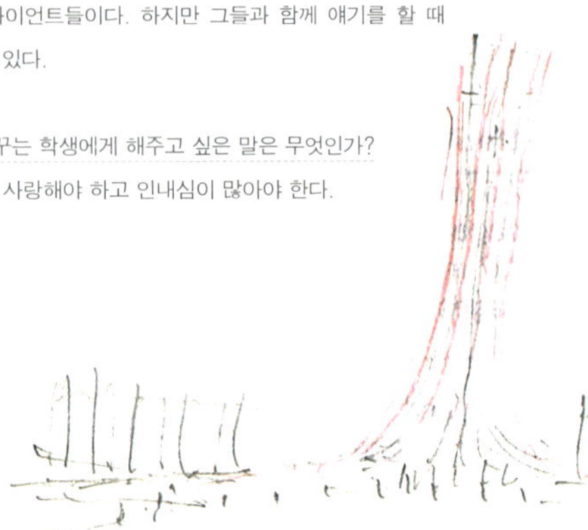

What made you decide to start your own office? What was the biggest challenge during the start up?

It felt natural; I felt that my cycle at Gwathemy Siegel in New York was complete. Charles Gwathmey was very supportive. The biggest challenge is to stay focused, do well the task at hand and don't look back. I never felt that I was alone because I always had my wife. My brother-in-law joined us a few years later.

If you have some conflicts of opinion among co-workers, how do you deal with conflicts of opinion?

There is nothing wrong with differences of opinion. We sit down to discuss the issues and we normally find a common ground.

Any unique architectural language of your own? How is it reflected on the projects?

In my practice, we are very interested in our buildings' relationship with nature. A lot of the work we have done creating relationships with the natural context in meaningful ways resembles the tradition of Frank Lloyd Wright. **We think there is an important way to connect with sustainability issues as well, which is related to understanding architecture's unique relationship with nature.** The other distinctive aspect of our work is our interest in structures, in how things are put together. I think that architectural training could emphasize a little more the understanding of structures an integral part of a project. **We often perceive it as an engineer's problem, and I think you lose a lot that way. Rather than having the engineer be working parallel to the architect, it is important to incorporate an understanding of structures as a part of your design.**

What is your favorite project that you worked on? Any reason?

My favorite projects at the moment are the two most recent ones: the Formula 1 track in Austin, and the renovation of my 11 year old daughter's bedroom. They both had very tight schedules and very demanding clients, and it is very rewarding when I walk into each one of them.

Words of wisdom for those wishing to become architects.

You have to love it and be patient!!!

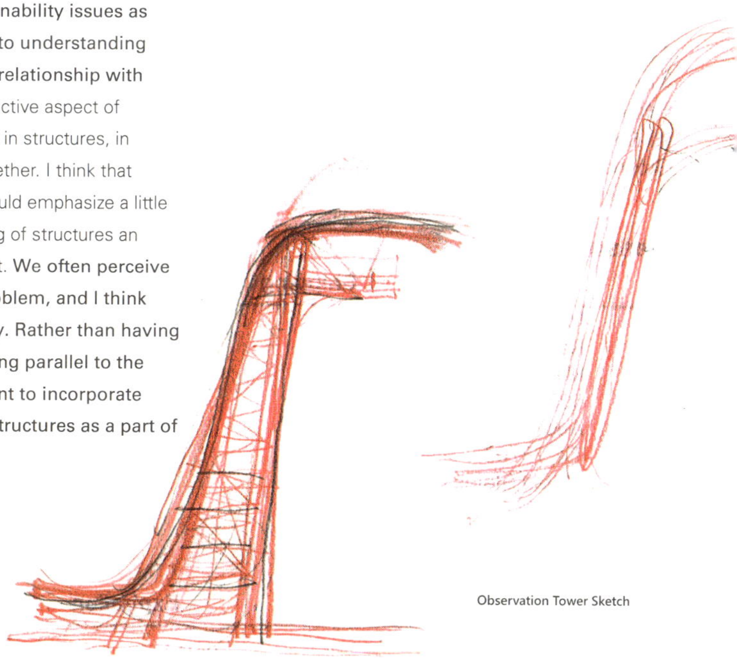

Observation Tower Sketch

Observation Tower

건축가들은 보통 구조는 주로 구조 기술사만의 문제라고 보는데, 그랬을 때에는 우리가 많은 것을 잃는다고 생각한다. 구조 기술사와 건축가가 그저 나란히 함께 일을 한다고만 생각할 것이 아니라, 구조를 디자인의 일부분으로 만드는 것이 중요하다.

We often perceive it as an engineer's problem, and I think you lose a lot that way. Rather than having the engineer be working parallel to the architect, it is important to incorporate an understanding of structures as a part of your design.

Who is

Moussafir Architectes

www.moussafir.fr

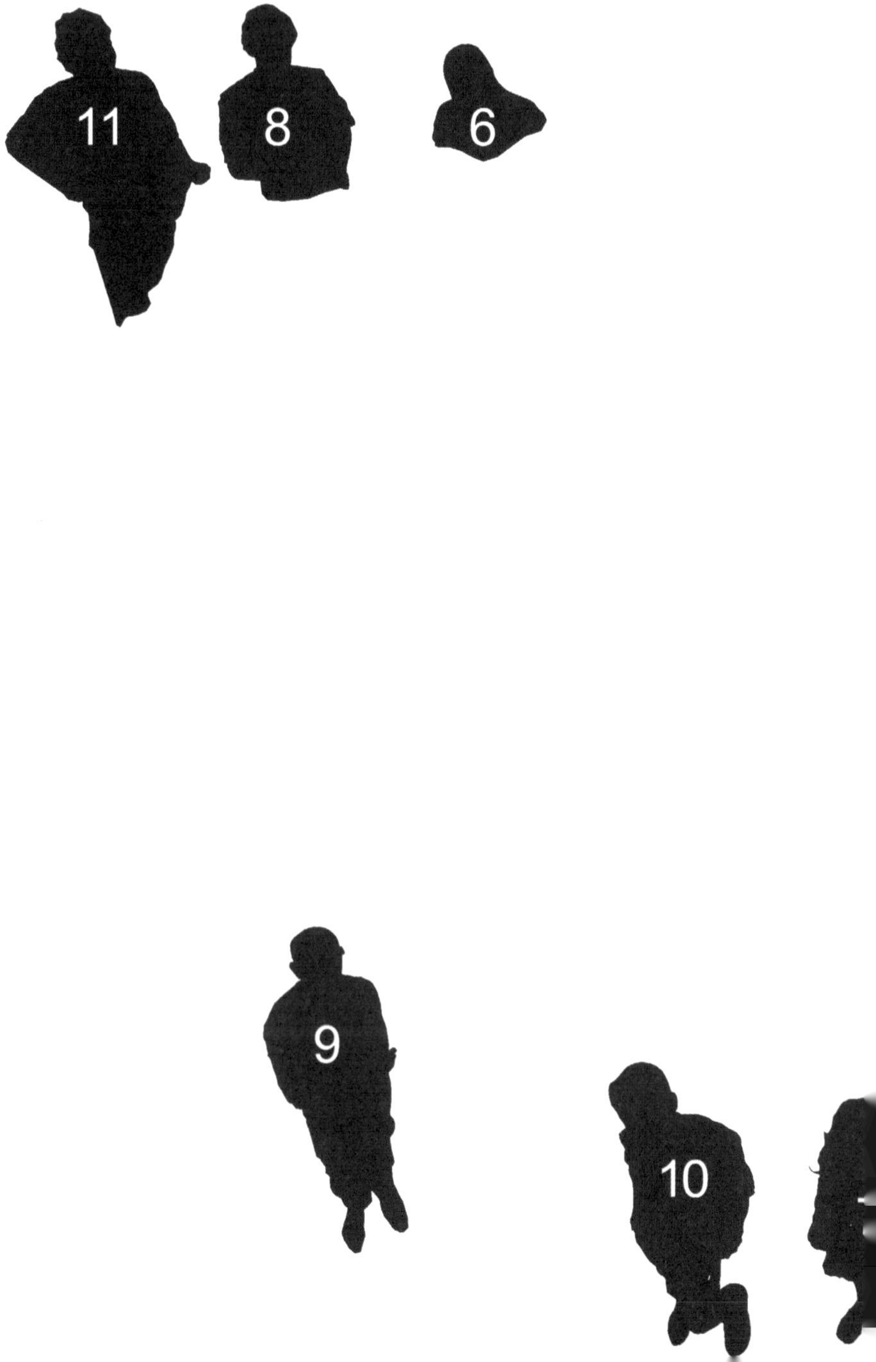

아버지께서 건축가셨는데,
그와 함께 도면을 그리고
모형을 만들며 시간을 보내면서
5살 때부터 건축가가 되고 싶다는
생각을 했다.

My father being an architect,
I remember spending time
at his drawing board, making models
and wanting to become an architect
from the age of five.

아프리카에서 태어난 나는 1957년에 지어진 현대식 콘크리트, 벽돌, 그리고 목재 집에서 살았으며, 르 꼬르뷔지에의 메송 주울에 많은 감명을 받았다. 이후 학생 시절에는 철학에 관심을 가지게 되어 건축과 함께 미술사를 공부하게 되었다.

I was born in Africa (Belgian Congo) and spent my early childhood in a modernist concrete, brick and wood house built in 1957 and inspired by Le Corbusier's Maison Jaoul. Later, during my student years, I got very much attracted to philosophy, which has led me to studying art history in parallel with architecture.

건축가가 아니었다면 어떤 일을 하고 있을 것 같은가?

나는 항상 미술사, 특히 16세기 미술에 관심이 많았다. 건축 공부를 하면서도 파리 1 소르본 대학에서 Daniel Arasse의 과목들을 수강했다. 창조의 첫 걸음은 미술품 분석에서 시작한다고 생각했기 때문이다.

미혼인가, 기혼인가?

두 번째 결혼생활을 하고 있고 다섯 명의 아이가 있다.

Did you, or do you have anything else that you wanted to pursue other than architecture? If yes, why?

I have always been interested in Art History, especially in the 16th century art. While studying Architecture, I also followed Daniel Arasse's course at the Paris 1 Sorbonne University as I considered artworks analysis as the first step towards creation.

Are your married, or dating?

I am in my second marriage, and I have five children.

100 LOCK CABINS

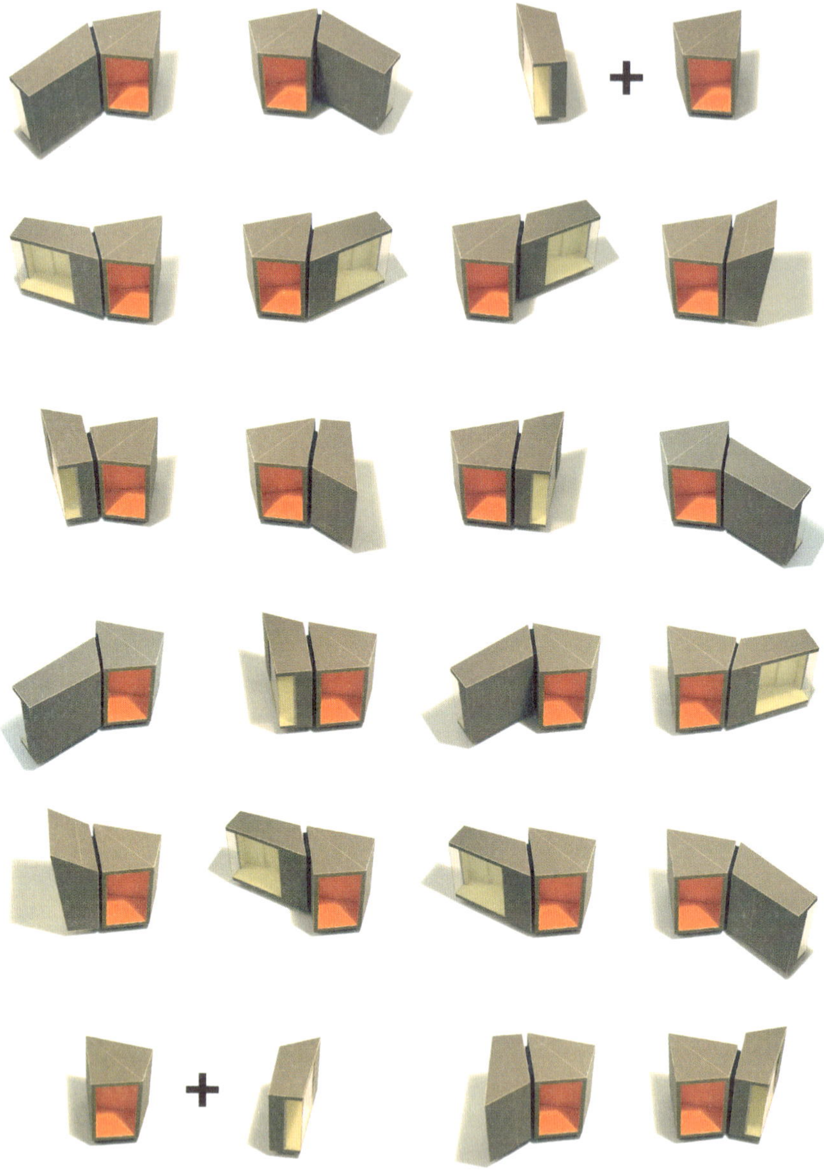

건축가는 매우 바쁜 직업이라고 다들 알고 있는데, 어떻게 결혼 생활을 유지하고 있나?

일과 여가 사이에 다른 점을 못 느꼈던 사람으로서, 이혼을 통해 일과 가족 사이에 선을 그어야 한다는 것을 깨닫게 되었다. 내가 찾은 유일한 해결책은 저녁 후, 이른 아침, 또는 주말에는 집에서 일을 하는 것이다.

스트레스를 많이 받는 편인가? 그렇다면 그 스트레스는 무엇으로 푸나?

여가 시간을 포함해 일에 대해 완전히 생각을 하지 않을 때는 없지만, 그렇다고 스트레스를 받는 것은 아니다.

건축 공부를 하면서 영감 받은 건축이나 건축가가 있나?

건축대학 시절 나는 Louis Kahn이 건축을 대하는 방법, Carlo Scarpa의 디테일링 센스, 그리고 Terragni의 지어지지 않은 Danteum 프로젝트에 관심이 많았다. 또한 Robert Ventri의 〈건축의 복잡성과 대립성〉이라는 에세이와 이태리의 16세기 매너리즘 건축의 영향을 많이 받았다.

제일 좋아하는 공간이 있나?

내가 가봤던 건물들 중에 미켈란젤로의 로렌티엔 도서관과 미스의 바르셀로나 파빌리온, 이렇게 두 곳을 얘기할 수 있다.

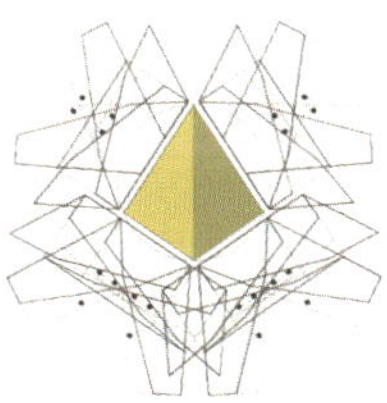

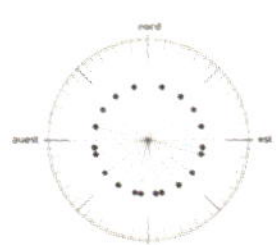

Architects are one of the busiest occupations; how do you maintain your married or dating life? Any methods on keeping them well?

Having never seen a difference between work and leisure, it took me a divorce to understand that I had to draw a boundary between working time and family time. The only solution I found was working from home after dinner, early in the morning or during weekends.

Does your work stress you a lot? If so, how do you relieve it?

I never completely stop thinking of my work, even during my leisure time. But this does not mean I feel stressed.

Any architect or architecture that inspired you during your studies? Any episodes related to them?

During my years at the architecture school, I was primarily interested in Louis Kahn's general approach to architecture, Carlo Scarpa's sense of detailing and Terragni's unbuilt Danteum project. I was also very much influenced by Robert Venturi's essay "Complexity and Contradiction in Architecture" and by Italian mannerist architecture of the 16th century.

Where or what is your favorite space?

Among the buildings I have visited, I would mention Michelangelo's Laurentian Library and Mies van der Rohe's Barcelona Pavilion.

Le Temps Machine

자신만의 특별한 건축 언어가 있나?

나의 건축적 언어는 공간을 기하학적, 조각적 그리고 현상학적인 방법으로 접근하는 것에서부터 나온다. 생 드니에 있는 Paris 8 대학교 미술 대학 재단장, 라인-론 강 캐빈, 몽트레유에 있는 Palmieri House, 디종 미술관, 그리고 "Le Temps Machine"이라는 음악 장소, 이 프로젝트들이 특히 이 방법을 잘 표현해주고 있다. 위 프로젝트들 모두 매스(mass)와 보이드(void) 사이의 특정한 관계를 다루고 있다.

Any unique architectural language of your own? How is it reflected on the projects?

My architectural language is the result of a geometry-based sculptural and phenomenological approach to space. The Paris 8 University Art School refurbishment in Saint-Denis; the Rhine-Rhône canal lock cabins; the Palmieri House in Montreuil; the renovation proposal for the Dijon Fine Arts Museum, and "Le Temps Machine" music venue are particularly representative of this approach. All of these projects deal with a specific relation between mass and void.

Le Temps Machine Structure

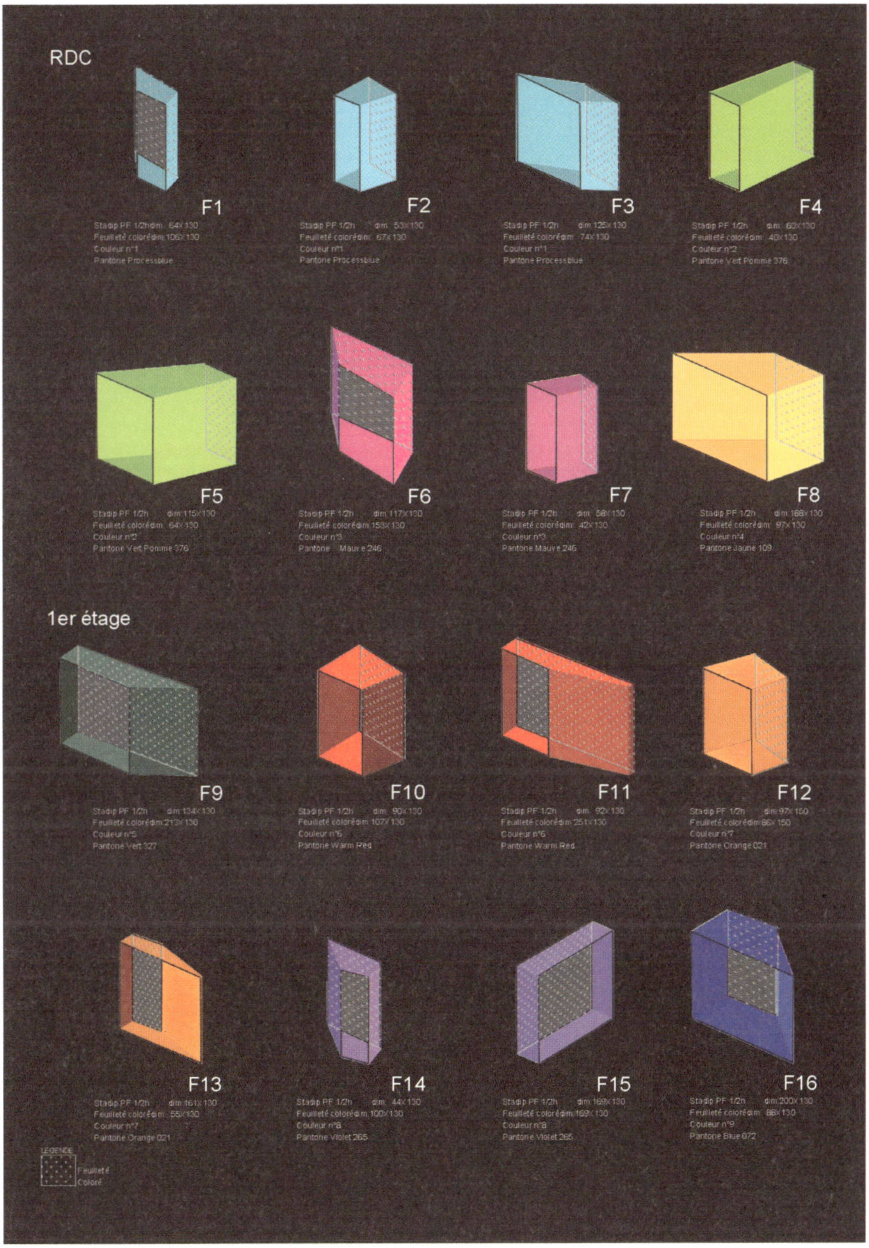

Universite Paris 8 Art School Diagrams

©imagedemarc

MPS
MACHINE
©Hervé Abbadie

©Jérôme Ricolleau

©Hervé Abbadie

©Hervé Abbadie

©Jérôme Ricolleau

당신 프로젝트 중 가장 인상 깊었던 것은 무엇인가?

2000년도에 완성 된 Paris 8 대학교 재단장이 가장 좋아하는 프로젝트 중 하나다. 외부와 내부의 관계를 도드라지게 하는 정신적인 공간을 제공한다. 물리적인 단계를 나타내는 창문과 문을 통하는 첫 여정과 색과 흑백을 통해 정신적인 경계를 넘는 것이었다. 이는 유행을 타기 훨씬 전에 적용되었던 것들이다.

작업을 하면서 재미있었던 에피소드가 있었다면 무엇인가?

공모전에 수상을 하고 계약서에 사인까지 했지만 지어지지 않은 프로젝트가 네 개가 있다. 이 중 하나가 Quartier Henri IV라는 프로젝트였는데 Fontainebleau 성 일부분을 유럽 실내악 센터로 개조하는 거였다. 계약서에 사인한 8년 뒤 문화부에서 이 프로젝트를 버렸다. 또 수상한 현대 미술 갤러리 프로젝트가 있었는데 시장이 우리의 수상작을 무시하고 나중에 차등 작품으로 지었다.

What is your favorite project that you worked on? Any reason?

The Paris 8 University refurbishment completed in 2000 is one of my favorites. It suggests a mental space that highlights the inside/outside relationship; a kind of initiatory trip through the Windows and Doors that mark physical thresholds and mental boundaries with color monochromes, applied way before they became trendy.

Any project with many episodes? What were they?

Four of our projects were not built although we had won the competitions and signed the contracts. Such was the case of the «Quartier Henri IV,» a sector of the Fontainebleau castle that had to be converted into the European Chamber Music Center. The Ministry of Culture has abandoned the project eight years after the contract had been signed. There was also a winning entry for a contemporary art gallery discarded by the mayor who has finally built the project ranked second.

Universite Paris 8 Art School
©Georges Fessy

나는 미래의 건축가들이 해야 할 것은 건축이 일반적인 상품이 되지 않도록 꾸준히 자신의 아이디어를 표현하는 것이라 생각한다.

I think that the real challenge for architects in the future will be to continue expressing ideas and prevent their works from becoming catalogues of standardized products.

Universite Paris 8 Art School
©Georges Fessy

Universite Paris 8 Art School
©Georges Fessy

Universite Paris 8 Art School
©Mario Palmieri

Versailles School
©Philippe Ruault

사무실을 시작하게 된 경위는 무엇인가?

Christian Hauvette, Dominique Perrault, 그리고 Francis Soler같은 건축 사무소에서 여러가지 흥미로운 프로젝트에 참여할 기회가 많았지만 일하는 것 자체가 좀 지루했다. 그래서 결국 Francis Soler에서 일하면서 알게 된 Alain Moatti와 함께 1992년에 사무소를 설립했다. 시작하면서 가장 힘들었던 점은 우리 이름으로 지어진 프로젝트 하나 없이 공모전에서 수상을 하는 것이었다. 하지만 운 좋게도 1994년도에 완공 된 보건 사회 복지부 건물 개선 프로젝트로 생각보다 이 꿈을 꽤 빨리 이룰 수 있게 되었다.

프로젝트는 어떻게 수주 하나?

안타깝게도 공모전에서 수상을 하는 레시피를 가지고 있지 않다. 매우 좋은 제안서들로 공모전에서 탈락한 적도 있고 딱히 우리가 잘 한 것이 아닌 것 같은데 수상한 적도 있다. 프랑스 공모전에는 '정치적'인 색깔을 띤 심사위원들이 꽤 있어서 "사람들이 어떻게 생각할까?"에 대한 대답을 정치적인 영향을 받지 않고 오로지 건축적으로 접근하는 편이다.

당신이나 당신 사무실의 직원들은 야근을 많이 하나?

나는 주말이든 늦은 저녁이든 야근을 꽤 하는 편이다. 우리 직원들의 경우에는 공모전 마감 4-5일 전부터만 야근을 한다.

동료들과 작업 중에 의견이 안 맞을 경우, 이 갈등을 어떻게 해결하나?

직원들은 다양한 해결책을 자유롭게 찾아볼 수 있지만 내가 항상 최종 결정을 내린다.

What made you decide to start your own office? What was the biggest challenge during the start up?

I was bored working for others even though I had the chance to work on very interesting projects for architecture firms like Christian Hauvette, Dominique Perrault or Francis Soler. I chose to start my own office in 1992 in partnership with Alain Moatti whom I had met while working at Francis Soler's office. The biggest challenge for us was to be first selected to participate in a public competition without any reference projects built under our name. But this has fortunately happened quite fast with the refurbishment of an existing building for the Ministry of Health and Social Affairs we completed in 1994.

How do you win projects? Any special methods on increasing the chances of winning?

Unfortunately, we have no recipe for winning competitions. We often happened to lose competitions with very good proposals, while the winning projects were not necessarily our best ones. Given the highly «political» composition of competition juries in France, we try not to be influenced by politically correct answers to «what people would think,» but to hold on to purely architectural criteria.

Do you or your employees work overtime a lot?

I, personally, often happen to work overtime: weekends or late evenings. As for my employees, they only work overtime when finishing competition entries – let's say, the last four or five days before handing them in.

If you have any opinion conflicts among co-workers, how do you deal with them?

Although my co-workers are free to explore various solutions, I always take the final decision.

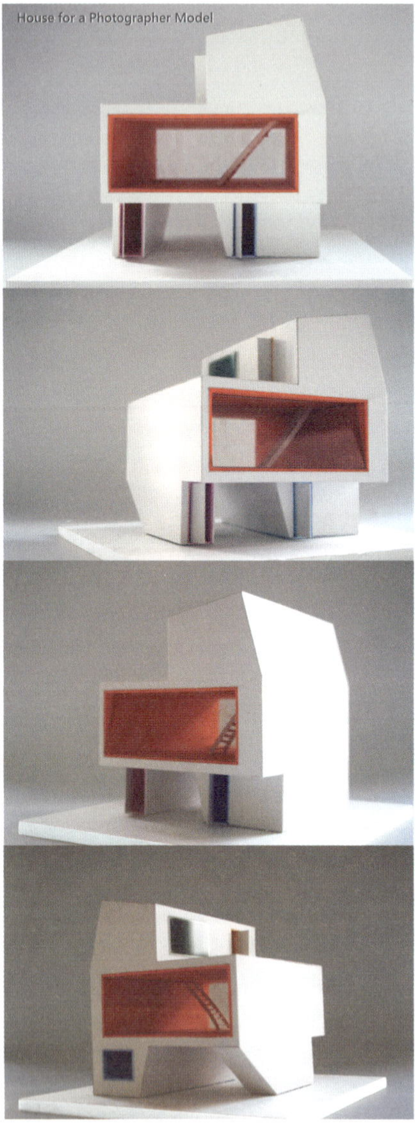

건축주와 어떻게 소통하는 편인가? 특별한 노하우가 있나?

우리는 대화, 스케치, 그리고 3D 모형들을 통해 소통한다. 주로 브리프, 사이트 요소, 그리고 관련 있을 것 같은 건축적 유형이나 참고자료를 의논하면서 시작한다. 그 후 다이어그램 스케치, 모형이나 간단한 렌더링을 사용해 다양한 레이아웃을 해본다. 최종 레이아웃을 선택하기 전 두 세가지 정도 만들어 놓는 것에 시간을 많이 쓰는 편이다.

인테리어와 조경, 건축에 대한 생각을 알려달라.

나는 조경이나 도시, 건축, 그리고 인테리어 디자인에 경계가 있다고 생각하지 않는다. 신축이나 재건축 사이도 같은 생각이다. 또한 이러한 차이점들은 개념적인 것에서 오는 것이 아니라 운영이나 기술적인 것으로부터 온다고 얘기 할 수도 있다.

예를 들자면 라인-론 강에 있는 캐빈 디자인을 보면 지형 관계에 따른 시간과 공간을 통해 기하학적인 변화를 건축적 개념으로 다루는, 건축이자 조경 인스톨레이션이다.

다른 스케일의 프로젝트인 "과수원에 있는 집"을 보면 내부와 외부의 한계를 지우고 건축적인 통과 점들을 정의하는 것이 목표였다. 이 목표는 Paris 8 대학교 미술대학 재단장이나 베르사유 건축 대학교의 인테리어를 다시 디자인 한 것에도 사용되었다.

미래의 건축의 변화에 대한 생각을 말해달라.

건축가가 되기 위해서는 낙관적이어야 하지만 나는 하나의 컨셉(concept)을 가지고 계속 진행하는 것이 점점 더 힘들어지는 것 같다. 경제, 에너지 사용, 화재 안전, 접근성, 시공 제한 등등, 많은 규율들과 규범들이 계속 급증하고 있기 때문에 **나는 미래의 건축가들이 해야 할 것은 건축이 일반적인 상품이 되지 않도록 꾸준히 자신의 아이디어를 표현하는 것이라 생각한다.**

건축가를 꿈꾸는 학생에게 해주고 싶은 말은 무엇인가?

일과 여가를 다르게 생각하지 말고, 건축가와 결혼하고, 콘돔을 사용해라.

How do you communicate with your employees? Any special methods?

We communicate through discussions, sketches and 3D models. We usually start with discussing the brief, the site components, and the architectural typologies or references that seem relevant. Then we explore various layouts through diagram sketches, small models or quick 3D renderings. We often spend a lot of time developing two or three solutions before choosing the final layout.

Is there a boundary between interior, urban, landscape, and architecture?

I don't believe there exist any boundaries between landscape, urban, architectural and interior design, or between new construction and refurbishment. We may also say that these differences are not conceptual but rather operational or technical.

For example, our design for the lock cabins on the Rhine-Rhone canal is both an architectural and a land art intervention dealing with pure architectural concepts such as the transformation of a geometrical shape through the time and space progression in relation to geography.

On a different scale, the "House in an Orchard" is about defining architectural thresholds and erasing limits between in- and outdoor spaces, which was also the case with our refurbishment projects for the Paris 8 University Art School or the Versailles Architecture School where we have redesigned the interior.

Any prospects on the changes in architecture in the future?

One needs to be optimistic in order to be an architect, but I can't help noticing it is getting more and more difficult to hold on to concepts while rules and norms of all kinds – economic, energy consumption, fire safety, accessibility, building constraints – keep proliferating. Therefore **I think that the real challenge for architects in the future will be to continue expressing ideas and prevent their works from becoming catalogues of standardized products.**

Words of wisdom for those wishing to become architects.

Make no difference between work and leisure, marry an architect and use condoms.

건축은 경계와 통과 지점을 만들어내는 예술이다. 오감을 통해 시간과 공간을 실험하는 것이다.

Architecture is the Art of defining boundaries and thresholds.
It deals with experimenting with time and space through our five senses.

1 Jaques Moussafir
2 Alexis Duquennoy
3 Virginie Prié
4 Jérome Hervé
5 Arnaud Puel
6 Estelle-Grange-Dubellé
7 Léna Rigal
8 Pierrick Fromentin
9 José Gonçalves
10 Bo Wu
11 Jules Dubusc

여러분들이 생각하는 건축가가 누구인지,
건축은 무엇인지에 대해 이야기해주세요.

권진경 건축가란 생각을 만들어가는 사람이다. **박민국** 건축가란 사회를 나타내는 사람이다. **송효진** 건축가란 사람이다. **김아름** 건축은 사회를 담는 그릇이다. **이준희** 건축이란 반영구적 예술이다. **이유선** 건축은 요지경이다. **이다홍** 건축가란 사회를 만드는 사람이다. **김동욱** 건축가란 화가이다. 건축이란 그림이다. **오미연** 건축가란 삶을 만드는 사람이다. 건축이란 삶을 영위하게 하는 수단이다. **김정호** 건축이란 뭐냐, 대체. **임소희** 건축가란 타협자다. 건축이란 사업이다. **이희선** 건축가란 해결사다. 건축이란 자연과 사람에 대한 사랑이다. **임진혁** 건축가는 삶을 생각해야 하는 사람이다. 건축이란 삶이 현실과 만나 구체화된 것이다. **유지현** 건축이란 뭔지 알았으면 좋겠지만 아직도 잘 모르는 것이다. **김도현** 건축가란 맨 처음 땅을 밟는 사람이다. 건축이란 땅을 이롭게 하는 작업이다. **김지선** 건축이란 상상 그 이상이다. **이동규** 건축이란 만들어내는 게 아니라 극대화하는 것이다. **안현빈** 건축가란 한 사람의 삶을 바꿔놓을 수도 있는 직업이다. 건축이란 사람의 인생에서 가장 가깝고도 멀게 존재하는 것이다. **권진희** 건축가란 삶의 틀을 형성하는데 기초를 만드는 사람이다. 하지만 때때로 건축은 건축가의 예상 밖의 행태를 만든다. **권다솔** 건축가란 인간, 삶, 사회에 대한 생각을 현실에 옮겨주는 사람이다. 건축이란 '삶'이라는 공간을 그리는 시작점이다. **송민권** 건축가는 사회를 꿈꾸고 건축은 사회를 만든다. **박준원** 건축가란 미래학자다. 건축이란 자연이다. **강상민** 건축가란 삶의 보호자다. 건축이란 삶의 터전이다. **김종현** 건축가란 사람을 담는 그릇을 만드는 사람이다. 건축이란 삶 그 자체다. **조영한** 건축가란 창조자이다 건축이란 피조물이다. **최석** 건축가는 알콜이다. 건축은 고카페인이다. 건축가는 매일 건축에 취해있고, 건축은 잠기는 눈을 부릅뜨고 하니까. **길기윤** 건축가는 레드불 핫식스의 최대 수요집단이다. 하지만 건축은 사실 이것을 필요로 하진 않는다. **민재원** 건축가들은 무리의 시선, 건축은 시대의 피상이다. **김성엽** 건축가란 꿈을 꾸는 사람들이다. 건축이란 타협이다. **김현규** 건축가란 시대를 만들어가는 존재이다. 건축이란 시대, 그 자체이다. **신혁수** 건축가는 권투선수다 그리고 건축은 챔피언 벨트이다 건축가는 치열하게 수많은 시련들을 맞아가면 작업하니까. 챔피언 벨트는 건축가의 치열한 싸움 속에서 나오는 아무나 가질 수 없는 결과물이니까. **이선미** 건축가란 삶이라는 큰 그림을 그리는 사람들이다. 사람들이 건축물 안에서 어떻게 살아갈지 어떤 행동을 하게 될 지를 머릿속으로 그리고, 그것을 도면 위에 그리며, 실제로 구현된 건축물로 하여금 새로운 삶의 그림이 더해지게 하는, 그런 큰 그림을 그리는 사람들이다. **장우현** 건축가는 몽상가다. 건축이란 혁신의 증거물이다. **구미경** 건축가란 모든 것을 깊게 보는 사람들이다. 건축이란 더 나아지고 싶게 하는 것이다. **이창동** 건축은 건축이다. 건축가는 건축가이다. **박종명** 건축가는 되고 싶다. 건축은 알고 싶다. **김래현** 건축가란 예술가이자 엔지니어이다. 건축이란 예술과 공학의 결과물이다. **서순화** 건축은 블럭으로 집을 짓는 거에요. 건축가는 블럭이 부서지지 않게 집을 지어요. **길기윤** 건축가는 건축을 상상하고 실현시킨다. 하지만 건축은 건축가만을 위한 것은 아니다. **Susana Gouveia Jesus** 건축가는 다른 이의 꿈을 해석해서 현실로 만든다. 이 때 이 현실을 아름답고 실용적으로 만들어야 한다. **Paolo Emilio Bellisario** 건축가는 자신의 일을 어떠한 한도나 경계에 상관없이 인생에 관해 궁금해해 할 수 있는 좋은 핑계로 생각하는 사람이다. **Alexa Baumgartner** 건축가는 흔히 검정색을 입은 사람이다.

Reply with your thoughts on "who architect is", and "What architecture is"

Jingyeong Kwon Architect is someone who creates ideas. **Minguk Park** Architect is someone who represents the society. **Hyojin Song** Architect is a human being. **Areum Kim** Architecture is the basin of society. **Joonhui Lee** Architecture is a semi-permanent art. **Yoosun Yi** Architecture is strange. **Dahong Lee** Architect is someone who shapes the society. **Donguk Kim** Architect is a painter. Architecture is a painting. **Miyeon Oh** Architect is a creator of life. Architecture is a tool for leading life. **Jeongho Kim** Architecture is. what the hell is it. **Sohui Lim** Architect is compromiser. Architecture is a business. **Huiseon Lee** Architect is a problem-solver. Architecture is love for nature and people. **Jinheyok Lim** Architect is someone who must think about life. Architecture is the materialization arising from convergence of life and reality. **Jihyun Yoo** Architecture is something I would like to know, but still don't know very well at all. **Dohyeon Kim** Architect is someone who first steps onto the land. Architecture is a work that is to flourish the lands. **Jisun Kim** Architecture is beyond imagination. **Donggyu Lee** Architecture is not something you make, but maximize. **Hyeonbin Ahn** Architect is a profession that can change someone's life. Architecture is something that exists so close yet so far in one's life. **Jinhui Kwon** Architect is a person who creates the foundation for the framework of life. But sometimes architecture creates behaviours completely beyond the architect's anticipations. **Dasol Kwon** Architect is someone who realizes the ideas about mankind, life, and society into reality. Architecture is a starting point where space of 'life' gets drawn. **Mingwon Song** Architect dreams of society and architecture makes it. **Junwon Park** Architect is a futurologist. Architecture is nature. **Sangmin Kang** Architect is the protector of life. Architecture is the base of life. **Jonghyeon Kim** Architect is someone who makes the foundations of life. Architecture is the life itself. **Yeonghan Cho** Architect is a creator. Architecture is the creation. **Seok Choi** Architect is alcohol. Architecture is high amount of caffein. Architect is always drunk in architecture, and architecture is always practiced with sleepy eyes. **Kiyun Gil** Architect is the largest consumer group for Red Bull and Hot Six. But architecture doesn't require this. **Jaewon Min** Architect is perspective of a group and architecture is the representation of the era. **Sungyeob Kim** Architect is a dreamer. Architecture is a compromise. **Heyongyu Kim** Architect is a person who shapes the era. Architecture is the era itself. **Hyeoksu Shin** Architect is a boxer and architecture is the belt of the champion. Architect relentlessly works through countless obstacles. The the belt of the champion is the reward of fighting through those fierce conflicts and not something anybody can achieve. **Seonmi Lee** Architect is someone who draws the big picture called life. They imagine how people will live and behave in the buildings, draw it onto paper, then further this big picture by allowing the realized buildings to add and create new life of their own. **Uhyeon Jang** Architect is dreamer. Architecture is the evidence of innovation. **Migyeong Koo** Architect is someone who reads deeply into everything in life. Architecture is something that makes you want to be better. **Changdong Lee** Architecture is architecture. Architect is architect. **Jongmyeong Park** Architect is someone I want to become. Architecture is something I want to know. **Raehyeon Kim** Architect is an artist and an engineer. Architecture is the result of art and engineering. **Sunhwa Suh** Architecture is building houses with blocks. Architect builds the houses so the blocks don't fall apart. **Giyun Gil** Architect imagines and realizes architecture. Architecture , however aren't only for architects. **Susana Gouveia Jesus** The Architect interprets the dreams of others and make them reality. The Architect should also make this reality beautiful and functional. **Paolo Emilio Bellisario** Architects are those who look at their work as a good excuse to be curious of life without any kind of limits and boundaries. **Alexa Baumgartner** Architect is often a black dressed person.

국립중앙도서관 출판시도서목록(CIP)

건축가, 그들은 누구인가? = Who is architects? / 엮은이:
담디. — 서울 : 담디, 2014
p. ; cm

본문은 한국어, 영어가 혼합수록됨
ISBN 978-89-6801-023-1 93610 : ₩22,000

건축[建築]
건축가[建築家]

610.4-KDC5
720.2-DDC21 CIP2014009271